中国
生物安全

王宏广　朱姝 等◎著

战略与对策

中信出版集团 | 北京

图书在版编目（CIP）数据

中国生物安全：战略与对策/王宏广等著. -- 北京：中信出版社，2022.4
ISBN 978-7-5217-4021-9

I. ①中… II. ①王… III. ①生物工程-安全管理-研究-中国 IV. ① Q81

中国版本图书馆 CIP 数据核字（2022）第 049782 号

中国生物安全——战略与对策

著者：　　王宏广　朱姝　等
出版发行：　中信出版集团股份有限公司
　　　　　　（北京市朝阳区惠新东街甲 4 号富盛大厦 2 座　邮编　100029）
承印者：　　宝蕾元仁浩（天津）印刷有限公司

开本：787mm×1092mm　1/16　　　印张：22　　　　字数：300 千字
版次：2022 年 4 月第 1 版　　　　　印次：2022 年 4 月第 1 次印刷
书号：ISBN 978-7-5217-4021-9
定价：78.00 元

《中国生物安全》著者

王宏广　　朱　姝　　张俊祥　　由　雷
尹志欣　　褚庆全　　赵清华　　张永恩

目 录

第1篇 / 001
生物安全与世界格局

第1章
生物安全与世界格局变化
003

世界生物安全

第6章
一些国家曾研制或使用生物武器
111

第7章
许多国家或地区纷纷采取措施保障生物安全
131

中国生物安全

序一
把生命安全的钥匙牢牢地握在中国人手中

2020年9月，习近平总书记指示科技创新要"面向世界科技前沿、面向经济主战场、面向国家重大需求、面向人民生命健康"。[1]华西医院在全国率先成立"华西医院中国人民生命安全研究院"，以实际行动落实习近平总书记的重要指示，非常及时。今天，我很高兴看到华西医院中国人民生命安全研究院第一份学术成果《中国生物安全——战略与对策》正式出版，在此表示衷心的祝贺。

党中央、国务院十分重视生命安全、生物安全。我国保障生命安全、生物安全取得了举世瞩目的成就：保障人民生命安全，消灭或基本消灭了天花、麻疹等十几种传染病，为人均预期寿命增长42岁做出不可替代的贡献；保障农业生物安全，为粮食增产4.7倍提供了坚固的安全屏障；生物多样性保护成效显著，生态环境逐步得到改善；严把国门生物安全，有效防御了大量危险生物入侵；高等级生物安全实验室从无到有，管理水平达到国际一流。我国在防控肝炎、艾滋病等传染病，特别是在当前防控新冠肺炎疫情方面取得了显著的成就。

但是，随着14亿人民对健康水平日益提高的追求，我国的医疗服务、医药科技、医疗产业还不能完全满足人民需要，保障生命安全的任务极其繁重。例如，防控新冠肺炎疫情，迫切需要病毒溯源、流行病预测、特效药物、高效疫苗、防护设施与设备，以及高效、快速、准确的检测试剂等。打造国际一流的保障生物安全的科技体系、产业体系、服务体系、管理体系、政策体系以及国际合作体系，切实保障人民生命安全、促进经济发展、服务民族振兴，面临着一系列的任务和使命。

我很高兴看到王宏广教授及其团队，在过去20年研究的基础上，结合新冠肺炎疫情对世界与中国生物安全的影响，完成了《中国生物安全——战略与对策》一书。这本书数据翔实、逻辑严密，对中国乃至世界生物安全的现状、趋势、问题、对策进行了深入研究，论点新颖、论据充分、建议可行，对人们了解、研究国内外生物安全、生物经济都具有很好的参考价值，我诚恳地向广大读者推荐。

作者对世界生物安全形势的总体判断是客观的、准确的。通过对美国、英国等国家生物技术、生物安全的研究，作者认为：当今世界并不太平，未来可能更不安全；自然病原不会自行消失，人为生物威胁风险陡增，生物霸权不容忽视；生物安全将像第二次世界大战之后核安全一样影响未来世界的和平与发展。我很赞同这些观点，特别是作者提出的要认真应对生物霸权的建议很好。我认为新冠肺炎疫情之后，我国需要更加重视生命安全、生物安全，以实际行动落实习近平总书记"人民至上、生命至上"[2]的指示。

"生命安全的钥匙还没掌握在人类手中"这一提法很有新意。从现实来看，新冠病毒从哪里来、到哪里去、如何防控尚没有完全搞清楚，艾滋病、埃博拉的病毒溯源问题还没有解决，疫苗、特效药物尚有待开发。这说明人类还需要对传染病等疾病进行大量的研究工作，"生命安全的钥匙还没掌握在人类手中"。

这本书在系统总结、充分肯定我国保障生物安全七大成就的同时，提出了我国保障生物安全、生命安全还存在十个短板，我认为这些分析有理有据且客观、翔实，对国家有关部门研究、制定生物安全、生命安全有关政策与措施非常有价值。

王宏广教授及其团队对保障中国生物安全的指导思想、战略、目标进行了系统的研究。保障生物安全的指导思想是人民至上、生命至上。保障生物安全的战略是创新引领、平战融合、早快结合、全民动员。保障生物安全的总体目标是把生物安全的钥匙牢牢握在中国人手中，即：保障人民生命安全，不断提高人民健康水平；保障农业转基因安全，不断丰富生物多样性；保障实验室生物安全，防止病原物泄漏，杜绝生物技术滥用、误用；保障国门生物安全，防止生物入侵；保障国防生物安全，打击生物恐怖，打赢生物战。我认为这些研究结果很重要，很有学术价值、实用价值，为国家制定有关生物安全的政策提供了很好的素材。

书中还提出了保障生物安全的主要对策：防天灾保健康、御人祸保平安、反霸权保和平，即把生物安全作为国家安全的重点，像抓"两弹一星"一样集中力量保生物安全，像修"防空洞"一样建防疫站，巩固七大成果、强化五大优势、补上十大短板、构建十大体系，把人民生命安全、国家生物安全的钥匙牢牢握在自己手中。这些对策直切主题、逻辑严密，很有针对性、可操作性。

我曾为王宏广教授撰写的《发展医药科技　建造医药强国》《中国现代医学科技创新能力国际比较》《填平第二经济大国陷阱》等多本著作作序，很赞赏他孜孜不倦，多学科、广角度、深思考、求实效的工作精神。

我国保障生物安全面临着许多新困难、新问题，需要科技界与广大公众，特别是生物与医药领域的科学家、企业家的共同努力。只要把生命安全的钥匙牢牢地握在自己手中，我们的祖国就一定会更加安全、更加和谐、更加繁荣！

第十一届全国人大常委会副委员长

中国工程院院士　　桑國卫

2021年12月

序二
中国生物安全的战略思考

　　回顾历史，疫病不断困扰着人类的生存与发展，人类发展史就是与疫病做斗争的历史。中华文明有文字记载的历史有3000多年，其中记载的疫病有300多次。从先秦两汉到唐宋明清，我们的祖先依靠中医药战胜了一次又一次疫病，为中华民族繁衍、维护百姓健康做出了不可磨灭的贡献。20世纪初，在西医进入中国以后，人民健康有了中医、西医的"双保险"。我国人均预期寿命由1949年的35岁增长到2020年的77.4岁，人民健康水平也得到了显著提升，健康中国建设顺利推进。

　　2020年年初，新冠肺炎疫情席卷全球。尽管各国不断采取隔离、封城、禁航、接种疫苗、临床救治等一系列防控措施，但新冠病毒仍在不断变异，阿尔法、贝塔、伽马、德尔塔等变异株相继出现，不少国家或地区一次次地沦陷。而我国在党中央的领导下，全国人民众志成城、共克时艰，广大医务工作者舍生忘死、积极防治，防控新冠肺炎疫情取得举世瞩目的巨大成就。中西医结合、中西药并用成为抗疫方案的亮点，再次彰显了中医的特色与作用。

展望未来，自然界病原物引发的传染病不会自行消失，人为造成的生物恐怖风险明显上升。生命安全、生物安全怎么变、怎么看、怎么办？这是摆在全人类面前的一个重大科学问题，也是关系到人民健康、经济发展、社会进步的重大社会问题，我们不能不予以重视！

早就知道王宏广教授从武汉"封城"第一天起开始撰写《中国生物安全——战略与对策》一书，但真正看到这册鸿篇巨制，我还是肃然起敬，在此向他表示诚挚的敬意和祝贺。2002年，在担任科技部中国生物技术发展中心主任时，王宏广教授就兼任《中华人民共和国生物安全法》起草专家组的总召集人，对生物安全进行了大量的研究。《中国生物安全——战略与对策》一书凝聚了王宏广教授20年的心血和汗水，内容全面系统、观点新颖鲜明，提出了许多具有学术价值、现实意义的观点与建议，我郑重向大家推荐此书。

我很赞同作者"生物安全将像第二次世界大战之后核安全一样影响未来世界的和平与发展"的观点，站位高、立意远，有危机意识和战略眼光，是一个非常重要的前瞻性预测，事关未来生物安全、国家安全。

前不久德国媒体评论道：新冠肺炎疫情对国际格局产生深刻影响，百年未有之大变局正在加速演进，世界在不经意间跨过了拐点，再也回不到过去了，中国已经或正在改变世界。而该书则对世界格局进行了系统而深入的剖析，提出新冠肺炎疫情正在加速世界政治、经济、科技、文化、外交、安全和中美七大格局发生变化。我认为上述问题都是全局性的重大战略问题，值得深入研究。

在上述大背景下，作者以全球视野和历史视角对世界生物安全形势进行了深入分析，论点正确、论据充分。作者在研究了美国、英国、德国等国家生物安全的立法、执法、成效与问题的基础上，对世界生物安全形势做出判断，即自然病原不会自行消失，人为生物威胁风险陡增，生物霸权不容忽视，提出我国要像当年应对核霸权一样，尽快拿出应对生物霸权的战略与对策。我认为作者对世界生物安全形势的判断冷静、客观、准确，对我国生物安全战略与对策的建议及时、中肯、可行。

这本书总结了我国保障生物安全的成就与短板：在生命安全、农业生物安全、生物多样性保护、国门生物安全、生物实验室安全、生物安全法规体系、全民生物安全意识七个方面取得了巨大成就，但仍然存在创新能力不足、防疫设施不足、高等级实验室数量不足、专门人才不多等短板。我认为在生物安全战略规划、风险管控等方面尚有待加强。

作者还对保障生物安全的指导思想、战略、总体目标进行了创新性的探讨。保障生物安全的指导思想是人民至上、生命至上，战略是创新引领、平战融合、早快结合、全民动员，总体目标是把生物安全的钥匙牢牢握在中国人手中。这些研究结果开拓了生物安全新的研究领域，也丰富了研究内容，既有学术价值，又有现实意义。

《中国生物安全——战略与对策》一书富有创新性、前瞻性、战略性，对国家制定生物安全有关政策具有重要参考价值。王宏广教授是一位具有国际视野的战略科学家，他善于思考、勤于表述，还出版了其他多本具有创新性见解的学术著作，跨医药、农业、经济、科技等多个领域。这与他和团队重事实、重数据、讲逻辑的研究方法是分不开的，我期待王宏广教授与团队取得更多的研究成果。

王宏广教授曾提出"发挥中医在病前的主导作用、病中的协同作用、病后的核心作用"（以下简称"三大作用"），并在虚心听取桑国卫院士和我的意见后，报送国家有关部门，使"三大作用"被写入国家中医药有关政策文件，推动了中医药可持续发展。作为中医专家，我很赞赏王宏广教授对中医的热爱与研究。

书将付梓，先睹为快，敬感之际，乐而为序。

中国工程院院士

天津中医药大学名誉校长　　张伯礼

中国中医科学院名誉院长

2021年12月

前　言

　　中共中央政治局 2021 年 9 月 29 日就加强我国生物安全建设进行第十三次集体学习，习近平总书记强调："生物安全关乎人民生命健康，关乎国家长治久安，关乎中华民族永续发展。"[1]

　　生物安全是当今世界人类面临的最大的安全问题。

　　茫茫宇宙、斗转星移，大国兴衰、政治多元，经济协作、技术合作，文化包容、外交尊重，军事沟通、治理趋同，民生改善、人心向善，乃人间正道。然而，人间正道是沧桑，道路有曲直，历史有进退，"丛林法则"不会自行消失，霸权主义更不会自行从善如流。

　　很多人都在思考：未来世界安全吗？新冠肺炎疫情还要持续多久？威胁生命安全、国家安全的最大隐患是什么？生命安全的钥匙能不能掌握在自己手中？生物战能不能被扼杀在摇篮里？世界生物安全怎么变、怎么看、怎么办？

生物安全与人人相关

在新冠肺炎疫情来临之前，许多人可能没有听说过生物安全。当前，对绝大多数人来讲，它仍然是既熟悉又陌生。事实上，生物安全与人人相关，不仅事关人民生命安全，而且事关国家命运、民族未来！

生物安全就在身边。防控新冠肺炎、艾滋病等恶性传染病是生物安全，保障转基因作物安全、防御蝗虫等农业病虫害是生物安全，保护珍贵动植物、防止濒危生物灭绝、保护生物多样性是生物安全，守住国门、防御有害生物入侵也是生物安全，防御生物威胁、遏制生物战更是生物安全。此外，防止抗生素不当使用、保障药品安全、保障食物安全生产都离不开生物安全。

生物安全与国家命运攸关

自然界往往2~3年就会出现一个新的病原物，其常常导致一个地区甚至整个国家停工停产。西班牙大流感导致欧洲人口减少近1/3；艾滋病造成大量人口死亡，引发全球恐慌，至今没有得到根本控制；埃博拉和SARS（重症急性呼吸综合征）传染性强、致死率高，让人闻而生畏；新冠肺炎疫情迅速传遍221个国家和地区，国门紧闭的国家也没能幸免。可见，在人类能够有效控制有害生物之前，生物安全绝对与国家命运紧紧相连。

从国际形势来看，在第一次世界大战和第二次世界大战期间，有许多国家研制和使用生物武器。虽然《禁止生物武器公约》已出台，但不排除一些国家以防御生物威胁为名，秘密研发生物武器。

关于生物安全的内容，不同国家、不同时期有不同的界定。综合国内外有关生物安全的文件与研究报告来看，生物安全通常包括公共卫生安全（包括生命安全）、农业生物安全、生物多样性与生态安全、生物技术与实验室安全、国门生物安全、国防生物安全、生物安全保障能力建设七个方面。

世界格局怎么变、怎么看

新冠肺炎疫情正在加速世界七大格局发生变化：安全格局剧变，核安全、网络安全问题仍然存在，自然病原不会消失，生物威胁风险陡升，生物霸权不容忽视；政治格局加速多元化，霸权主义失道寡助，人类命运共同体得道多助；经济格局迎来百年巨变，新自由主义矛盾凸显，新经济理念呼之欲出；科技格局进入新旧科技革命叠加期，数字经济方兴未艾，生物经济提前来临；文化格局渐变，人类文明螺旋式上升，交流消除隔阂，包容减少冲突；外交格局变化，"丛林法则"依然存在，"七个相互"昭示未来；中美格局回不到从前，难稳住当前，美国不会容忍超越，中国不会放弃发展。尽管霸权主义、民粹主义、单边主义手段不断变化，但科技战胜贫穷、文明削弱冲突，和平与发展仍然是世界的主题！

世界生物安全怎么变、怎么看

回顾历史，恶性传染病曾经使1亿多人丧失生命、世界大战被迫停止。第二次世界大战期间，日本、德国都研究并使用过生物武器，展示了生物武器的巨大破坏力。第二次世界大战以后，许多国家开始研制生物武器，引发国际生物武器竞赛。随后，许多国家倡议并签署了《禁止生物武器公约》，有效制止了生物武器竞赛，但一些国家可能只是把"研制生物武器"的说法改为"防御生物威胁"。尽管如此，人们对生物威胁的担忧也有所减少。

目睹现状，新冠肺炎疫情再次敲响世界生物安全的警钟，当前已造成超过3亿人感染，超过571万人丧失宝贵生命。作者根据世界银行公布的2020年经济增长速度测算，新冠肺炎疫情仅2020年就造成世界经济直接损失超过5万亿美元，产生的影响超过了第二次世界大战。病毒还在变异、还在流行，病毒从哪里来、到哪里去、如何消灭等问题尚待解决。

展望未来，自然病原引发的传染病不会自行消失，人造生物武器活动更不会自行停止。

世界生物安全怎么看：当前不安全，未来可能更不安全，自然风险与人为风险并存。许多国家十分重视生物安全，采取健全法规体系、建立防控体系、加强科技创新、提高民众防护能力、开展国际合作等一系列措施保障生物安全。但自然病原不会自行消失，人为生物威胁风险陡然上升，生物霸权潜在风险日趋明显；转基因安全问题存在明显分歧，制约转基因技术推广与应用；生物多样性在积极保护中不断下降，大量珍贵生物濒临灭绝；外来生物不断入侵，冲破多国国门。世界生物安全总体处于低水平、高难度、弱安全，生物安全问题将长期困扰人类生存与发展。

防自然病原促健康、御人为威胁保安全，建设人类生命安全共同体刻不容缓。人类与病原赛跑，要建设好法规体系、防御体系、创新体系、物资保障体系、国际协作体系，更加严格执行《禁止生物武器公约》，杜绝生物恐怖事件的发生，努力消除生物霸权，把生物安全、生命安全的钥匙牢牢掌握在人类手中。

中国生物安全怎么变、怎么看

中共中央总书记习近平在中央政治局学习会上明确指出："传统生物安全问题和新型生物安全风险相互叠加，境外生物威胁和内部生物风险交织并存，生物安全风险呈现出许多新特点。"[2]

回顾过去，中国在保障生物安全方面取得了巨大的成就：保障人民生命安全，消灭或基本消灭了天花、麻疹等十几种传染病，为人均预期寿命增长42岁做出不可替代的贡献；保障农业生物安全，为粮食增产4.7倍提供了坚固的安全屏障；生物多样性保护成效显著，生态环境逐步得到改善；严把国门生物安全，有效防御了大量危险生物入侵；高等级生物安全实验室从无到有，管理水平达到国际一流。

现状表明，没有生物安全就难保生命安全、国家安全。中国生物安全仍然面临着严峻的形势：新冠病毒可能长期存在，自然病原不会自行消失，生物恐怖风险陡然增加，生物霸权更加猖狂。生物武器在第一次世界大战和第二次世界大战期间没有缺席，在未来战争中会不会缺席尚无定论，中国绝对不能掉以轻心！

总之，生物安全事关世界和平与发展，事关人民生命安全、国运昌盛。我们在20年对30个国家或地区生物技术与生物经济跟踪研究的基础上，重点介绍10个国家或地区生物安全的法规、政策、措施与效果，并对我国生物安全的形势与任务、战略与对策以及主要措施做了探索。

由于成书时间紧张，本书错误与遗漏之处在所难免，敬请广大读者批评指正。

2022年2月

第1篇

生物安全与世界格局

回顾过去，生物灾难夺去亿万人的宝贵生命。
目睹现状，新冠肺炎疫情正在改变世界格局。
展望未来，生物安全形势可能更加复杂多变。

第1章

生物安全与世界格局变化

新冠病毒流行，引发生命丧失、股市熔断、经济停滞、社会动荡。为什么小小病毒有如此大的传染力、影响力、破坏力？新冠肺炎疫情已经引发人类对生物安全前所未有的担忧，从"封城"到"锁国"，地球上的人类活动几乎停摆。世界股市、汇市、房市、金市发生剧烈动荡，影响当今世界，改变人类未来。

许多国家调整卫生、经济、科技、国防以及国家安全政策，世界安全格局、政治格局、经济格局、科技格局、文化格局、外交格局以及中美格局发生根本性变化，世界格局正在由战后格局转向疫后格局。

第1节

世界格局剧变，历史迎来拐点

当前，世界安全格局面临着传统安全与非传统安全共存的局面。非传统安全对世界安全格局的影响更为突出，特别是生物安全、粮食安全、能源安全、军事安全格局出现质的变化。

一、生物安全：生物霸权引发国际生物斗争

在冷战结束后的30年中，一些专家和学者认为非传统安全威胁"敲开了战略的大门"，其中传染性疾病大流行被认为是非传统安全威胁中最可怕、最需要国际社会予以战略性关注且共同应对的重大威胁。[1]尤其是个别国家依靠强大的军事实力、先进的军事技术制造生物霸权，将新冠病毒溯源问题政治化，在世界多地建立秘密生物基地，使世界生物安全形势扑朔迷离、危机四伏。

2020年年初，让世人难以置信、难以承受、难以忘怀的一幕就发生了——肉眼看不见的小小病毒竟然使一个个大国停工。这一现实告诉我们，生物安全已经成为各国政府、科学家、企业家乃至每个公民需要关注的重大问题，其可能成为人类面临的最大威胁。

当今世界，生物霸权已经形成。生物霸权是指利用先进生物技术违反国际准则、破坏国际秩序的霸权行为。近20年来，美国生物安全相关投资高达1855亿美元，其形成了世界一流的生物技术，拥有全球90%以上的生物技术的根技术。美国启动"千分子计划"，合成1000个自然界没有的分子，给世界造成潜在威胁。根据中国中央电视台的报道，美国是世界上唯一反对《禁止生物武器公约》核查机制的国家。美国政府公然质疑中国—世卫组织新冠病毒溯源联合研究

报告，并让情报机构代替科学家调查新冠病毒，多次叫嚣"中国病毒""武汉实验室泄漏"，疯狂向中国甩锅，多次要求到中国调查新冠病毒，却不允许任何国际组织调查2019年7月德特里克堡生物实验室关闭事件。

二、粮食安全：全球近6.9亿人口仍然未吃饱

联合国粮农组织2020年7月15日发布的《世界粮食安全和营养状况》报告[2]显示，2019年全球有近6.9亿人处于饥饿状态，占世界总人口的8.9%，比2018年增加1000万人，比5年前增加近6000万人。新冠肺炎疫情将使饥饿人数大幅增加。数据表明，世界粮食安全形势不容乐观。近年来，影响世界粮食安全的不利因素明显增多，极端天气以及新冠肺炎疫情引发的粮食供应链中断，加剧了全球粮食供给体系的不稳定性。

第一，世界人均谷物产量为377千克，低于世界粮食安全标准。2017年，世界人均谷物产量为377千克，发达国家的人均谷物产量远高于世界平均水平，发展中国家的人均谷物产量则低于世界平均水平。发达国家农业基础好，发展速度快，粮食生产水平较高，加上人口少，人均谷物产量为650千克以上；而发展中国家农业、经济发展较慢，人口多，人均谷物产量只有250千克，不到发达国家的40%。因此，按照人均400千克的粮食安全线，世界人均谷物产量还没有达到粮食安全线，尤其是发展中国家的人均谷物产量离粮食安全线尚有很大的差距。

第二，超过20亿人处于"中度或重度粮食不安全"状态。《世界粮食安全和营养状况》报告估计，全球共有超过20亿人处于"中度或重度粮食不安全"状态，无法正常获取安全、营养、充足的食物，其中绝大多数人生活在低收入和中等收入国家。从人数分布来看，在

20亿粮食不安全人口中，10.3亿人位于亚洲，6.75亿人位于非洲，2.05亿人位于拉丁美洲及加勒比地区，8800万人位于北美洲和欧洲，590万人位于大洋洲。

第三，发达国家粮食生产积极性下降。全球几次粮食相对过剩引起了粮食价格波动下降，导致发达国家生产粮食的积极性下降。自20世纪80年代开始，全球粮食产量增长明显趋缓，特别是发达国家粮食产量出现了停滞或下降。

第四，短缺与过剩两极化严重，世界粮食鸿沟长期存在。资源、技术与财富的分配不均衡，导致食物鸿沟加深，发达国家粮食生产过剩和发展中国家食物短缺危机长期存在，这种长期的发展不平衡导致世界粮食安全向两极化发展。

第五，新冠肺炎疫情增加粮食安全风险。《世界粮食安全和营养状况》报告预测，在全球范围内，由于新冠肺炎疫情引发的经济衰退，多数弱势群体的粮食安全和营养状况很可能进一步恶化。疫情使全球粮食体系的脆弱性凸显，各方需要共同应对。

第六，中国粮食安全的对策是"八管齐下"，实现8亿吨粮食产能，将中国人的饭碗牢牢端在自己手中。[3]

三、能源安全：碳中和带来新的能源问题

总体上，全球能源数量不足的问题已基本解决，能源质量与效率成为主要矛盾，碳中和对能源文明提出了更高的要求。但由于全球能源分布极不平衡，广大能源缺乏国家普遍存在能源安全问题，碳中和则给本来就不安全的能源问题带来新的挑战。

传统观点认为，能源安全是指能源供应在数量上可持续、有保障，且价格保持基本稳定的状态。近年来，环境、气候变化等问题日渐凸显，保护环境和可持续发展在世界范围内逐渐成为共识，以供应

安全为目标的传统能源安全观正逐步向以低碳、清洁、可持续为目标的新能源安全观转变。能源安全的现实环境正在发生变化，这将对未来世界能源体系产生深刻的影响。在全球低碳化转型浪潮中，世界可能出现中短期油气不足的局面，国际油气合作将新增困难和压力，新的世界能源格局将在主要国家的博弈中逐渐形成。

随着可再生能源技术的发展以及智能电网、储能等关键领域技术的不断突破，风能、太阳能等非化石能源规模将进一步扩大，以风电、光伏发电等新能源为基础的新能源体系将会形成。新的能源体系将改变世界能源格局，世界能源安全形势不再仅取决于甚至不取决于对油气资源的控制能力，将极大突破地力因素，更多取决于利用新能源的技术水平和开发能力。特别是在向低碳能源体系转型的大趋势下，能源安全不再仅强调能源的供给，更强调对关键能源技术的掌握。[4]

四、军事安全：生物战很可能主导未来战争

新冠肺炎疫情的肆虐引起许多国家对生物安全的重视，它们开始加大对防御生物威胁的人才、技术、物资的投入，军事科技格局乃至军事格局可能会悄然出现四大变化。

第一，防御生物威胁的"军备竞赛"将拉开序幕。美国拥有世界上最先进的生物技术、最顶尖的生物技术人才、最多的高等级生物实验室，毫无疑问是世界上防御生物威胁能力最强的国家。但美国政府2018年公布的《国家生物防御战略》指出"生物威胁是美国面临的最大威胁"，要动员多部门、多学科共同参与，提高防御生物威胁的能力。这释放出一个重要的信号，即美国要投入更多的人力、财力、物力，加强对生物威胁的防御能力，这必将引发围绕生物防御的新一轮"军备竞赛"。新冠肺炎疫情已经被一些媒体和机构渲染成"准

生物战"，这加剧了各国政府乃至广大民众对生物安全、生物恐怖、生物武器的担忧甚至恐慌。防御生物威胁，已经成为许多国家政治家、军事家、战略家、企业家，乃至广大公众关心的战略问题、重点问题。

第二，军事理论出现变化，非接触战争理论成为现实。有些国家在第二次世界大战之后几乎没有停止过战争，也几乎没有不参与的战争，具有丰富的战争经验与战争理论，并倡导"一个理论指导一场战争、一场战争结束一个理论"。生物战是典型的非接触战争，可以变"坐山观虎斗"为"居家看虎死"。

第三，战争模式发生变化，院士成为战士。从防控新冠肺炎疫情的战役中可以看到，如果生物战发生，在传统的冷兵器过时之后，飞机、导弹、火箭等热兵器也面临被边缘化的可能，诊断试剂将替代雷达"发现敌人"，药品、疫苗将替代导弹、子弹"消灭敌人"，院士会成为冲在最前线的战士。

第四，军事技术重点发生变化，防御生物威胁成为新的研发重点。从防控新冠肺炎疫情的战役中可以看到，1美元成本发起的生物战，防御可能需要千亿美元，生物武器的传染力、破坏力、影响力是其他武器不可比拟的。因此，防御炭疽、天花、鼠疫、埃博拉等危险生物的民用医药技术与产品将成为未来军事技术的新重点、新方向。传染病医院、隔离医院、备用医院（临时征用）等生物防护设施将像"防空洞"一样普及，公民要像注重食品安全一样重视生物安全。

五、世界格局发生变化

当前，新冠肺炎疫情正在加速世界格局由战后格局转向疫后格局，世界安全、政治、经济、科技、文化、外交以及中美格局都会发生不同程度的转变，有的则会迎来百年巨变。

安全格局剧变。核安全、网络安全问题仍然十分突出，生物威胁风险更加凸显。小小新冠病毒居然能让一个国家停工、封国，并在短短几个月内传遍世界。生物威胁成为未来世界面临的最大风险，生命安全的钥匙还没有掌握在人类手中。自然界的病原物从哪里来、到哪里去、如何防控，这些问题还没有解决。人为制造的生物威胁，更是让人束手无策。当前，生物霸权的潜在威胁尚未引起人们的高度重视。除此之外，新冠肺炎疫情引发粮食供应链断裂，世界粮食安全形势突然恶化，粮食价格上涨40%~80%，新增1.4亿人口吃不饱，使粮食安全问题雪上加霜；世界能源安全形势恶化，能源供应链受阻，碳中和让许多国家或地区面临新的难题。

政治格局加速多元化。第二次世界大战以后形成的由西方主导的政治格局正在向多元化格局转变。特朗普政府"美国优先"的霸权主义失道寡助，尽管拜登政府联合北约国家应对中国"系统性挑战"，但德国、法国、意大利等国家并不完全赞同美国的霸权做法，而是在经济、气候变化等问题上加强与中国的合作。以中国为代表的发展中国家的实力正在增强，人类命运共同体得道多助，世界政治格局加速多元化。

经济格局迎来百年巨变。新自由主义矛盾凸现，美国占据世界第一大经济体地位可能不会超过150年。自由市场经济并没有推动西方国家及世界的快速发展，中国将市场无形之手与政府有形之手高效结合却创造了"中国奇迹"。中国国家统计局的数据显示，中国GDP增长的倍数，过去70年是美国的8.9倍，过去42年是美国的11.1倍。[5]

美国是世界经济中心、科技中心、人才中心、金融中心、军事中心，甚至还有人说它是世界政治中心、外交中心、文化中心。集八大中心为一体，号称有世界上最完善的市场经济体制的美国，为何过去40年甚至70年的经济增速不如中国？一些西方国家只承认中国经济的成就，却不承认产生成就的经济体制，其深层原因是什么？是习惯性认为西方经济体制优越，还是不敢承认中国经济体制的优势？或者是不敢承认经济管理"两只手"比市场无形"一只手"好？

科技格局进入新旧科技革命叠加期。数字经济方兴未艾，生物经济提前来临。农业科技革命、工业科技革命、信息科技革命给世界带来了很多惊人的变化，那么，未来谁将引领新的科技革命？新的科技革命已经引起许多国家的政治家、科学家、经济学家、企业家的高度关注。

文化格局渐变。交流消除隔阂、包容减少冲突，人类文明螺旋式上升。许多战争、冲突往往都是由文化与价值观不同引起的，文化、偏见、愚昧造成的损失往往比战争还大。展望未来，中国坚持以"和"为核心的儒家文化，西方国家坚持以"争"为核心的海洋文化，文化多元化是大方向、大趋势。

外交格局变化。"丛林法则"不会自然消失、"七个相互"昭示未来。当今世界，霸权主义、民族主义、单边主义、极端主义、恐怖主义等横行，弱国无外交。尽管霸权主义不会自行消亡，但它绝对不代表人类文明的发展方向，和平与发展仍是当今世界的主题。政治上相互平等、经济上相互协作、科技上相互合作、文化上相互交融、外交上相互尊重、军事上互不威胁、治理上相互借鉴，"七个相互"代表着人类文明的大方向。老话说得好：道路是曲折的，前途是光明的，人心向善、世界趋和，乌云不会永远遮住太阳，阳光总在风雨后。

中美格局变化，即美国不会容忍超越，中国不会放弃发展。中美关系回不到从前，难稳住当前，但中美协作肯定会创造更加美好的世界。美国的目标是永远领导世界，而中国领导人多次重申"人民更加美好的生活是我们奋斗的目标"。美国认为中国经济总量会很快超越它、中国体制优势会冲击它的传统理念，所以美国与北约国家把中国崛起定义为"系统性挑战",把中国排在俄罗斯前面,成为它们共同应对的最大竞争对手。美国必然会通过体制战、贸易战、科技战、人才战、货币战、网络战、粮食战等多种非常规战,甚至局部军事战的方式遏制中国的崛起。

当前,中美差距仍然很大。从综合国力来看,中美差距是最大发展中国家与最大发达国家的差距;从经济实力来看,中国仍然不是经济强国,经济发展主要依靠人口红利,发展受制于人的问题还很突出;从科技实力来看,美国是世界科技中心、人才中心,中国的高端人才、先进仪器和科研方法绝大多数来自美国,且90%以上的信息技术、生物技术的根技术来自美国或其他西方国家,中国科技仍然处于"领跑、并跑、跟跑"三跑并存、以跟跑为主的阶段,短期内难以超越美国;从教育实力来看,中美差距更加明显,美国的全球顶尖人才数量是中国的8倍。

中国政府多次向世界表明:中国不想领导世界,既不会输入制度,也不会输出制度。新时代,驾驭中美关系大局,事关民族伟大复兴,事关世界和平稳定,事关人类文明与进步,期待大战略、大智慧、大变革、大格局。

第2节

生物安全:人类面临的巨大挑战

新冠肺炎疫情引起各国政府与人民对生物安全的关注与关切,人们普遍对生物安全有了感性认识,但对生物安全的科学概念、主要内容、未来趋势仍未有较为清晰的了解。

一、生物安全的两类概念

安全通常指个人、集体、国家没有遭受威胁、危险、危害和损失，人与人、人与自然能够和谐相处、互不伤害，是不存在危险与隐患的状态，或者免除了不可接受的损害与风险的状态。[6]安全是在人类生产过程中，将系统的运行状态对人类的生命、财产、环境可能产生的损害控制在人类接受水平以下的状态。

对于生物安全，目前国内外还没有一个统一、公认的概念，但它通常有狭义、广义两种概念。

（一）狭义生物安全

英文中的"biosafety"、"biosecurity"和"biodefense"，中文都翻译为"生物安全"，其实这三者的含义与针对对象都有一定区别。"biosafety"是指生物技术与实验室安全，美国国立卫生研究院（NIH）于20世纪70年代制定《实验室操作规则》时第一次提出这个概念，针对对象是实验室操作人员，主要内容是保障实验室使用的病原微生物能够得到严格控制。"biosecurity"主要是指防御自然病原物、生物入侵等自然生物灾害，实质是公共卫生安全和国门生物安全。"biodefense"主要指防御人为生物威胁，防御生物恐怖与生物战，实质是国防生物安全。

狭义生物安全是指生物技术与实验室安全，主要内容是采取一系列有效预防和控制措施，防止实验室使用的危险生物泄漏，防止生物技术滥用、误用对人民生命安全、生态安全造成威胁和损害。例如，第二次世界大战期间的日本731部队，实际上就是在利用生物实验室收集、试验危险微生物，研制灭绝人性的生物武器，这是典型的狭义生物安全问题。

新冠病毒是不是实验室泄漏导致的狭义生物安全事件，引起全球高度关注。2021年3月30日，世界卫生组织公布的中国—世卫组织新冠病毒溯源联合研究报告显示，新冠病毒很可能是由中间宿主传播给人类的，极不可能从实验室泄漏。世界上许多国家的著名科学家经多次研究，也认为新冠病毒是不可能人造的。

（二）广义生物安全

20世纪90年代，联合国在《生物多样性公约》中提出了"biosecurity"，其主要内容除了实验室安全，还包括保护生物多样性、生态环境与防止危险生物入侵，以及防止生物技术研发产生副作用，比如转基因生物、危险病原物、干细胞等研究引发的安全问题，这就产生了广义生物安全的概念。

广义生物安全是指一个国家或地区有效应对一切危险生物以及生物技术滥用、误用造成的影响和威胁，维护和保障人民生命安全、生态安全与国家安全的状态和能力。

广义生物安全与狭义生物安全有明显的区别。狭义生物安全是指由人类不正确、不正当活动引发的生物安全问题，而广义生物安全既包括人类活动造成的安全问题，也包括自然界生物活动引发的安全问题，比如新冠肺炎等重大传染病流行、蝗虫迁移、危险生物入侵等。

自"9·11"事件以来，人们担心恐怖分子利用现代生物技术制造生物恐怖，美国等一些发达国家已经把生物安全与核安全、网络安全并称为三大安全问题，不少国家都把防御生物恐怖作为生物安全的重要内容。

2020年10月17日，第十三届全国人大常委会第二十二次会议审议通过了《中华人民共和国生物安全法》，其适用八类活动：一是防控重大新发突发传染病、动植物疫情；二是生物技术研究、开发与应用；三是病原微生物实验室生物安全管理；四是人类遗传资源与生物资源安全管理；五是防范外来物种入侵与保护生物多样性；六是应对微生物耐药；七是防范生物恐怖袭击与防御生物武器威胁；八是其他与生物安全相关的活动。

《中华人民共和国生物安全法》于2021年4月15日起施行，分10章88条，明确了生物安全的重要地位和原则，规定生物安全是国家安全的重要组成部分，完善了生物安全风险防控基本制度，创建了生物安全风险防控的"四梁八柱"，奠定了中国保障生物安全的法律基础。与其他国家的生物安全法相比，《中华人民共和国生物安全法》未包括转基因安全、国门生物安全等内容，但相关内容在其他法规中已有明确规定。

二、生物安全的七大内容

通过分析国内外有关生物安全的法律、规章、研究报告，我们认为生物安全主要包括七大内容。

公共卫生安全。公共卫生安全的核心是保障人民生命安全，主要包括重大传染性疾病防控、药品安全、人类遗传资源保护、病原生物体安全管理、微生物耐药性、医疗用品安全，以及重大疫情的监测、预警与预报等。不同国家关注的内容、重点有所不同，比如《中华人民共和国生物安全法》把人类遗传资源保护单独列为一章，这与发达国家的做法并不相同。

农业生物安全。农业生物安全关注的焦点、热点是转基因安全、动植物疫情、人畜共患病等，主要包括动植物疫情防控、食品安全、转基因动植物、植物品质资源保护，以及动植物重大疫情、农业生物灾害的监测、预警与预报等。

生物多样性与生态安全。生物多样性与生态安全主要包括生物多样性保护、野生动植物保护、水资源保护、森林与草原保护，以及重大生物威胁的监测、预警与预报等。

生物技术与实验室安全。生物技术与实验室安全主要包括生物技术研发与产业化、高等级生物安全实验室管理、生物安全标准制定、生物伦理监管，以及新技术、新产品潜在生物风险评估、监测、预警与预报。

国门生物安全。国门生物安全主要包括防御外来生物入侵、边境与口岸检疫检验，以及进出口重点检疫对象的动态预警与预报等。

国防生物安全。国防生物安全的重点是防御生物恐怖与生物威胁，主要包括重大生物安全事件的监测、预警与预报，防御生物恐怖、生物威胁的药品、疫苗与装备的研制与储备，建立生物安全指挥体系、基础设施、应急处理队伍，以及针对150多种危险病原物开展战略储备工作等。

生物安全保障能力建设。生物安全保障能力建设主要包括建设法规体系、防御体系、创新体系、物资保障体系、管理体系，提升国民生物安全素质与国际合作能力等。

三、生物安全已成国家安全的重中之重

研究生物安全，首先要明确生物安全在国家安全中的地位与作用。像生物安全一样，国家安全还没有一个国际统一认定的概念，在不同国家甚至同一国家的不同时期，国家安全的概念与内涵，以及相应的政策与措施都存在不同。

国内外多数机构与专家普遍认为，国家安全是指一个国家处于没有外部侵略与威胁、没有内部混乱与隐患的稳定状态。《国家安全学》认为："国家安全就是一个国家处于没有危险的客观状态，也就是国家既没有外部的威胁和侵害又没有内部的混乱和疾患的客观状态。"[7]

国家安全的核心内容包括三个方面：一是没有外部的威胁和侵害，这可以分为外部自然界的与外部社会的威胁和侵害，主要包括其

他国家、社会组织和个人的威胁，以及国内力量在境外所形成的威胁和侵害；二是没有内部的混乱和疾患，即国内没有混乱、动乱、骚乱、暴乱、重大疾患等；三是防止隐患成为危害，防患于未然。

《为国家安全立学——国家安全学科的探索历程及若干问题研究》中提及的"国家安全学"将当代国家安全构成要素归纳为12个方面，主要有国民安全、国域安全、资源安全、经济安全、社会安全、主权安全、政治安全、军事安全、文化安全、科技安全、生态安全、信息安全。[8]

2014年4月15日，习近平总书记在中央国家安全委员会第一次会议上强调坚持总体国家安全观。[9]总体国家安全观包括11个方面：政治安全、国土安全、军事安全、经济安全、文化安全、社会安全、科技安全、信息安全、生态安全、资源安全和核安全。

2020年2月14日，习近平总书记在中央全面深化改革委员会第十二次会议上的讲话指出："把生物安全纳入国家安全体系，系统规划国家生物安全风险防控和治理体系建设，全面提高国家生物安全治理能力。要尽快推动出台生物安全法，加快构建国家生物安全法律法规体系、制度保障体系。"[10]从此，生物安全成为国家安全体系的重要内容。

第3节
公共卫生安全：保障人民生命安全

一、公共卫生安全的核心是生命安全

顾名思义，生命安全就是人类正常生命活动不受到外部影响与干预的状态。生命安全是现代社会的基本人权，主要是指在社会治安、劳动安全、医疗卫生、防灾减灾等方面要把人民的生命安全和身体健康放在首位，当灾害事故发生后要把不惜一切代价抢救生命放在首位。生命安全是生物安全的核心内容。

公共卫生安全的范围比生命安全更广泛。世界上许多国家都制定了与公共卫生相关的法律法规，其中保障生命安全是其核心内容和根本目标。

二、防御传染病是保障生命安全的重点

传染病是对人民生命危害最大的因素之一，事关国家安全和发展，事关社会大局稳定。传染病是一种能够通过各种途径在人与人之间或人与动物之间传播并广泛流行的疾病。通常，这种疾病可借由直接接触已感染的个体、感染者的体液及排泄物、感染者污染的物体，通过空气、水源、食物、接触、土壤、垂直（母婴）等进行传播。

新发和烈性传染病指的是新的、刚出现的或呈现抗药性的传染病，其发病率和致死率比较高，通常还没有有效的疫苗和药物。2003年，世界卫生组织提出新发传染病是指由新种或新型病原微生物引起的传染病，以及近年来导致区域性或者国际性公共卫生问题的传染病。近年来，新发和烈性传染病如非典型肺炎、高致病性禽流感、甲型流感、中东呼吸综合征、埃博拉、寨卡热和新冠肺炎等的出现，对人类社会安全造成了严重危害。

《中华人民共和国传染病防治法》规定的传染病分为甲类、乙类和丙类，共39种，且传染病的分类会根据传染病发生危害的程度进行修改与完善。2020年1月20日，国家卫生健康委员会发布公告，将新型冠状病毒感染的肺炎纳入乙类传染病并按照甲类传染病管理，中国法定传染病病种增加至40种。

新发和烈性传染病对人民生命安全威胁更大，具有传染性强、传播速度快、传播范围广的特点。由于新发和烈性传染病大多为人畜共患病，病毒在自然宿主体内变异快，人群对其普遍缺乏免疫力。同时，社会和环境的日益改变给新发和烈性传染病的传播和流行创造了条件，现代生物技术的发展也使得这些新发和烈性传染病有可能成为致命的生物武器，因此新发和烈性传染病的防控是国家保障生物安全的重要任务。

三、威胁人类生命安全的十大疾病

由于自然环境、经济水平、创新能力、人口素质以及生活质量、工作环境不同，不同国家危及人民生命安全的主要因素也不同。

（一）国际上影响生命安全的十大疾病

世界卫生组织发布的《全球卫生估计》报告显示[11]，2019年，在全球5540万死亡病例中，十大死因占55%。其中，最主要的死亡原因（按死亡总人数排列）与"心血管疾病（缺血性心脏病、中风）、呼吸系统疾病（慢性阻塞性肺病、下呼吸道感染）和新生儿疾病（出生窒息和出生创伤、新生儿败血症和感染以及早产并发症）"这三个大的主题有关。死亡原因可分为三类：传染性疾病、非传染性疾病（慢性）和伤害。

《全球卫生估计》报告将2019年十大死因和2000年进行了对比（见图1-1），结果发现：全球致死率最高的10种疾病，仅是排位发生了变化。数据显示，缺血性心脏病自2000年以来一直排名第一，2019年导致890万人死亡，约占世界总死亡人数的16%。中风和慢性阻塞性肺病是第二和第三大死亡原因，致死人数分别占总死亡人数的11%和6%。下呼吸道感染排在主要死亡原因的第四位，但其致死人数比2000年少了46万人，呈下降态势。新生儿疾病排名第五，但其致死人数比2000年减少120万人，降幅最大。非传染性疾病导致的死亡人数正在上升，其在主要死亡原因中位列第六。阿尔茨海默病和其他痴呆症位列第七，腹泻病、糖尿病和肾病分别位列第八、第九、第十。其中，糖尿病尤其值得关注，自2000年以来，糖尿病致死人数增幅高达70%。

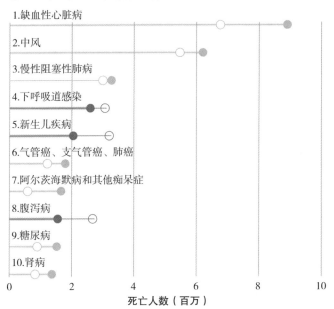

全球主要死亡原因

图1-1 世界上死亡率最高的十大疾病

资料来源：《全球卫生估计》。

第1章 生物安全与世界格局变化

（二）影响中国人生命安全的十大疾病

近些年，随着经济社会的发展和人民生活质量的改善，中国的疾病谱也发生了很大变化，肿瘤和代谢疾病等已经成为主要死因。数据显示（见表1-1），严重影响中国人生命安全的疾病主要是恶性肿瘤、心脏病和心脑血管疾病，这三大疾病造成的死亡率均在20%以上，占据了中国城乡疾病死亡率的70%左右。排名第四的是呼吸系统疾病，造成的死亡率也达到了10%以上；其他疾病造成的死亡率都在10%以下，排名第五到第十的分别是损伤和中毒、内分泌营养和代谢疾病、消化系统疾病、神经系统疾病、泌尿生殖系统疾病、传染病（含呼吸道结核）。

表1-1　2019年中国城乡十大疾病死亡率

疾病名称	城市			农村		
	死亡率	构成	位次	死亡率	构成	位次
	（1/10万）	（%）		（1/10万）	（%）	
恶性肿瘤	161.56	25.73	1	160.96	23.27	2
心脏病	148.51	23.65	2	164.66	23.81	1
心脑血管疾病	129.41	20.61	3	158.63	22.94	3
呼吸系统疾病	65.02	10.36	4	74.61	10.79	4
损伤和中毒（外部原因）	36.06	5.74	5	51.08	7.39	5
内分泌营养和代谢疾病	21.44	3.42	6	17.80	2.57	6
消化系统疾病	14.86	2.37	7	14.49	2.10	7
神经系统疾病	9.14	1.45	8	8.60	1.24	8
泌尿生殖系统疾病	6.60	1.05	9	7.28	1.05	9
传染病（含呼吸道结核）	6.01	0.96	10	6.94	1.00	10

数据来源：《中国卫生健康统计年鉴2020》。

四、关于当前新冠病毒的五个疑问

（一）从哪儿来：新冠病毒是否来自实验室泄漏

新冠病毒是不是来自实验室泄漏，是一个全球十分关注的问题。新冠病毒溯源本质上是一个严肃、艰巨的科学问题，全球许多科学家做了大量的溯源研究工作，但到目前为止，仍然没有找到新冠病毒的真正源头或中间宿主。目前，关于新冠病毒的来源大致有以下几种不同的观点。

第一，病毒由实验室泄漏极不可能，而自然界宿主和中间宿主还没有找到。世界卫生组织及绝大多数科学家都认为新冠病毒源于自然界。2020年9月25日，世界卫生组织举行新冠肺炎例行发布会。针对新冠病毒来自实验室的言论，世界卫生组织总干事谭德塞再次重申，世界卫生组织相信科学和证据，目前所有论文均显示新冠病毒来自自然界。[12] 2021年3月30日，世界卫生组织公布的中国—世卫组织新冠病毒溯源联合研究报告明确提出，"新冠病毒通过实验室引入人类极不可能""新冠病毒经中间宿主引入人类属于比较可能到非常可能"，病毒可能是从蝙蝠经由另一种动物传染给人类的。该报告还指出，武汉市研究冠状病毒的实验室管理完善，具有高水平的生物安全等级，在疫情发生的前几个月并没有实验室人员出现相似呼吸道疾病，他们在随后的抗体血检中也没有被验出新冠病毒阳性。[13] 世界卫生组织的结论是：这场大流行源自实验室是极不可能的。此外，许多国家的著名生物学家也都排除了人为合成新冠病毒的可能性，理由是从病毒基因序列分析，找不到人为合成的迹象。

第二，新冠病毒可能最早出现在武汉以外的地方或国家。英国《金融时报》称："一些疑似阳性样本出现的时间远早于武汉发现的首例病例，表明在其他国家可能存在被忽视的传播……因此，对这些潜在的早期事件进行调查是重要的。"2021年6月，美国国家卫生研究院发表的最新研究成果显示，新冠病毒于2019年12月即在美出现。[14]

第三，美国政客多次谎称新冠病毒是"中国病毒"。美国政府将病毒溯源这一科学问题政治化，妄想把病毒起源、传播问题作为遏制中国的一种手段。美国前国务卿蓬佩奥多次公开发表声明，称其掌握中国政府实验室活动新信息，攻击中国阻碍病毒溯源和虚假宣传，指责武汉病毒研究所人为制造及泄漏病毒、武汉病毒研究所同军方秘密合作等，强调必须对新冠病毒起源进行全面且不受限制的调查。[15]对此，中国外交部发言人华春莹回答："这也是蓬佩奥这位谎言先生的最后疯狂。"[16]

第四，许多国家或公众建议调查美国德特里克堡实验室泄漏事件。在美国政府疯狂甩锅、攻击中国武汉实验室的同时，中国外交部发言人及许多国家的机构、公众多次提出世界卫生组织也应该调查美国德特里克堡实验室2019年8月的生化泄漏事件，美国应该像中国政府一样，允许或邀请世界卫生组织专家去美国调查德特里克堡实验室泄漏事件，给世界人民一个合情合理、科学的答案。

（二）到哪儿去：新冠病毒会不会自行消失

新冠病毒的破坏力远远超过一般的战争，防御新冠肺炎疫情实际上是一场"准生物战"。从生命安全的角度来看，人类历史是不断和疫情做斗争的历史，仅中国记载的疫情就有300多次。从2005年开始，世界卫生组织共公布过6次国际公共卫生紧急事件，平均约2.5年一次。实际上每2～3年，世界上就会出现一次疫情或一种新发传染病。

关于新冠病毒到哪儿去、待多久的问题，目前还没有公认的科学结论，但总结国内外现有研究成果，有几种倾向性意见：一是新冠病毒不会像SARS病毒一样在气温升高时消失，主要原因是其在南亚、非洲等气温较高的地区也有流行；二是短期内（两年）完全控制疫情比较困难，无症状感染者、病毒变异是新冠肺炎疫情防控难的主要原因；三是新冠病毒很可能像重流感一样"常来常往"，因为其已遍及200多个国家或地区，很难消除干净；四是疫苗与药物能否奏效，能不能对变异病毒株继续奏效，主要取决于病毒变异速度与程度——病毒4.5个小时左右复制一代，疫苗与药物研发需要半年到10年，只有病毒变异慢、变异程度低，疫苗与药物研发的成功率才能更高；五是生命安全、生物威胁的风险陡然升高；六是即使控制住新冠病毒，"新"新冠病毒或其他病原物也可能会来，虽然无法预测时间和流行程度。人类与新冠肺炎等传染病的斗争将是一个长远、复杂、反复的过程。

（三）能不能：现有技术能否人造病毒

从基因数量来看，新冠病毒基因组仅由30000个RNA（核糖核酸）碱基组成，从体积大小来看，病毒直径约为20～100纳米，细胞直径约为10～200微米，而人体约有40万亿～60万亿个细胞。如果把细胞放大到一个包子的大小，那么人体约由40万亿～60万亿个包子组成，而病毒只是相当于1/1000包子大小的一段粉丝。病毒没有生命，只能附着在细胞内进行复制，离开生物体就像干粉丝。如果把病毒放大到相当于一个1.2米的人时，人就相当于地球大小。因此，人类研究病毒就相当于大海捞针，难度极大。

现代生物技术取得了重大突破，已经从最初的认识生物、改造生物阶段，进入了创造生物的高级阶段。中国科学家在新冠肺炎病例刚刚出现时，就准确地找到了新冠病毒并公布了基因序列。基因编辑、合成生物等技术使人类能够在现有病毒基因序列的基础上改造生物，并设计基因序列来创造生物。对生物专家来讲，改造生物、创造生物就像小孩玩积木一样，已不再是难题。

实际上，人类改造生物、创造生物的研究已经进行多年。2018年，美国启动全球病毒组项目，计划投入12亿美元寻找未知病毒；

美国国防高级研究计划局（DARPA）支持"生命铸造厂"项目，目标就是创造自然界没有的生物或材料。

（四）是不是：新冠病毒人造可能性极低

当前，关于新冠病毒是不是人造病毒已引起全球高度关注，科学家难下结论，外交家、政治家妄下结论，各种猜测满天飞，科学问题政治化、娱乐化，不少人雾里看花。从技术上讲，现代生物技术有可能合成或改造病毒以形成与新冠病毒类似的病毒，但当前流行的新冠病毒人造可能性很低。

科学结论必须以事实与数据为依据。我们认为以现有的知识与信息对新冠病毒溯源，还需要做大量、长期的研究工作，主要有四个原因：一是自然界中的未知病毒多达167万种，已经公布的病毒基因序列十分有限；二是透过现有科学知识看不出新冠病毒人为改造的迹象，一些科学家认为新冠病毒刺突蛋白与人体细胞的结合效率很高，现有人工改造技术无法达到，只能是自然突变的结果；三是各国生物技术水平差距巨大，高水平专家创造的病毒，一般专家可能看不出来；四是新冠病毒是拥有29903bp的单链RNA（ss-RNA），只有10个基因，许多片段的功能还没有被研究清楚。新冠病毒与SARS病毒仅有79.5%的相似度，其中最关键的S基因差异很大，与受体蛋白相互作用的5个关键氨基酸中有4个发生了变异，按科学规律，病毒还会不断发生变异。至于为什么会变异，变异会产生什么影响，科学家还需要进一步研究。

（五）防不防：生物安全要做到万无一失

新冠病毒流行已经证明，生物威胁明显大于核威胁、化学武器威胁。随着科技的进步，高科技的门槛越来越低，恐怖分子掌握现代生物技术的可能性越来越大。因此，不管新冠病毒从哪儿来、到哪儿去，防御生物威胁、保障生物安全都已成为各国共识，也是人类共同面临的巨大挑战。我们建议各国共同努力，努力办好三件事。

第一，逐步建立人类生命安全共同体，建立健全更加高效的重大疫情防控国际合作机制。在世界卫生组织的框架下，建立健全更加高效、强大的重大疫情防控国际合作机制，重构疫情救治体系，大幅度提升特大疫情防控能力，探索并逐步建立防控信息共享、治疗方案互通、防控产品免关税、技术专利免费、防疫专家共用等新机制、新规则、新公约。

第二，加速防疫技术取得重大突破，有效防控"准生物战"。重点攻克四大难题：一是建立疫情监测、预测、预防和预报体系，像天气预报一样，为公众防疫服务；二是研发快速、准确的诊断与检测新技术、产品；三是研究救治方案与临床路径；四是研发疫苗与特效药物，以及移动负压医院、医疗船、医疗飞机、医疗车等新产品，切实提高防疫装备水平，把生命安全的钥匙握在人类自己手中。

第三，尽快建立核查机制，坚决禁止反人类的生物战。在新冠肺炎疫情危急时刻，推动国际防疫工作深度合作，尽快建立《禁止生物武器公约》核查机制，坚决制止生物技术误用，停止一切合成危险生物、制造生物武器的活动，坚决关闭生物武器相关实验室与研发基地。

第4节
农业生物安全：保障粮食与食品安全

一、农业生物安全是人民健康的基础

自2018年以来，非洲猪瘟疫情对中国生猪产业造成巨大冲击，禽流感仍不时在野鸟和家禽中出现；2020年年初，非洲沙漠蝗灾在亚非十国暴发，外来入侵虫害草地贪夜蛾威胁粮食生产。这一系列事件表明，农业领域面临的生物安全形势十分严峻。特别是生物技术在农业科研领域的广泛应用，使得涉及农业科研领域生物安全的动植物病原物、实验室生物安全、转基因管理等多个方面，需要进一步加强管控。

二、转基因生物安全的四种基本观点

转基因技术是研究基因功能的基础性技术，也是目前科学研究的必要手段。转基因生物是指利用基因工程将原有生物的基因加入其他生物的遗传物质，并将不良基因移除，从而创造出的品质更好的生物。如何看待转基因生物？不同国家、不同人群对转基因生物的认识存在显著性差异，归结起来，主要有四种不同观点。

（一）转基因生物理论上是安全可靠的

为了进一步促进公众科学认识、理性对待转基因技术，国际权威组织多次就转基因问题进行表态，一致认为转基因生物在理论上是安全可靠的。世界卫生组织认为，目前在国际市场上可获得的转基因食品已通过安全性评估，并且可能不会对人类健康产生危险。此外，在转基因食品获得批准的国家，民众对这些食品的消费未曾对人类健康产生影响。欧盟委员会基于500多个独立科学团体历时25年开展的130多个科研项目得出结论：生物技术，特别是转基因技术，并不比传统育种技术更有风险。毒理学学会的科学分析表明，转基因食品的生产过程不大可能导致任何连毒理学家都不能预知的其他危害。对消费者而言，现有转基因食品的安全水平与传统食品的安全水平相当。国际科学理事会认为，现有的转基因作物以及由其制成的食品，已被判定可以安全食用，所使用的检测方法被认为是合理适当的。英国皇家学会认为，与传统作物相比，转基因作物不会对环境造成危害，食用转基因作物是安全的。

美国国家科学院、工程院和医学院用两年时间分析了30年来的900项基因工程技术研究资料，得出结论：没有发现确凿证据表明目前商业种植的转基因作物与传统方法培育的作物在健康风险方面存在差异，没有发现任何疾病与食用转基因食品存在关联，也没有发现确定性因果关系证据表明转基因作物会造成环境问题。巴西科学院、中国科学院、印度国家科学院、墨西哥科学院、美国国家科学院、英国皇家学会和第三世界科学院发表《转基因植物与世界》，认为"可以利用转基因技术生产更有营养、储存更稳定的食品，给工业化和发展中国家的消费者带来惠益"。美国科学促进会认为，利用现代分子生物技术改良的农作物是安全的。

每一种新的转基因作物都必须经过严格的分析和测试。有人声称，给动物喂转基因食品会导致其消化紊乱、不育和早死。此类说法通常都很耸人听闻，且能获得媒体的大量关注，但没有一个经得起严格的科学审查。

（二）转基因生物可能引发自然界的灾难

宗教组织和部分人士认为转基因生物是人类自己扮演了上帝的角色，自然主义者认为转基因生物打破了自然界原有的平衡与和谐，环保人士则认为转基因生物会造成环境污染及灾难。当然，还有部分人从阴谋论角度出发，其中影响最大的是旅德美籍学者威廉·恩道尔（William Engdahl），他在《粮食危机》中提出"转基因生物与世界粮食控制——一场新鸦片战争"。恩道尔认为，"基因操纵隐含的真正目的是控制粮食"，是"实施新的全球优生学计划"，是"消灭数十亿有色人种的计划"，是"实施地缘政治控制"。

从科学角度来看，转基因生物可能引发自然界灾难的观点不够严谨。例如，在抗除草剂、抗虫转基因作物出现之前，农业生产大量使用除草剂、抗虫药物，造成食物与生态环境的污染。而种植转基因作物能够大幅度降低除草剂、抗虫药物的使用，有利于发展有机食物、改善生态环境。

当然，抗除草剂、抗虫转基因作物也可能导致病菌、害虫产生抗性或者变异，从而给农业生产、生态环境带来新的问题，这些问题也需要被高度重视。但需要说明的是，并不是只有转基因作物会引发病菌与害虫的变异，而是所有的生物都可能在遗传过程中产生变异，且变异并不都是有害的，多数变异是无害的。

（三）转基因生物是未来农业的希望

从科学角度来讲，转基因技术与杂交技术一样，都是通过基因转移来改变生物遗传性状的技术。杂交技术是多个基因同时转移的转基因技术，转基因技术则是运用单个基因进行杂交的杂交技术，两者没有本质的区别。

从理论上讲，杂交技术比转基因技术更具危险性：一是杂交技术是多个基因同时进行转移，而人类对其中许多基因并不了解，产生新的有害生物的概率相对较高；二是杂交技术是对基因进行随机转移，有价值的基因可能没有被转移，而有害的基因可能被转移，容易产生有害生物。转基因技术通常是对人类已经明确其功能的单个基因进行转移，而且使用精准有效的转移方法和手段，产生有害生物的概率相对较低。

（四）转基因生物应被科学对待

许多国家的公众，甚至一些国家的政府部门、科研机构都对转基因生物安全持观望态度。转基因作物目前看似安全，但其20世纪90

年代才开始被大面积推广，应用仅20多年的时间，安全性仍需时间检验，特别是其对人体与环境的长期影响需要更长时间的检验。

从孟德尔豌豆杂交实验开始，人类运用杂交育种技术已有很长时间。杂交育种技术推动了农业的第一次绿色革命，使粮食产量、饲料产量大幅度提高，为地球多养活20亿人口做出了重大贡献，所以很少有人反对杂交育种技术。中国的水稻、玉米、油菜、棉花基本都是杂交育种，小麦、大豆的杂交育种已经取得突破，但还未进入生产应用阶段。

我们研究认为，转基因生物安全问题是科学问题，应由科学家研究并向公众不断公布最新研究进展，充分尊重公众的知情权、选择权和建议权。转基因生物理论上是安全的，20多年的实践也证明其是安全的，未来更长时间的安全则需要实践进一步证明。知情权就是通过政府文件、科学文献、大众科普等方式公开转基因研究与应用进展；参与权就是允许公众探讨、研究转基因技术与政策；选择权就是所有转基因产品都要标识，让公众自主选择消费。

第5节

生物多样性：呵护自然生物大家族

保护并不断丰富生物多样性是保障生物安全的重要措施，是国际社会共同推进的一项重要工作。

保护生物多样性的重点是保护濒危生物。在一定意义上，生物多样性代表着地球上动物、植物、微生物等物种以及遗传资源和生态系统的丰富程度，是人类社会赖以生存和发展的基石，破坏生物多样性将会给生物安全带来问题。例如，联合国生物多样性和生态系统服务政府间科学政策平台（IPBES）的报告显示：全球范围内的地方栽培植物和驯化动物的种类和品种正在消失，而这些多样性的丧失破坏了许多农业系统对害虫、病原体和气候变化等威胁的抵御能力，将给农业生物安全带来种质资源丧失、品种单一化等隐患。

生物多样性是人类生存和发展、人与自然和谐共生的重要基础。生物多样性保护关系到经济社会发展全局，关系到人类当代及未来福祉，人类为保护生物多样性付出了不懈努力。

《生物多样性公约》是一份有法律约束力的公约，旨在保护濒临灭绝的植物和动物，最大限度地保护地球上多种多样的生物资源，以造福当代和子孙后代。该公约规定：发达国家应以赠送或转让的方式，向发展中国家提供资金以补偿它们为保护生物资源而日益增加的费用，应以更实惠的方式向发展中国家转让技术，从而为保护世界上的生物资源提供便利；签约国应为本国境内的植物和野生动物编目造册，制订计划保护濒危的动植物；建立金融机构以帮助发展中国家实施清点和保护动植物的计划；使用另一个国家自然资源的国家要与那个国家分享研究成果、盈利和技术。[17]

第6节

国门生物安全：防止有害生物入侵

当前，我国几乎每天都有境外输入的新冠肺炎病例，这就是典型的国门生物安全问题。国门生物安全属于非传统安全，是国家安全体系的重要组成部分。按照我国有关部门的职能分工，海关部门主要负责进入海关的动植物、微生物的检疫与检验，卫生部门在特殊时期对入境人员进行卫生检疫。例如，当前为防止新冠肺炎境外输入病例，我国由卫生部门与边防、海关等部门共同完成检疫工作。

全球化加速了人员、物资、运输工具的跨国流动，随着边境、海关检验、检疫、检查工作的日益繁重，许多国家对一些物资通常采取抽查、抽检的方式，把关不够严密，往往会出现国门生物安全问题，同时一些有害生物隐藏在物品包装、内核等处，也给检疫工作带来巨大困难。对于跨境迁徙的生物，特别是蝗虫、鸟类等，防范则更加困难。所以，许多国家的国门生物安全问题相当突出，有害生物入侵事件经常发生。

外来生物入侵是指生物通过自然或人为途径由原产地迁移到新的地区，并在当地定居、繁殖和扩散，最终破坏生态平衡，引发生态灾害。生物入侵是继环境破坏之后严重影响生物多样性的第二大威胁因素，是21世纪最棘手的环境问题之一。全球化进程彻底打破了千万年来阻隔各生态系统生物物种相互交流的天然地理屏障，为生物入侵打开了一道方便之门，大量生物通过各种交通工具、进出口产品、旅游人群在全球范围内转移。在这种大趋势下，生物物种的跨区域大规模转移已经不是人们主观意愿所能阻止的事情，随之而来的生物入侵成为一种不可避免的现象。

在经济全球化、国际贸易自由化的新形势下，生物安全已成为各国国家安全的重要组成部分，几乎可以与国家军事防卫相提并论。第一，随着国际贸易、旅游和交通的迅速发展，外来生物入侵的危险性日益增加，其已成为全球21世纪农业可持续发展面临的共同问题。第二，外来生物入侵将对农林渔牧业安全生产、生物多样性、人畜健康造成严重的威胁，危险性农作物病虫害及潜在的烈性动物传染性疾病（疯牛病、口蹄疫、禽流感）一旦传入，后果不堪设想。第三，防范恐怖分子利用生物技术制造超强的生物武器和防止恐怖分子进行生物入侵活动已成为保障国家安全的战略性任务。

国门生物安全目前面临的巨大挑战是跨国流动人员、物资多，边境与口岸根本不能保证全面检疫，许多情况下只能抽检，甚至由于检疫手段跟不上，检疫效果不佳。因此，外来生物入侵的预防与控制研究成为国际研究的热点与难点问题。

第7节
实验室生物安全：防止技术滥用和误用

一、实验室生物安全是安全的基石

实验室是进行实验操作的场所，也是人员与环境保护的主要防护地。生物技术涉及形态学、解剖学、生理学、生物化学、动物学、植物学等多学科，其中生物体形态观察、培养、护理、实验又是生物技术的常用操作，因此，在生物安全实验室获得性感染因素中，微生物占42%，细胞培养占22%，显微镜检查占22%，动物实验占7%，动物护理占7%。[18]此外，由于不同等级实验室的数量、防护能力、使用频率及主要用途的差别，各等级实验室发生生物安全事件的情况不同。

1886年，德国科学家罗伯特·科赫（Robert Koch）发表了关于霍乱的实验室感染报告，这是世界上关于实验室生物安全最早的文献记录。实验室生物安全最早由美国在20世纪50年代至60年代提出并逐渐发展为一个国际性问题，日益受到世界卫生组织和各国重视。1983年，世界卫生组织根据实验室所处理的生物危害物质的风险程度将生物实验室分为1~4级。世界卫生组织和美国疾病控制与预防中心联合出版了世界上第一部关于实验室生物安全的指导规范——《实验室生物安全手册》，为许多国家保障实验室生物安全提供了参考。

二、高等级生物安全实验室要更加严管

生物安全实验室是指在生物学、医学等领域，通过防护屏障和管理措施来防止发生病原体或毒素暴露及释放等，从而达到生物安全要求的生物实验室。生物安全实验室是进行生命科学和生物技术研究的基本场所，如何在确保科学家和实验人员安全有效地开展传染性物质研究的同时，防止微生物或病毒污染实验条件或从实验环境中逃逸，对于开展生物技术研究操作的实验室而言尤为重要。[19]

美国疾病控制与预防中心于1974年发布的《基于危害的病原体分类》，将实验室生物安全水平划分为4个等级。这一等级划分获得了国际同行的认可。世界卫生组织也根据感染性微生物的相对危害程度制定了仅适用于实验室工作的微生物危险度等级划分标准。

高等级生物安全实验室包括P3实验室（生物安全三级实验室）和P4实验室（生物安全四级实验室），其中P4实验室是目前世界上最高等级的生物安全实验室，主要涉及危险病原体研究，在传染病预防和控制、生物防范、极端微生物研究等方面发挥着重要的作用，是国家生物安全体系的核心物质基础。

高等级生物安全实验室管理十分严格。生物安全实验室管理不仅要保护实验室操作人员的安全，而且要保证实验室外部人员与环境的安全。高等级生物安全实验室一旦发生意外，就极有可能对外界人员与环境，甚至国家造成不可预计的危害。因此，世界各国都在病原微生物及实验室分级的基础上，采用清单式管理方法，在生物安全实验室建设、管理运作、操作规范等方面制定一系列详细的安全标准、守则及操作指南，强化生物安全实验室管理。

第8节

国防生物安全：防御生物恐怖与生物战

一、生物恐怖与生物战的区别

关于生物恐怖与生物战，国内外还没有公认、统一的认识。通常，生物恐怖是指使用致病性微生物或毒素等作为恐怖袭击的武器，或者通过一定的途径散布致病性细菌、病毒等，造成烈性传染病等疫情的暴发、流行，导致人群失去活动能力、死亡，引发社会动荡。[20]

生物威胁将长期存在，尤其是利用细菌、病毒等病原微生物研制而成的生物战剂，即所谓的生物武器，威胁更大。公认的可用于研制生物武器的主要制剂有6种：炭疽杆菌、鼠疫杆菌、天花病毒、出血热病毒、野兔热杆菌以及肉毒杆菌毒素。

生物战就是利用生物武器发动的战争，日本、德国都曾经发动过生物战。美国国防部给国会的报告提出："目前至少有25个国家具有生产大规模杀伤性武器的能力，大约有12个国家正在发展进攻性生物战、化学战的能力。"[21]事实上，根据目前科技发展的水平，许多国家都能生产生物战剂。

生物恐怖袭击是利用生物战剂发动的恐怖袭击。利用制备容易、使用方便、成本低廉的细菌和病毒发动生物恐怖袭击已成为恐怖活动的重要方式。自20世纪80年代以来，全球公开报道的生物恐怖事件就有百余起。据统计，从1960年到1999年的40年间，全球大约发生415起恐怖事件，其中生物恐怖事件为121起。在这121起事件中，利用生物因子进行谋杀的有66起，其余55起是生物恐怖活动（其中多数是恐吓和欺骗）。从1984年到1999年的16年间，全球就已经发生了10余起规模较大的生物恐怖活动，导致50多人死亡，几百人感染致病，例如：1984年的潜艇事件，1995年的日本奥姆真理教生物武器计划，1998年的哈里斯事件，等等。据初步估计，目前全球约有200个恐怖组织具备发动生物恐怖袭击的能力。[22]

二、生物武器的四大特点

一是生产成本低廉。生物武器可以通过微生物培养技术、生物发酵甚至基因重组等方式进行生产，成本低廉，特别是合成生物技术的日趋成熟，使生物武器的生产更加快捷、成本更加低廉。2001年，北大西洋公约组织发布的评估结果显示，若要造成1平方公里范围内50%的人员伤亡，常规武器需要花费9000美元，核武器需要4000美元，化学武器需要3000美元，而生物战剂仅需要不到5美元。[23]美国的一份分析报告称，基本投资1000万美元就可以实施一项行之有效的国家级生物武器计划。

二是隐蔽性强，易投放、难监测。与以物理学、化学为基础制造的武器不同，生物武器监测、检测十分困难，目前还缺乏实时监测、检测行人、空气、物品有无携带病毒的有效手段。各国都很难防止新冠肺炎病例境外输入就是典型的例子。

三是传染性强、杀伤力强。传染性强是生物武器最大的特点，一个人只要被感染，就会以指数级的速度传染他人，且同一密闭环境中的人群很难幸免。新冠病毒在不足两个月的时间内，就在严格防御的情况下传遍多个国家，而真正的生物武器传染性会更强。此外，生物武器的杀伤力也很强，烈性病毒的致死率可能高达10%～30%。可见，生物袭击的破坏程度远远超过化学袭击。生物武器的另一个特点是自身繁殖，不断增强破坏力与杀伤力。有资料显示，在一个城市上空播撒100千克含炭疽的粉末，可能造成100万～300万人死亡，而一颗百万吨的氢弹爆炸造成的死亡人数是50万~200万人。[24]

四是容易造成社会恐慌与混乱。常规武器通常只针对军人，而生物武器则不分军民，会对社会安全造成极大的破坏。一个小小的病原物就可能使一个城市甚至一个国家的经济活动处于"休克"状态，这在新冠肺炎疫情流行的今天已经被多次证实。

第2章

回顾过去，生物灾难曾夺去亿万人生命

人类历史上发生过多次生物安全事件：一是各类传染病不断发生，从天花、流感、肺结核、疟疾到麻疹、霍乱、鼠疫、非典型肺炎和新冠肺炎，人类不断遭遇疫情的侵袭；二是人为生物恐怖事件多次发生，有的国家研制生物武器，有的国家不签署生物安全实验室核查协议；三是自然界生物入侵事件时有发生，数亿蝗虫迁徙导致许多农作物荡然无存。生物安全事件从来没有停止，也不会自然停止，人类必须有思想上、物质上的充分准备。

第1节
传染病曾经导致数亿人丧失生命

传染病是人类的大敌，一类、二类传染病往往几十年、上百年就会出现一次，而新的病原物引发的小传染病则每2～3年就会出现一次。过去科技水平有限，人类发现新的病原物及其变异的能力较弱，就会较少感受到传染病的发生。随着生物技术水平的不断提高，人类发现新的病原物及其变异的能力迅速提升，只要出现新的病原物或新的基因变异，科学家就会在一小时内做出正确的判断。

一、三次鼠疫致1亿多人丧失生命

第一次鼠疫大暴发始于公元6世纪中叶，发源地在中东，后蔓延至整个地中海东岸，其成为此次鼠疫的重灾区，北非和整个欧洲也受到了波及。这次鼠疫一直持续到公元8世纪才最终消失，死亡人数累计达近1亿人。

第二次鼠疫大暴发始于公元14世纪，一直持续到17世纪，也就是西方谈之色变的"黑死病"。这次疫情遍及欧洲、亚洲和北非，仅欧洲就死亡了约2500万人。"黑死病"是从克里米亚战争中传播开来的，但病原到底来自哪里，我们无从得知。这次鼠疫受灾最重的是意大利和英国，其人口几乎减半，每天都有大量人口死亡，最后不得不靠火烧的方法来控制疫情。

第三次鼠疫大暴发始于1894年，一直持续到20世纪40年代，遍及亚洲、欧洲、美洲、非洲4个洲的60多个国家，死亡人数达千万。此次鼠疫暴发突然，其传播速度和波及范围是历次之最，不过随着人类医学技术的进步，其危害小于前两次鼠疫。三次鼠疫直接导致了

1.35亿人丧生。[1]

二、20世纪西班牙流感致5亿人感染

1918年3月，美军军营首次出现流感病例，随后病毒从英法军队传播到德国军队，使德军战斗力迅速下降。到了1918年夏末，随着气温的升高，西班牙流感突然消失，正当人们以为疫情已经结束之时，病毒却开始悄悄发起第二轮袭击。

1918年8月，西班牙流感毒株发生变异，流感从美国、法国、塞拉利昂开始，在全世界全面暴发，且绝大多数患者在发病后2~3天就会死亡。在这一轮流感暴发中，青壮年死者占到了死亡人数的一半，孕妇死亡率更是高达90%。[2]时至今日，免疫学研究才发现，免疫风暴是导致这一切的罪魁祸首——免疫细胞在消灭流感病毒的同时，无差别地摧毁了人体细胞，年轻人免疫系统强大，免疫风暴就更加剧烈。德国法兰克福的死亡率达到了可怕的27.3%，而此时美国政府仍然认为这是普通感冒。从9月份开始，西班牙流感迅速席卷美国全境，导致全民平均寿命减少了12岁。随着冬季的到来，人们不再大规模聚集，西班牙流感慢慢放缓了脚步，致死率也开始下降。

1919年1月，西班牙流感病毒再次变异，出现第三轮暴发。这次变异虽然大大减弱了病毒的杀伤力，但依旧造成了难以估量的损失。第三轮流感一直持续到1920年年初，才渐渐销声匿迹。

西班牙流感疫情持续两年，两年时间里，西班牙流感病毒随着英法军队的脚步遍布全球。专家推测，疫情最终造成5亿人感染，占当时世界总人口的约1/3。越来越多的研究表明，实际死亡人数可能高达7000万到1亿，其中多数是青壮年。西班牙流感无疑是人类疫病史上影响最大、伤亡最多的疫病。

流行性感冒是一种古老的疾病，16世纪就已有详细记录，但人

们不清楚流感是由什么病原体造成的，直到1933年，病毒学的发展才使得人类第一次分离出甲型流感病毒这位"看不见的敌人"。由于人们后来才知道致病原因，且当时为了防止传染，绝大多数的死者遗体都被焚毁，加上重新合成病毒的危险性，此后数十年，人们对西班牙流感的认知一直很有限。

三、21世纪初SARS死亡率达10.9%

中国人对近20年前的SARS事件依然记忆犹新。2002年，SARS病毒在中国广东被发现，并扩散至许多国家。世界卫生组织2003年8月15日公布的统计数据显示，截至2003年8月7日，全球共有8422人感染，919人死亡，死亡率达10.9%，这是人类21世纪遭遇的第一次全球性重大传染病疫情。

2002年12月，非典型肺炎在广东省河源市出现。2003年2月11日，广州市政府召开新闻发布会，公布广东地区病例数为305例，死亡5例，非典型肺炎只是局部发生，所有病人的病情都在控制之中。由于病原物未知，疫情也未大范围扩散，非典型肺炎当时并未被列为法定报告传染病。3月12日，世界卫生组织发出了全球警告，并于3月15日正式将该病命名为SARS。之后，世界很多地方都出现了SARS，其从东南亚传播到澳大利亚、欧洲和北美。印度尼西亚、菲律宾、新加坡、泰国、越南、美国、加拿大等国家都陆续出现了多例非典型肺炎病例。

2003年3月31日，中国政府制定了《非典型肺炎防治技术方案》。直到4月16日，世界卫生组织才在日内瓦宣布确认冠状病毒的一个变种是引起非典型肺炎的病原体。

2003年4月上旬，北京开始暴发SARS疫情。当时，王宏广教授担任国务院防治非典型肺炎科技攻关组地方组组长，参与了防治

SARS的工作，深感国家领导人及公众对SARS疫情的关切。经过1个月的大力防控救治，北京的非典型肺炎病例呈大幅下降趋势。5月29日，北京的非典型肺炎新增病例首现零报告，接着，卫生部宣布北京市防治非典型肺炎指挥部撤销。6月10日，北京连续三天保持确诊病例、疑似病例、既往疑似转确诊病例、既往确诊病例转疑似病例均为零的"四零"报告。随着气温的升高，SARS病毒逐渐消失。2003年7月13日，全球非典型肺炎患者人数、疑似病例人数均不再增长，本次SARS疫情基本结束。

自SARS事件之后，中国十分重视对传染病的防治，加大对重大传染病防控的投入，建立突发公共卫生事件应急体系，完善疫情信息发布机制以及政策法规，形成突发公共卫生事件预警机制，启动了与防治传染病相关的国家重大科技专项，并开始着手建设中国生物安全实验室体系。

四、新冠肺炎疫情蔓延221个国家或地区

2019新型冠状病毒，即"2019-nCoV"，于2020年1月12日被世界卫生组织命名。新冠病毒是以前从未在人体中发现的冠状病毒新毒株。自2019年12月31日报告全球首例新冠病毒感染症状患者以来，截至2021年6月2日，除中国外，有220个国家或地区发现感染病例。目前，新冠肺炎疫情已造成超过3亿人感染，超过571万人丧失生命。

新冠肺炎疫情对全球经济的冲击非常大。当新冠肺炎疫情开始在欧洲和北美蔓延之后，这些地区的股市出现了前所未有的动荡。美国三大股指发生了4次熔断，跌幅近30%，为1929—1933年大萧条以来最为惨烈的暴跌。VIX（波动率指数）恐慌指数从40上升到400，充分显示出投资者对经济前景完全没有信心，这是极其罕见的。经济

合作与发展组织（OECD）2020年3月发布的报告认为，在乐观的情况下，疫情冲击会导致全球经济2020年全年增长2.4%，相比2019年下调了0.5个百分点；如果疫情延续到下半年，蔓延至欧洲、北美等其他地区，全球经济增长将会下滑到1.5%的水平。国际大投行纷纷下调其经济预测，比如美银和高盛分别将美国第二季度的增长率调为−13%和−24%，大部分机构都将美国全年的增长率调至负数。国际货币基金组织也明确指出，这场冲击的严重性将超过2008年的金融危机。[3]

第2节
生物恐怖事件多次导致重大灾难

人为生物恐怖事件是指有预谋地施放病原体或其产生的毒素，从而造成人、动植物失能或者死亡的恐怖活动，以达到制造伤亡、恐慌，造成社会动乱和经济损失的目的。[4]通常，生物恐怖通过传染病传播、气溶胶扩散、媒介传播等多种方式进行。[5]历史上曾多次发生生物恐怖事件。

20世纪90年代，日本恐怖组织奥姆真理教就利用生物武器发动过生物恐怖事件。根据中国新闻网巴黎2001年8月31日消息，法国《新科学家》杂志报道，1995年在东京地铁发动沙林毒气攻击的奥姆真理教，曾利用无害的疫苗病菌进行炭疽武器攻击演练。奥姆真理教曾于1994年6月在日本中部松本市施放沙林毒气并造成4人死亡，其后于1995年3月在东京地铁发动沙林毒气攻击，造成12人丧生和约5000人不适。

1984年，美国罗杰尼希教成员为了阻止俄勒冈州沃斯科县选民投票，以使本组织候选人在选举中胜出，蓄意向当地10家餐馆投放鼠伤寒沙门菌，造成751人食物中毒，45人入院治疗。[6]

21世纪最大的生物恐怖事件就是美国"9·11"事件一周后发生的炭疽事件。2001年9月18日，含有炭疽杆菌的5封信件分别被寄给位于纽约的美国广播公司、哥伦比亚广播公司、全国广播公司、纽约时报以及佛罗里达州的一家媒体公司；3周后，2封含有炭疽杆菌的信件被寄给两名民主党参议员。该事件导致5人死亡、17人感染，嫌犯是德特里克堡陆军传染病研究所的一名工作人员。此次炭疽生物恐怖袭击使十余座建筑受到污染，造成的经济损失超过10亿美元，给当时的美国社会造成了前所未有的生物技术恐慌。[7]时任美国总统乔治·沃克·布什随后发布了全球首个生物防御计划——"生物盾牌计划"，该计划至今已投入超过58亿美元，其中28亿美元用于购买各类疫苗和药物。

第3节
人为失误导致多次生物安全事件

生物安全实验室是重要的科技支撑平台，病原物的侵入机制、变异追踪以及传染病研究、疫苗研发、药物筛选等，都依赖于生物安全实验室。为了保障生物安全、加强对已知和未知病原物的研究，各国都建立了生物安全实验室体系。

一、实验室泄漏导致多次生物安全事件

21世纪，全球范围内已经发生多起严重的生物安全实验室事故，

甚至涉及P4实验室。相关的样本泄漏事件不仅会造成社会恐慌，还有可能在某些不法分子的利用下造成生物恐怖事件。

美国是生物安全实验室数量最多的国家，实验室数量的增多也伴随着安全事故的增多。美国政府问责局在2013年、2014年连续发布报告，认为需要制定国家战略，评估国家对于高防护实验室的管理，并制定维持此类实验室建设和运营的国家标准。美国陆军传染病医学研究所在2006—2009年分别发生了8起、9起、20起和17起生物实验室安全事故。美国疾病控制与预防中心2012年的报告显示，2004年发生了16起管制病原实验室病菌丢失或泄漏的事件，2008年和2010年分别为128起和269起。[8]2014年，美国疾病控制与预防中心下属实验室发生炭疽泄漏，62名员工暴露于炭疽气溶胶污染环境，这是近年来美国实验室涉及潜在生物毒素的最大事故。通过对2000年以来的美国生物实验室安全事故进行分析，相关学者将事故分为人员感染、样本丢失、样本泄漏和样本处理不当四类（见表2-1）[9]。

表2-1　部分美国实验室生物安全事故

事故类型	时间	事件	发生地点
人员感染	2000年5月	1名微生物学家感染全身性发热疾病，其工作涉及鼻疽伯克霍尔德菌和其他致病菌	美国陆军传染病医学研究所
	2009年12月	1名研究人员感染兔热病	美国陆军传染病医学研究所
样本丢失	2003年1月	30份鼠疫耶尔森菌样本丢失	得克萨斯理工大学
	2005年4月	从美国启运的H2N2流感病毒样本丢失	韩国、黎巴嫩、墨西哥
	2005年9月	3只感染鼠疫耶尔森菌的实验小鼠丢失	新泽西医学与亚克大学公共卫生研究院
	2009年1月	3份委内瑞拉马脑炎病毒样品丢失	军方

事故类型	时间	事件	发生地点
样本丢失	2013年3月	1瓶南美出血热瓜纳瑞托毒株丢失，为管制生物制剂	得克萨斯大学医学院加尔维斯顿国家实验室
	2017年1月	1箱高度管制的致命流感病毒样本遗失，同时有科研人员可能多次接触细菌及病毒，包括埃博拉病毒	美国疾病控制与预防中心下属实验室
样本泄漏	2014年6月	炭疽泄漏，62名员工暴露于炭疽气溶胶污染环境	美国疾病控制与预防中心下属实验室
	2015年3月	类鼻疽伯克霍尔德菌泄漏，数十只猴子死亡	杜兰灵长类研究中心
	2016年12月	蓖麻毒素泄漏	国家应急管理局训练中心
样本处理不当	2006年	生物恐怖快速反应与高级技术实验室为外部实验室提供的炭疽芽孢杆菌样本未妥善灭活	美国疾病控制与预防中心
	2014年3月	送至美国农业相关部门的样本受H5N1禽流感病毒污染	美国疾病控制与预防中心下属实验室
	2014年7月	实验室冷藏室发现6瓶被遗忘的天花病毒	美国国立卫生研究院
	2015年9月	误将有活性的炭疽样本送到美国9个州的实验室和驻韩美军基地	国防部实验室

其他生物安全实验室也频频出现病毒泄漏事故，造成极大的安全隐患。2003年9月，由于实验操作程序不当，西尼罗病毒样本与SARS冠状病毒在实验室中交叉感染，新加坡国立大学一名27岁的研究生感染SARS；2003年12月，中国台湾预防医学研究所一名中校因在处理实验室运输舱外泄废弃物过程中操作疏忽而感染SARS。

中国政府十分重视实验室生物安全，要求各地加强对传染性病毒毒株、人体标本的集中管理，确保病毒实验室及保管单位生物安全，未接受培训者不得接触毒株和样本。2003年年底，科技部联合卫生部对全国各地的P3实验室进行了安全督察。在严格的管理监督之下，中国生物安全实验室也曾出现问题。2004年4月，中国疾病预防控制中心病毒研究所2名实验人员感染SARS[10]，这次疫情导致北京和安徽两地共出现9例SARS确诊病例，短短几天内862人被医学隔离。2011年，东北农业大学使用未经检疫的山羊进行动物实验，造成27人确诊感染布鲁氏菌病。2019年，中牧兰州生物药厂布鲁氏菌疫苗P3生产车间使用过期消毒剂，导致废气中带菌，通过气溶胶传播感染周边兰州兽研所学生与居民，确认阳性3245人。这些生物安全事故暴露出中国生物安全监管体系仍然存在不少漏洞。

二、生物技术滥用和误用引发生物安全风险

国内外都曾出现生物技术滥用、误用问题。一些研究者为了"追名"，研究别人未涉及的新领域，还有一些研究者为了"逐利"，利用新技术非法牟利。

2019年11月30日，深圳市南山区人民法院一审公开宣判"基因编辑婴儿"案。贺建奎、张仁礼、覃金洲3名被告人因共同非法实施以生殖为目的的人类胚胎基因编辑和生殖医疗活动，构成非法行医罪，分别被依法追究刑事责任。

法院认为，3名被告人未取得医生执业资格，追名逐利，故意违反国家有关科研和医疗管理规定，逾越科研和医学伦理道德底线，贸然将基因编辑技术应用于人类辅助生殖医疗，扰乱医疗管理秩序，情节严重，其行为已构成非法行医罪。根据3名被告人的犯罪事实、性质、情节和对社会的危害程度，依法判处被告人贺建奎有期徒刑三年，并处罚金人民币三百万元；判处张仁礼有期徒刑二年，并处罚金人民币一百万元；判处覃金洲有期徒刑一年六个月，缓刑二年，并处罚金人民币五十万元。[11]

第4节
外来生物入侵引发生物安全灾难

一、马铃薯晚疫病导致欧洲数百万人饿死

马铃薯晚疫病是由植物携带的微生物造成的大规模人员伤亡事件，引发了爱尔兰大饥荒，导致数百万人饿死。马铃薯原本生长于美洲大陆，经过印第安人长期驯化，马铃薯成为印第安人种植的食物之一。伴随着地理大发现，马铃薯被传播到了全世界，由于极强的适应能力，马铃薯很快在各大洲生根发芽，特别是在欧洲，马铃薯迅速成为欧洲人主要的口粮之一。

1845—1850年，爱兰尔暴发了大规模的马铃薯晚疫病，即一种名叫马铃薯晚疫病菌的真菌造成的马铃薯疾病。马铃薯晚疫病会使马铃薯幼苗整株腐烂，而且传染性极强，只要有一株马铃薯感染，其他植株就会迅速感染，造成马铃薯歉收甚至绝收。从1845年开始，爱尔兰东部地区暴发了大规模马铃薯晚疫病，并迅速蔓延至整个爱尔兰，导致爱尔兰马铃薯减产超过9成。而在当时的背景下，爱尔兰境内没有大规模种植其他粮食作物，也没有发达的手工业，种植马铃薯几乎是爱尔兰人赖以生存的方式。由于马铃薯晚疫病的暴发，爱尔兰陷入了大饥荒，爱尔兰人口锐减了20%～25%，其中约100万人饿死或病死，约100万人因灾荒而移居海外。[12]

二、数亿蝗虫跨国迁徙让农作物颗粒无收

看似不起眼的昆虫在迁徙途中可以爆发出惊人的能量，它们的迁徙不仅仅是完成生命的传承，更能影响到整个生态系统，就像"亚洲

蝴蝶拍拍翅膀，美洲几个月后会出现龙卷风"（蝴蝶效应）一样。

绝大多数昆虫迁徙是自然界的现象，不会引起人类社会的骚动，但是蝗虫就不一样了。2016年，俄罗斯政府一度宣布进入紧急状态，就是因为遭遇了30年以来最严重的蝗虫灾害。漫天飞舞的蝗虫从俄罗斯南部经过，一时间天地昏暗，犹如世界末日。此次蝗灾造成俄罗斯境内10%以上的农田被毁，受灾面积高达7万公顷。这其实就是一次蝗虫大迁徙，只不过蝗虫的数量过于庞大，后经科学调查得知这些蝗虫来自遥远的北非。[13]

三、天牛入侵导致中国树木大片死亡

天牛，号称树木杀手，是典型的植食性昆虫。大部分天牛危害木本植物，比如柳树、榆树、松树、柏树、苹果树、桃树和茶树等，一部分天牛危害草本植物，比如棉、麦、高粱、玉米、甘蔗和麻等，少数天牛危害木材、建筑、房屋和家具等，所以天牛是林业生产、作物栽培和建筑木材的重要害虫。天牛主要以幼虫蛀食，其存活时间最长，对树干危害最严重。当卵孵化出幼虫后，初龄幼虫即蛀入树干，最初在树皮下取食，待龄期增大后，钻入木质内部活动，有的则停留在树皮下生活。

近年来，中国每年都有天牛入侵导致树木大面积死亡的事件。例如，2016年江苏泰州泰山公园中的柳树大面积遭遇天牛啃噬，大多数柳树上有蛀洞，有些蛀洞能容纳拳头伸进去，有些树心的空洞比碗口还要大，有些枝干看起来没问题，掀开表面树皮一看，里面已经被蛀得开裂。[14] 2017年，湖南邵阳9个村的马尾松发生松褐天牛灾害。松褐天牛是危害松树的主要蛀干害虫，其成虫啃食嫩枝皮，造成寄主衰弱，其幼虫钻蛀树干，致松树枯死。该地区被松褐天牛侵害而死的松树达1200余株。[15]

四、水葫芦疯长造成中国大片水面污染

水葫芦原产于巴西，1901年被作为花卉引入中国，在20世纪五六十年代被作为猪饲料在中国南方普遍推广。水葫芦目前已在中国19个省泛滥成灾，每年治理水葫芦的投入是一笔巨大的资金。

水葫芦繁殖能力极强，一旦入侵适合生长的环境，其就会成片疯长。在水体养分含量高时，水葫芦单株一个月就能繁殖到80株，这些新长出的个体又会不断繁殖，使得水葫芦的数量呈指数增加，90天内就能繁殖出60万株。另外，水葫芦还能随水漂流，入侵性极强，因此被列为"世界十大害草"之一。

水葫芦会野蛮式地封锁水体，对水下生物造成灭顶之灾，严重破坏食物链。一是水葫芦会溶解水中的氧气，水葫芦封盖水面后，会使水面与空气隔绝，这样空气中的氧气就不能溶解在水中，同时水体中二氧化碳的浓度会增加，而水体中氧气不足对水下生物几乎是致命的，会导致大量的鱼类死亡；二是水葫芦会遮挡阳光，导致水下植物因得不到足够的光照而死亡，同时由于水下浮游植物大量死亡，水生动物会因缺乏食物而死亡，食物链会被严重破坏，生态会严重失衡。[16]以中国滇池为例，20世纪60年代，滇池主要水生植物有16种，水生动物有68种，仅仅过了20年，这些水生生物就已经难寻踪迹，超过一半的鱼类已经濒临灭绝，给滇池的渔业资源造成了不可估量的损失。[17]

第3章

展望未来，生物安全形势可能更为严峻

自然病原不会减少，人为生物恐怖威胁则可能明显增加，人类面临更加严峻、复杂的生物安全形势。中国要向好处努力，做最坏打算，做强自己，以不变应万变。

100年前爱因斯坦就曾预言：第三次世界大战用什么打我不知道，但我知道第四次世界大战是用石头和木棒。俄罗斯总统普京也引用过这句话，并提出第三次世界大战可能是人类文明的终结。[1]这是因为人们都认为第三次世界大战一定是用核武器，而核武器会彻底摧毁整个地球和人类现代文明，人类将从石器时代重新开始。

随着核大国核武器装备竞争的不断升级，现有核力量已能够把地球毁灭若干次，使用核武器就等于人类自取灭亡，越来越多的政府与科学家都认为第三次世界大战不会大规模使用核武器。新冠肺炎疫情之后，生物武器可能决定第三次世界大战的成败。

第1节

自然界仍将不断出现新病原物

人类对病毒的认识依然非常有限。2018年2月23日，研究人员在《科学》杂志上发表文章，提出在人类中传播的263种已知病毒只占所有潜在病毒的0.1%；[2]在已接受调查的25个病毒家族中，仍有约167万种未知病毒尚待发现，其中大概有63.1万～82.7万种病毒是有可能感染人类的。

另外，随着全球气候持续变暖，世界各地冰川融化，被冰封了数万年甚至数十万年的微生物和病毒极易被释放。古老病毒依然具有活性并有可能感染动物和人，例如，2016年北极常年冻土层解冻后，埋藏3万年之久的炭疽芽孢复活，导致2000多头驯鹿死亡。2020年1月，俄亥俄州立大学的科学家在青藏高原提取的冰核样本中发现了33种不同病毒的遗传信息，其中有28种从未记录过的新病毒。[3]

21世纪，已经暴发7次由病毒引起的全球性重大公共卫生事件。2003年SARS暴发，导致8422人感染、919人死亡；2009年甲型H1N1流感在墨西哥和美国暴发，波及全球，造成约1.85万人死亡；2014年，12个国家出现300多例脊髓灰质炎感染；2014年西非暴发埃博拉疫情，死亡率极高；2016年寨卡病毒在巴西大规模流行，并传播到美洲、太平洋岛屿和东南亚，导致新生儿畸形并患上精神疾病；2018年刚果（金）暴发埃博拉疫情，后扩散至邻国乌干达，至2019年年底已导致2000多人死亡；2019年新冠肺炎疫情暴发，并蔓延全球。

第2节

生物武器极可能主导未来世界大战

在第一次世界大战中，人类首次动用了坦克、毒气、重机枪，但是这些先进武器在小小的病毒面前都微不足道，流感病毒直接导致了一战的结束。1918年3月，美军军营首次出现流感病例。在美军到达欧洲后，病毒迅速席卷整个军营，甚至出现一支炮兵旅在48小时内有1/3士兵倒下的情况。随后，病毒很快从英法军队传播到德国军队，德军指挥官鲁登道夫在回忆录里把这次流感称为"阻止德国取得最后胜利的无形之手"。[4]

随着生物技术的不断进步，生物武器因破坏力强、易传播、难检测、难防御、成本低等特点更加突出。人们越来越相信第三次世界大战不会是核战争，因为人类不会愚蠢到自杀的程度，除非核武器的控制权在疯子手中。而生物战可能成为主要战争形态，有疫苗与抗体的国家或地区不会受任何影响，而没有疫苗与抗体的国家或地区将面临人民生命危险、经济下滑、社会活动瘫痪等困境。

随着民间机构生物技术的发展，管控生物技术"有害"应用的难度越来越大，即使研制与使用生物武器的国家受到控制与约束，防控生物恐怖袭击的难度也越来越大。自新冠肺炎疫情肆虐以来，印度科学家发表文章认为新冠病毒是人工合成的，有的媒体甚至还炒作其是某某研究机构合成的，一时谣言四起，让公众特别是政府不得不把防御生物恐怖、生物武器威胁提高到前所未有的高度。

像核技术一样，生物技术也有两面性，滥用会对人类造成巨大威胁。从理论上讲，现代转基因技术、基因编辑技术完全能够根据人类需求"改造生物"，而生物合成技术则能够"创造生物"，有可能将常见的150多种病原物改造成引发不同人种生病、死亡甚至"变种"的生物武器。例如，有的人种容易感染感冒病毒，有的人种容易感染肝炎病毒，利用人种之间这些微小的差异，有可能开发出针对不同人种的特异性生物武器，这种武器对有的人种是致命的，对其他人种则完全没有影响。随着现代生物科技的不断进步，基于现有病原物的生物安全防御体系已经变得岌岌可危，人类可能无法应对新改造、新合成的危害性更大的病原物。未来的智能战、生物战，可能是以无人机和携带病菌的昆虫为主要进攻手段的战争。

美国情报界提出将基因编辑技术列入大规模杀伤性武器清单。奥巴马时期的美国总统科技顾问委员会在其任期最后的评估报告中，指出美国"生物安全治理体系在应对新兴技术和非传统威胁方面存在许多薄弱环节"。美国国防高级研究计划局则认为"生物技术有可能从根本上改变国家安全图景"。[5]美国高级情报研究计划局则将生物安全、网络技术和人工智能并列为美国国防安全的三大领域。微软创始人比尔·盖茨多次呼吁警惕新技术滥用可能导致的全球性疫情。

生物武器具有极强的破坏能力，极易危及人民生命安全，引发严重的社会动乱。炭疽病菌使人的死亡率高达100%，近年来又出现了埃博拉病毒、SARS、寨卡病毒等高致病性病菌，甚至还有国家试图改造曾经导致欧洲人口减少1/3的西班牙流感病毒。随着合成生物技术能够合成新的生物，潜在生物威胁风险急剧增加，基于原有病原物的生物安全防御体系已经不能保障生物安全，我们必须重构生物安全体系。

相对核武器、化学武器控制，生物武器控制的国际组织与条约还很不完善，实验室核查机制还没有完全建立。加之生物武器具有易携带、易传染、难监测、难控制等特征，能在不破坏城市建筑物、不伤害自己的情况下消灭敌人，所以生物武器可能成为未来战争的主要武器。在核武器、化学武器得到相对控制之后，生物安全成为最大的安全问题。

如果生物战在未来成为一种新的战争形态，那么军队形态和构成将不再是现在的陆军、海军、空军等，生物军可能会成为主力军。人类一定要警惕生物战的巨大危害，制定相关的法律和措施，避免生物战成为未来的主导战争形态。

第3节
生物武器相互制约机制尚未实现

《禁止生物武器公约》签署之后，全球生物武器研发纷纷转向防御生物恐怖。一些学者认为生物战争从来没有停止过，若第三次世界大战爆发，生物武器可能死灰复燃。

自新冠肺炎疫情肆虐以来，国内外许多科学家、媒体都关心新冠病毒是不是人工改造的病毒，至今争论不休，估计短期内难有结果。在科学没有搞清楚、事实又不充分的情况下，我们只能等待。但由于防御生物武器事关人民健康、国家安危，人们十分担心、极为关注。

核武器大国相互检查、相互监督、相互制约的机制，在《禁止生物武器公约》执行中远远没有实现，因为国家之间技术差距大，没有相互制约的能力。《禁止生物武器公约》能否禁止生物武器研究尚不明确。

生命科学和生物技术的快速发展，带来了新的潜在生物威胁。虽然所有恶意利用生物技术的行为都是被禁止的，但由于生物技术的"有益"或"有害"难以清晰划分，《禁止生物武器公约》履行面临难以操作的现实问题。

当前，全球生物安全战略已逐步由传统的禁止生物武器，扩展到防范生物恐怖主义、两用生物技术谬用等热点问题，防范生物恐怖、防控传染病、加大两用技术的监管力度、防止技术滥用已经成为未来生物安全战略的重中之重。各国政府应限制危险病原体的高风险功能获得实验，并管制所有双重用途研究。

为了提高《禁止生物武器公约》的法律效力和约束力，一些缔约方建议采用问责机制、同行审议、透明措施、遵约框架、适度扩大履约支持机构、建立开放式工作组等办法，但是这些办法目前仍然在讨论之中。随着国际竞争格局的悄然变化，加之各国在生物技术基础设施、创新能力、人才储备、研发经费等方面存在巨大差距，禁止生物武器、防御生物恐怖的难度实际上越来越大，迫使一些国家处于不得不防的危险境地。

第2篇

世界生物安全

当今世界生物安全的基本态势是：自然病原不断出现，生物恐怖风险陡增，生物霸权更加猖狂。人类应对自然病原的能力远远不能满足保障生物安全的需求，生命安全的钥匙还没有掌握在人类手中。生物安全将长期困扰人类的生存与发展，保障生物安全任重而道远，建设人类生命安全共同体刻不容缓。

第4章

世界生物安全的现状与趋势

　　造成世界不安全的因素，既有天灾，也有人祸。疫情肆虐、天灾难料，大国兴衰、争斗难免。学术界通常认为影响世界安全的三大人为因素是核安全、网络安全和生物安全，而政治家、军事家乃至广大公众更担心"修昔底德陷阱"会不会重现。

　　新冠肺炎疫情颠覆了人们对世界安全的传统认知：自然界有害生物不断出现，人为生物威胁风险陡然上升，生物霸权的潜在风险尚未引起足够重视，生物安全已成为人类当前面临的最大挑战。二战以后没有核武器就没有安全感，疫后没有生物安全就没有生命安全和国家安全。

　　我们对世界生物安全的基本判断是：自然病原不断出现，生物恐怖风险陡增，生物霸权更加猖狂。当今世界并不太平，未来可能更不安全，不同国家和地区生物安全面临着差距大、难度高、弱安全等问题。

差距大，是指各国生物安全鸿沟明显、差距巨大。国家之间、地区之间保障生物安全的法规体制、技术体系、物资体系、公民素质等差距明显，短期内难以消除。

难度高，是指保障人类、动植物及环境不受生物安全事件危害，目前还有很大困难。保障生物安全的技术创新、设施建设、物资储备、公民素质、法规完善等方面需要全面提升，难度大、时间长、成本高。

弱安全，是指世界生物安全格局很脆弱，容易受到危险生物侵害，人为生物恐怖事件也缺乏有效的防控手段与防御体系。世界生物技术、医疗装备一流的国家，应对恶性传染病仍然捉襟见肘、力不从心。农业生物灾害仍然没有得到控制，全球草原沙化、水土流失问题仍然十分严峻。危险生物不断冲破多国国门，生物武器更是让人忧心忡忡。

新冠病毒溯源的科学问题被政治化，生物霸权已经形成，人们对世界生物安全问题高度关切，不得不采取应对行动。

第1节

新冠肺炎疫情敲响全球生物安全警钟

新冠肺炎疫情的流行已改变了世界安全格局。截至2022年2月3日，疫情已蔓延至全球221个国家和地区，累计确诊病例38555.1万例，累计治愈出院病例30545.5万例，累计死亡病例571.4万例。新冠病毒几经变异仍在流行，每天增加的确诊病例仍在40万人左右。不仅发展中国家防控新冠肺炎疫情面临重重困难，发达国家也同样捉襟见肘，这敲响了全球生物安全的警钟。国内外许多科学家、媒体都关心新冠病毒是不是人工改造的病毒，至今为此争论不休。防御生物武器事关人民健康、国家安危，民众对此十分担心、极为关注。《禁止生物武器公约》还没有形成缔约方相互核查机制，所以无论是政治家、科学家、媒体，还是广大公众都十分关注生物威胁的问题。当前，未解决的核心问题有三个，即技术上能不能做、会不会做以及能不能禁止做。

新冠病毒是人造病毒的说法已基本排除。2020年1月31日，印度理工学院德里分校的研究人员在预印本网站BioRxiv上发表论文，称新冠病毒可能是人造病毒，认为其加入了艾滋病的基因，[1] 后来学界分析该文章不严谨且选择性使用数据。该论文没有实验数据、未经同行审阅，后来由于科学家的集体反对而被撤稿。通过分析已公布的93个新冠病毒基因测序结果可知，新冠病毒共发生140个变异点，占基因序列长度的0.41%，其中120个位于基因序列编码中，这说明基因变异很小，没有明显被剪切的迹象，科学家认为新冠病毒不会是人造病毒。2020年3月17日，一支由6位科学家组成的国际研究团队在《自然医学》杂志上发表文章称，导致全球大流行的新冠病毒是自然进化的产物，不是在实验室中构建的，也不是有目的性的人为操控的病毒。[2]

美国暴发的流感与新冠肺炎是否有关尚待研究。2019年9月27日，美国疾病控制与预防中心网站提示美国暴发一种神秘肺病，确诊或疑似病例达到了805例，比一周前激增52%，在美国10个州至少有12人丧生。这种病类似于罕见肺炎，早期症状包括咳嗽、呼吸急促、疲劳、胸痛、恶心、呕吐和腹泻。[3] 到2020年2月中旬，美国疾病控制与预防中心发布消息称，当季14000多名因流感而死的人中，部分人感染的流感病毒类型不确定。[4] 日本的朝日新闻据此称，美国流感致死的人中有一部分是新冠肺炎患者，但美国疾病控制与预防中心并未明确说过这些流感致死的人是因为感染了新冠肺炎，而是说流感病毒类型不确定。科学回答这个问题还需要进一步研究。

第2节
生命安全的钥匙还不在人类手中

世界经济论坛发布的《全球风险报告2019》指出，全球传染病暴发频率一直在稳步上升：1980—2013年，共有12012起记录的疫情，影响至少4400万人与世界上每个国家和地区；每个月，世界卫生组织都会追踪7000个潜在暴发新信号，产生300项后续行动、30项调查和10次全面风险评估。在全球日益相互依存的环境下，公共卫生危机还可能迅速演变成一场人道主义、社会、经济和安全危机。

一、自然界通常2～3年出现一种新病原物

从理论上分析，人类已知的病毒只是病毒的冰山一角。当前传播的263种已知病毒只占所有潜在病毒的0.1%，[5]大概有63.1万～82.7万种病毒是有可能感染人类的。另外，随着人类流动频繁、物流不断增加，加上气候持续变暖、冰川融化，冰封的微生物和病毒被释放，自然界将不断出现新的病原物。

从现实来看，科学家每2～3年就会发现一个新的病原物。21世纪以来，已经暴发7次由病毒引起的全球性重大公共卫生事件，平均不到3年发生一次。有兴趣的读者可浏览国家生物资源中心网站，科学家几乎每周、每天都会发现新的微生物及其变异，其中相当一部分是病原物。因此，自然病原不会自行消失，随着气候的变化、流动人口的增加，可能会更加频繁地感染人类。

二、人类防控恶性传染病的能力明显不足

人类对传染病的研究由来已久，但直到1869年，也就是《自然》杂志出版第一期时，人们才开始对传染病有了新的认识。威廉·法尔（William Farr）、伊格纳兹·塞麦尔维斯（Ignaz Semmelweis）等人相继发表了关于传染病的研究成果，约翰·斯诺（John Snow）追踪了伦敦霍乱流行病的源头。19世纪下半叶，细菌理论的发展改变了人们对传染原因的认识，为科学研究和临床反应提供了依据，以至到了20世纪70年代，许多人认为传染病很快就会成为历史。人们经常引用弗兰克·麦克法兰·伯内特（Frank Macfarlane Burnet）爵士的讲话：传染病的未来将非常黯淡。[6]

20世纪70年代埃博拉病毒首次被发现，80年代人类发现艾滋病病毒，90年代人类发现尼帕病毒。21世纪初SARS病毒和MERS病毒出现，各个国家又开始加大对传染病的重视程度。

随着生命科学、生物技术、医学技术的进步，人类发现疾病、认识疾病、诊断疾病、治疗疾病的水平不断提高，重大传染病的预防、诊断、治疗和控制水平也不断进步。病原体筛查技术体系不断完善，能够在短时间内筛查几百种病原，艾滋病、乙肝、结核病等病毒检测时间大大缩短，流感监测和预警能力大幅提升。很多国家都建立了病原检测研究网络和传染病直报系统，针对流感、艾滋病、乙肝等传染病的治疗药物也取得了一些突破。我们相信，随着科学技术的发展，人类对传染病的认识和防御水平将会逐步得到提高。虽然人类不可能消灭传染病病毒，但人类一定能在快速检测的基础上，实现对新发和突发传染病的有效控制。

三、防控传染病迫切需要新的战略与对策

伴随着快速变化的生态环境、城市化、气候变化、旅游业的发展以及脆弱的公共卫生系统，流行病将变得更加频繁、更加复杂、更加难以预防和控制。为此，2019年有科学家在《自然》杂志上发表文章，建议全球联合起来共同对抗传染病的大流行。[7] 为了发现并提前预防新型病毒，美国国际开发署启动的PREDICT项目（病原体追踪项目）已经在动物和人类身上发现了1000多种独特的病毒，其当前已在全球35个国家启动，重点关注高风险地区。另一项国际合作计划——全球病毒组项目（Global Virome Project）也于2018年启动，目的是鉴定出地球上大部分的未知病毒并阻止其传播，计划耗资12亿美元，在10年内确定潜在威胁病毒的70%左右。

针对2020年发现的新冠病毒，《科学》杂志主编呼吁全球应紧密合作，共同对抗疫情。[8] 全球疫苗免疫联盟首席执行官塞斯·伯克利（Seth Berkley）在《科学》杂志上发出倡议：新冠病毒需要一项曼哈顿计划。[9]

第3节

转基因作物种植面积在争论中持续增长

转基因作物是指利用生物技术，将人工分离和修饰过的外源基因有目的地导入目标作物基因组，人为地加强或减弱某种生物功能，获得的遗传性状发生改变的新生物体。转基因作物的安全问题仍在激烈争论之中，但其种植面积在持续增加。

一、转基因安全争论仍很激烈

转基因安全争论几乎伴随着转基因的发展，甚至有绝对安全与很不安全两种完全不同的观点，形成了转基因公司、科学家与一些公众人物之间尖锐对立的局面。

从理论上讲，转基因技术通常只转入 1～2 个基因，而且转入的基因都是经过科学家反复研究且证明对人类和环境没有危害的、安全的基因。它不像杂交育种技术是多个基因同时进行随机组合，因此出现不良问题的风险更小。植物花粉的飘移、扩散与自然杂交，理论上出现不良生物的概率更高。相对而言，转基因作物理论上是安全的。

从实践来看，转基因技术已经对大豆、玉米、小麦、番茄、马铃薯和水稻等多种农作物的性状进行了改良，大幅度提高了作物产量与品质。美国 95% 以上的大豆、玉米、棉花都是转基因产品，我国进口的美国大豆也是转基因大豆，而且 10 多亿人口吃了近 20 年，也没有出现过安全问题。

虽然不时有人宣传转基因的危害性，但迄今为止还没有一项危害经得起严格的科学检验。美国科学促进会曾明确表示：历经 25 年 130 个课题研究显示，生物技术尤其是转基因技术本身不比常规育种方法更危险。世界卫生组织、美国医学会、美国科学院、英国皇家学会等机构经过研究，都得出了食用转基因食物并不比食用经普通方法改良的食物危险的结论。2013 年 1 月，作为资深"反转斗士"，马克·林纳斯（Mark Lynas）在反转前线冲锋了 16 年后，在英国举行的牛津农业会议上公开忏悔了自己以往有关农业转基因技术的行为和言论，"这些年反对转基因，我现在彻底后悔了"。但反转基因的势头依然没有丝毫减弱。

总之，转基因安全问题需要我们认真对待，毕竟这一技术使用仅 25 年左右，还需要更长时间、更大范围的科学研究。转基因安全问题是科学问题，科学家有责任进行大量研究并向公众解释转基因的作用与风险，公众也应该多听听科学家的意见，非专业人士、没有做过转基因研究的人士应该先调研、再发言，客观、理性、全面地讨论转基因安全问题。我们始终相信，转基因安全问题最终会有一个公认的、科学的结论。

二、转基因作物种植面积快速增长

（一）种植面积快速增长

2020年是转基因作物商业化种植的第25个年头。在1996—2018年的23年间，转基因作物种植面积增长约113倍，累计达25亿公顷。转基因作物在美国、巴西、阿根廷、加拿大和印度五大种植国的应用率接近饱和，分别约为93.3%、93.0%、100.0%、92.5%和95.0%。全球有26个国家种植转基因作物，其中21个为发展中国家，5个为发达国家，转基因作物的种植面积占比分别为54%和46%。

在2018年全球广泛种植的四大转基因作物中，从种植面积来看，大豆、棉花、玉米、油菜的应用率分别为78%、76%、30%和29%。美国、巴西、阿根廷、加拿大和印度是转基因作物种植面积最大的5个国家。美国的转基因作物种植面积最大，约为7500万公顷，其中包括3408万公顷转基因大豆、3317万公顷转基因玉米、506万公顷转基因棉花、90万公顷转基因油菜、49万公顷转基因甜菜以及126万公顷转基因紫花苜蓿，还有约1000公顷的木瓜、南瓜、马铃薯和苹果。其次是巴西、阿根廷、加拿大和印度，其种植面积分别为5130万公顷、2390万公顷、1270万公顷和1160万公顷，其中巴西和阿根廷种植的转基因作物主要为大豆、玉米和棉花，加拿大种植的转基因作物主要是油菜、大豆、玉米和甜菜，印度则主要种植转基因抗虫棉。

（二）积极稳妥是转基因研究的政策导向

现在看来，美国1974年发布的《国家安全研究备忘录第200号》提出的观点——"如果你控制了粮食，你就控制了所有的人"是正确的，世界上许多缺粮国家都受人摆布。美国企业已提出在中国申请大豆基因专利保护，如果获得批准，就会出现中国农民种自己的大豆却要给美国企业交专利费的奇怪现象。只要种子在美国企业手中，美国企业就会掌握中国大豆生产的控制权。要解决这一问题，当前的办法是不批准其专利申请，长远的、唯一的出路是加强中国的转基因研究，把知识产权掌握在自己手中。

一些机构与学者反对中国开展转基因研究，但中国如果放弃、放松转基因研究，就等于错失了良机。我们认为转基因技术是目前可预见的解决中国粮食安全最有效的技术，对其研究绝对不能放松。转基因技术的作用是其他技术无法替代的，例如，抗旱基因研究成功并应用能使全国10亿亩旱地增产，耐盐碱基因研究成功则能使5亿亩盐碱地得到充分利用，这两者的年效益初步估算在2000亿元以上。相反，如果放弃、放松转基因研究，未来中国粮食安全、食物安全的主动权可能会落在别人手中，这对中国这样一个人口大国来说是绝对不能允许的。基于以上分析，我们认为国家实施"转基因生物育种与产业化"科技专项是十分正确的战略决策，必须要继续深入下去。

三、基因编辑为农业发展带来新希望

当前，转基因技术被社会舆论说成一种高风险技术，而更为安全的基因编辑技术，将催生继传统良种、杂交良种、转基因良种之后的第四代育种技术。正像20世纪70年代初的杂交水稻一样，基因编辑技术将带来农业育种技术的飞跃，给未来农业发展带来新的希望。

（一）基因编辑生物不是转基因生物

人类种植作物1万年以来，不断培育、改造作物品种。第一代育种技术是常规育种，也就是"提纯复壮"，从作物中选择性状最好的植株的种子或果实。第二代育种技术是杂交育种，将不同科、种、属的植物进行杂交，从杂交后代中遴选优良品种；杂交技术通常有"三系法""两系法"。第三代育种技术是转基因技术，将一个或数个基因利用现代基因工程技术转移到现有品种上，遴选更优的品种。第四代育种技术是基因编辑技术。

基因编辑技术是分子生物学研究的重要手段，通过对目的片段序列的改变来影响基因的功能。它的出现推动了分子生物学的进程，提高了对基因结构功能的研究效率。目前，基因编辑的主要手段有三种，包括锌指核酸酶（ZFN）、类转录激活因子效应物核酸酶（TALEN）和成簇规律间隔短回文重复序列（CRISPR）。

从技术上看，基因编辑技术和转基因技术有显著性差异。基因编辑技术是使用基因编辑分子工具删除基因序列中的某些部分，而不是像转基因技术那样，给基因序列插入来自外部的基因片段。中国部分专家也认为基因编辑并非转基因。[10]基于此认识，基因编辑作物不能被认为是转基因作物。

（二）基因编辑技术将有效改变生物

被誉为生命科学"登月计划"的人类基因组计划于21世纪初正式完成，人类染色体中所包含的30亿个碱基对组成的核苷酸序列全部被测定完毕，描绘着人类生命奥秘的画卷已徐徐展开。"既然生命这本书的内容已经呈现在世人面前，那么对这本书进行校对，改正其中的文字和语法错误（疾病）就成为科学家们下一步的努力方向。"[11]2020年10月7日，瑞典皇家科学院将2020年诺贝尔化学奖授予埃马纽埃尔·卡彭蒂耶（Emmanuelle Charpentier）和詹妮弗·杜德纳（Jennifer A. Doudna），以表彰她们在"凭借开发基因组编辑方法"方面做出的贡献。

从原理上看，研究人员借助基因编辑工具，可在任何基因组中进行切割、修复，实现基因的"重定义"，从而很便利地得到任何想要改变的生物体。目前，基因编辑技术已成为生物学、农业和微生物学等领域应用最广泛的技术。中国科学院上海植物逆境生物学研究中心主任、美国科学院院士朱健康的团队，已经对小麦、玉米、番茄等许多作物进行基因编辑，产生了一批产量高、品质好的农作物新品种。基因编辑技术有望成为新一代作物育种技术，并将造福人类。

（三）基因编辑技术将造福人类

以成簇规律间隔短回文重复序列为代表的基因编辑技术在生命医学研究、工农业生产等各个层面已经展现出革命性的推动力。首先，基因编辑技术可为疾病治疗提供手段。一些单基因遗传病，如镰刀型贫血病、亨特氏综合征、杜氏肌营养不良等，可利用基因编辑技术将致病基因修复为正常基因，从而解决患者终身用药的现状。其次，基因编辑技术能够使人们大规模研究基因的功能，从而迅速发现疾病药物靶点，加速新药的开发。再次，基因编辑技术能够在不转入新的外源基因的前提下，为动植物、微生物提供优良性状，提高农业生产效率，为粮食安全提供保障。最后，基因编辑技术还能够为监测和治疗重大传染病提供手段，中国农科院北京畜牧兽医研究所联合华中农业大学、加拿大圭尔夫大学等，利用基因编辑技术获得全球首例抗三种重大疫病猪育种材料：猪繁殖与呼吸综合征病毒、猪传染性胃肠炎病毒和猪德尔塔冠状病毒。

当然，由于基因编辑技术能够修改生物的底层密码，从而通过基因驱动等方法改变整个种群的遗传特性，而这可能威胁生物安全，所以它已经被美国情报机构列入"大规模杀伤性与扩散性武器"威胁清单。

四、保障公众的知情权、选择权和建议权

转基因、基因编辑属于新鲜事物，广大公众对其科学原理、发展历程、未来趋势、作用与副作用等都缺乏系统、全面的了解，有些公众甚至可能存在片面的认识。这就要求相关机构和人士充分保障公众对转基因、基因编辑技术与产品的知情权、选择权和建议权。一是要公开基因技术与产品研究和产业化的全部信息，让公众全面、及时、准确地把握转基因、基因编辑的最新进展。二是要切实保障公众对转基因产品、基因编辑产品消费的选择权，部分公众认为转基因产品是安全的，就可以消费，反之，如果认为转基因产品的安全性有待进一步观察，或者认为转基因产品不安全，公众就可以选择不消费。三是要畅通渠道，充分听取广大公众对发展基因技术与产品的各种建议与要求。

历史经验表明，每一个新事物在出现初期都会招致反对意见，而随着科学知识的普及，特别是技术的不断进步，新事物会逐步被公众接受，一些经济、社会价值不大的技术与产品则会被淘汰。例如，当年汽车研制成功的时候，人们反对的声音比当前反对转基因还激烈，因为汽车不仅占用行人道，而且经常发生撞人事件。新出现的事物和人的关系越密切，反对和质疑的声音就会越大。目前已有很多转基因作物介入人类生活，转基因技术在很多人眼中可能与人们饮食最为密切，再加上个别媒体夸大宣传，必然会导致更大的反对声音。

五、转基因安全问题最终要靠科学来回答

转基因安全问题是一个复杂的综合性问题，涉及人体健康、生态安全、经济贸易等多方面，对人类社会的影响远远超过人们的预期。

在转基因安全争论中，人们首先关心的是人体健康问题，比如：

转基因产品由于外源基因的导入，可能产生新的毒性物质或者过敏原；转基因产品中可能存在抗生素抗性风险，这些产品进入食物链后，会对人类健康造成威胁。事实上，国际上早已有能产生过敏反应的食品及有关基因的清单。在安全评估过程中，如发现转入的外源基因或者所表达的蛋白质可能成为过敏原，该研究会被立即终止。许多新的转基因生物因采用了无标记的转基因方法，不再含有抗生素一类的基因。

其次，人们担心转基因生物会对生态环境造成影响，形成"超级杂草"等，从而打破原有生物种群的生态平衡。实际上，导入外源基因的转基因生物的生存竞争能力并不会提高，其无法在自然条件下形成生物入侵，影响生态平衡。转基因安全争论涉及最多的无非就是人体健康和生态安全问题，这些都可以归因于对转基因技术所带来的潜在风险的担心，归因于转基因技术问题。但是，我们不应只看到转基因安全争论中的技术问题，其背后隐藏的经济问题更为重要。

在未来相当长的一段时间内，关于转基因安全性的争论肯定不会彻底平息，也很难形成一个确定性的答案。因此，我们需要转换角度理解转基因安全争论中的是与非。

转基因技术是一把双刃剑，人们担心的不是现在的转基因产品有安全问题，而是恐怖分子利用转基本技术创造新的有害生物。人们利用转基因技术对作物进行性状改良，提高作物的抗病虫性，减少杀虫剂、除草剂以及劳力的投入等种植成本，提高作物产量，带来可观的收益。面对全球日益突出的粮食问题，转基因技术无疑是解决问题的一把好钥匙。在转基因作物不安全言论此起彼伏的时候，大量的媒体调查表明，中国转基因作物的非法种植已经成为一个普遍事实。近几年来，发生于湖南的"黄金大米"、海南的"非法转基因作物种植"、湖北的"非法转基因稻米流入市场"等系列事件都指向这一事实。生产者既担心种植转基因作物带来的潜在风险，又迫切希望得到其丰厚的经济回报。因此，围绕转基因的争论实际上体现的是人们对转基因技术双重后果的一种复杂心态，关于转基因安全的争论实质上是对转基因背后的经济效益是否可取的争论。

此外，关于转基因安全的争论为起步晚、发展较为落后的国家应用该技术提供了一定的缓冲期。转基因作物的生产可能给一些国家经济发展、粮食安全甚至国家安全带来不可忽视的风险。转基因技术起步于发达国家并飞速发展，目前绝大部分的转基因技术专利掌握在发达国家手中。对于以中国为例的转基因技术发展相对不足的国家而言，倘若大面积种植转基因作物，而生产所需要的转基因种子大都掌握在发达国家手中，这将给国家的粮食安全埋下隐患。

综上所述，转基因安全争论的实质并不纯粹是科学技术问题，还有其背后隐藏的经济和贸易问题，转基因安全问题最终要靠科学来回答。

第4节

生物多样性在保护中仍然下降

全球生物多样性保护形势严峻，许多国家保护生物多样性的承诺落空。近2000年来，地球上陆续已有106种哺乳类动物和127种鸟类灭绝，而濒临灭绝的有哺乳类动物406种、鸟类593种、爬行动物209种、鱼类242种，其他低等动物更是不计其数。国际捕鲸委员会的报告显示，地球上最大的动物蓝鲸目前仅存400余只，濒临灭绝。位于地球赤道一带的热带雨林，虽被称为生物宝库、"地球的肺"，但目前正以每分钟20公顷的速度减少，不出100年，全球热带雨林将会消失，大量珍稀生物也将随之灭绝。据统计，目前全世界平均每天有

75种物种灭绝，按此速度，1/5的现有物种将会在21世纪末灭绝，生物多样性保护遭受严峻的挑战。

一、保护生物多样性是生物安全的基本要求

人类健康最终取决于保证人类健康和富有生产活力的生计所必要的生态系统服务，比如淡水、食物和燃料来源的可及性。如果生态系统服务已不能满足社会需要，生物多样性丧失就会对人类健康产生直接重大影响。[12] 另外，也有学者认为，生物多样性为人类提供了生态系统服务，这一生态系统服务使所有生命，包括人类能够生存于地球上。随着物种的持续灭绝，在今后几十年里了解它们之间的联系对任何关注健康的人来说都越来越重要。[13]

世界卫生组织将生物多样性和人类健康的关系归纳为三点。一是对健康的价值：生物多样性丧失也意味着大自然中许多化学物质和基因正在消失，而这类物质和基因早已为人类提供了巨大的健康效益。二是对医学和药理的价值：人们通过加深对地球生物多样性的认识，在医学和药理方面有了重大发现，生物多样性丧失可能会限制许多疾病和健康问题潜在治疗办法的发现。三是对科学的价值：微生物、植物群和动物群的生物物理多样性为人们提供了广博的知识。[14]

二、生物多样性已受到人类活动的严重影响

生物多样性是人类社会赖以生存和发展的基础，我们的衣、食、住、行及文化生活的许多方面都与生物多样性的维持密切相关。近年来，物种灭绝的加剧、遗传多样性的减少以及生态系统的大规模破坏，使得人类对生物多样性问题日趋关注。事实上，生物多样性丧失的原因有多种，其中包括生态环境丧失和片段化、外来物种的侵入、

生物资源的过度开发、环境污染、全球气候变化和工业化的农业及林业等。也有科学家将生物多样性丧失的原因归结为人口剧增、自然资源消耗、生物资源利用和保护不利等。在2005年的《千年生态系统评估：生物多样性综合报告》中，世界卫生组织将多样性减少的直接驱动力归咎于人类过度开发利用。[15]

人类活动通过作用于栖息地来影响物种的种群动态，从而影响物种多样性的变化。有关模拟和预测结果表明，在人类周期性活动的作用下，物种多样性变化对栖息地变化的响应也存在周期性振荡。同时人类活动强度越大，物种丰度振荡的幅度也越大。[16]在过去的2亿年中，自然界每27年就有一种植物从地球上消失，平均每个世纪有90多种脊椎动物灭绝。随着人类活动的加剧，现在物种灭绝的速度是自然灭绝速度的1000倍。[17]无法再现的基因、物种和生态系统正以人类历史上前所未有的速度消失。

三、气候变化已为生物多样性带来巨大挑战

大量证据显示，全球气候正在快速变化。自工业革命以来，由于化石燃料的燃烧、森林砍伐和现代农业等人类活动，大气中温室气体的浓度一直在快速增加，打破了地球系统的能量平衡，温室效应加热了大气、陆地、海洋，融化了冰川和冰盖。气候变化影响到了人类和生态系统的各个方面，包括海平面上升、沿海生态系统的破坏、重要物种和农作物的损失、人口迁移以及全球经济的巨大损失，从喜马拉雅山的冰川退缩到海洋中的珊瑚白化，再到极端天气频发。联合国政府间气候变化专门委员会（IPCC）在2013年的一份报告中指出，自工业革命以来，大气中的二氧化碳浓度已经上升了40%，导致地球表面气温上升了1℃。2019年，联合国政府间气候变化专门委员会再次发布《气候变化中的海洋和冰冻圈特别报告》，指出：如果维持高温

室气体排放，到2100年，全球海平面将上升1.1米，到2300年，全球海平面将上升5.4米，气候变化对地球环境和人类生活带来的巨大冲击将是难以估量的。

加速变化的气候会对生态系统服务产生不利影响，会加速生物多样性的丧失。[18]2020年4月，《自然》杂志发表的论文称，科学家研究了3万个陆地和海洋生物能够承受的温度阈值，结果显示，各种生物面临着比以往任何时候都要高的温度，随着物种达到它们的温度阈值，许多物种预计会在同一时间消失。[19]这一结果与2020年3月10日发表在《自然·通讯》杂志上的另一研究结果相似——研究团队利用计算机模型支持的统计学关系进行了评估，发现亚马孙规模的生态系统（约550万平方千米）一旦触发，可能会在49年左右的时间里崩溃；而加勒比海珊瑚礁规模的生态系统（约2万平方千米）可能只要15年的时间就会崩溃。[20]

四、履行《生物多样性公约》任重道远

《生物多样性公约》是一项保护地球生物资源的国际性公约，目标是保护濒临灭绝的植物和动物，保护地球上多种多样的生物资源。1992年6月5日，《生物多样性公约》由缔约方在巴西里约热内卢举行的联合国环境与发展大会上签署，于1993年12月29日正式生效。

2000年5月15~26日，《〈生物多样性公约〉卡塔赫纳生物安全议定书》在内罗毕开放签署，侧重点为凭借现代生物技术获得的、可能对生物多样性的保护和可持续使用产生不利影响的任何改性活生物体的越境转移问题。

2018年5月22日，在纪念《生物多样性公约》生效25周年大会上，联合国《生物多样性公约》执行秘书克里斯蒂安娜·帕斯卡·帕尔默（Cristiana Paşca Palmer）博士敦促各组织积极参与《2011—2020

生物多样性战略计划》，努力实现生态转型。但由于诉求不同、技术发展水平不同，不同国家会根据各自国情采取不同的履约措施。

<h1 style="text-align:center">第5节</h1>

有害生物不断入侵许多国家

　　随着全球化引起的人口、物资跨国流动，外来生物入侵问题日趋突出，给许多国家和地区的生态环境带来巨大改变或破坏，生物多样性被严重破坏。

一、外来生物入侵已造成巨大损失

　　外来生物入侵与自然发生的迁徙不同，它打破了长期自然形成的稳态关系，是突发的、没有天敌的。没有天敌的制约，就意味着入侵的外来生物具有生态适应能力强、繁殖力强、传播力强的特点，它们在新环境落户，迅速成长为具有单一优势的"霸王群落"。它们的突然发展破坏了当地的生态系统，抑制了当地其他生物的生长。失去生物多样性会对自然造成不可逆转的威胁，比如森林消失、生物环境破坏、草场退化、沙漠扩展、沙尘暴频发、水体污染等，这些都与破坏生态系统稳定的生物入侵有所关联。[21] 生物入侵不仅会导致生态灾害，还会影响人类健康，阻碍经济发展，影响国际安全。数据显示，美国、澳大利亚、英国、南非、印度和巴西每年因为外来生物入侵而蒙受的损失超过1000亿美元。

二、全球化加大防御生物入侵难度

在经济全球化的大背景下，国家、地区之间的合作交流更加频繁，生物入侵也搭乘国际贸易的"便车"登堂入室。各国进出口的植物及其他农副产品种类和数量不断增加，而大多数入侵物种是随种子、花卉和苗木引进等无意识传入的。

生物入侵是全世界共同面临的难题，很多国家都制定了有关防治生物入侵的法律法规。美国制定了国家入侵物种系列法案，形成了联邦和州全方位管理的生物入侵立法体系，成立了国家入侵物种委员会，指导全国性的外来物种入侵防治问题，协调农业部、商务部、内政部，负责监督管理全国的生物入侵事务。澳大利亚是世界上对外来生物控制最严格的国家之一，主要通过两个策略来迅速恢复生物多样性：一是通过国家策略对外来生物进行有效控制管理，二是向民众宣传生物多样性对人类生存和权益保护的重要性。1999年，澳大利亚制定了《环境保护和生物多样性保育法》，这是防治外来生物入侵的基本法，明确了不能入境的物种种类，对商品贸易的出入境问题做出规定，并设立了专门研究物种入侵的研究机构——澳大利亚国际农业研究中心，详细评估预测其危害程度和扩散方式并制定防治措施。新西兰是世界上生物多样性最为丰富的国家之一，它将生物入侵作为对国家生物多样性的最大威胁，建立了最严格的阻止入侵物种进入国门的标准，还建立了世界上最完整的综合性生物入侵防控体系，主要包括物种入境前的预备措施、阻止有害物种进入的边境管控制度、受到病虫害时的紧急反应制度以及对全国进行有害生物检测和管理的制度，从而形成了完整、严格、综合的生物安全屏障，其法律制度体系涵盖从预防到监测再到治理清除的所有步骤。由于国内生物入侵危害频发，日本农林牧渔业遭受重大损失，生态环境受到巨大破坏。日本于2004年制定了《外来入侵物种法案》，该法对外来物种的饲养、种植、储藏、运输、进口和其他处理方式进行规制，同时对外来物种实行分类管理，规定了具体详细的审批和许可办法，还规定了国民对于外来生物入侵问题应提高认识，进行学习。[22]

第6节
生物恐怖毒箭高悬风险明显增加

生物威胁和生物恐怖由来已久，国防生物安全的任务越来越重。随着生物技术的飞速发展，生物武器因隐蔽性强、危害性大，被称为穷人的"核武器"，正日益受到敌对势力和新型恐怖组织的重视。尽管大规模使用生物武器是反人类的行为，会受到人类的一致谴责甚至清算，但非战场环境下使用生物武器的概率增加，恐怖分子更容易制造生物安全事件。生物恐怖作为一种日益严重的现实威胁，会给各国政治、经济和安全形势带来严重的隐患，生物恐怖的毒箭高悬，人类需要用文明、技术两种手段加以防范。

一、生物武器发展经历三个阶段

生物武器过去称细菌武器，是指以生物战剂杀伤有生力量和毁坏植物的武器。生物武器所使用的物质，被称为生物战剂。

生物战剂根据不同类型有不同的分类方式。[23]根据对人的危害程度，生物战剂可分为致死性战剂和失能性战剂。致死性战剂的病死率在10%以上，甚至达到50%～90%，比如炭疽杆菌、霍乱弧菌、野兔热杆菌、伤寒杆菌、天花病毒、黄热病毒、东方马脑炎病毒、西方马脑炎病毒、斑疹伤寒立克次体、肉毒杆菌毒素等。失能性战剂的病死率在10%以下，比如布鲁氏杆菌、Q热立克次体、委内瑞拉马脑炎病毒等。生物战剂根据形态和病理可分为：细菌类生物战剂，主要有炭疽杆菌、鼠疫杆菌、霍乱狐菌、野兔热杆菌、布氏杆菌等；病毒类生物战剂，主要有黄热病毒、委内瑞拉马脑炎病毒、天花病毒等；立克次体类生物战剂，主要有流行性斑疹伤寒立克次体、Q热立克次体等；衣原体类生物战剂，主要有鸟疫衣原体；毒素类生物战剂，主要有肉毒杆菌毒素、葡萄球菌肠毒素等；真菌类生物战剂，主要有粗球孢子菌、荚膜组织胞浆菌等。生物战剂根据有无传染性可分为两种：传染性生物战剂，比如天花病毒、流感病毒、鼠疫杆菌和霍乱狐菌等；非传染性生物战剂，比如土拉杆菌、肉毒杆菌毒素等。

生物武器的研究约有100年的历史，大致经历了三个阶段：第一阶段是20世纪初至第一次世界大战结束，主要特点是生产规模小、种类少、研制国家少、应用数量少；第二阶段是20世纪30～70年代，主要特点是种类增多、生产规模扩大、使用次数多；第三阶段始于20世纪70年代中期，主要特点是基因改造微生物逐步得到重视，生物武器进入基因武器阶段。[24]

二、生物武器易攻难防、传播力强

生物武器是一种利用生物战剂进行杀伤和破坏的武器，包括生物剂或毒素及其释放工具，属于一种大规模杀伤性武器。[25]生物战剂是生物武器所使用的物质，包括病毒、细菌、真菌、衣原体、立克次体等，迄今为止可以作为生物战剂的致命微生物多达150多种。

由于具有易携带、易传染、难监测、难控制等特征，能在不破坏城市建筑物、不伤害自己的情况下消灭敌人，生物武器比起核武器和化学武器更为恐怖。加之生物武器被视为廉价的原子弹，生物恐怖再次引起人们的广泛关注。

相对核武器、化学武器控制，全球正面临着生物武器扩散的威胁。这种威胁来自三个方面：一是生物技术的进步使得生物武器扩散越来越容易，二是国际安全困境使一些国际行为体谋求掌握生物武器，三是国际生物武器不扩散体制存在许多缺陷。[26]英国皇家国际事务研究所发表的《2016年新发危险报告》指出，恐怖分子一直渴望获得生物武器，基地组织曾试图招募有生物学博士学位的人员，以达到获取生物武器的目的。基地组织成员还造访过英国生物安全三级实验室，希望获得病原体和炭疽疫苗。[27]

三、合成生物技术已成熟、易掌握

现代生物技术能不能改造、创造生物武器，扩大生物威胁，回答是肯定的。随着生物技术的不断提高，发现、培养、改造甚至合成新的危险生物是完全可能的，而且其成功率会越来越高、成本会越来越低。二战期间，日本、德国就进行了大量的生物武器试验，但限于当时的生物技术水平，它们仅发现了自然界的危险生物并进行人体试验，以寻找杀伤威力大的病原物以及相关治疗药物和疫苗，达到杀伤敌人、保护自己的目的。当前，人类已经能够利用基因检测技术完全搞清楚病原物的基因序列，而且成本越来越低。利用转基因、基因编辑、基因扩增、生物合成等技术，人类完全能够对致病生物进行基因繁殖、扩增、改造、再造甚至合成新的生物，形成致病能力更强、杀伤力更大的生物。

基因编辑技术能够像学生粘贴作文一样，把某个生物的一个或几个基因粘贴到另一个生物上，使该生物具有新的功能。这项技术已经在世界上得到了广泛应用，对治疗单一基因疾病具有十分重要的作用。但基因编辑技术也会被恐怖分子用来制造生物武器。从理论上讲，基因编辑技术可以对基因进行组装与拼接，形成不同性能的生物体，当然目前还不能做到想拼接什么就拼接什么，既有一定的盲目性，也容易"脱靶"，即剪接失败。生物合成技术理论上能合成各种人类需要的新生物体，但据目前的论文与专利分析，该项技术仍然在探索阶段，合成一个新的生物还很难，不过这并不代表未来这项技术就不能实现。

2001年，美国、中国等6国超过3000名科学家联合用30亿美元、耗时13年才绘制出一张人的基因草图，所用经费是2020年500美元的600万倍，所用时间约是当前15分钟的45.6万倍。当前，生物技术发展越来越快，特别是基因编辑、合成生物学、结构生物学的发展，使改造甚至合成一种新的微生物变得越来越容易。过去教授们在高等级生物安全实验室才能完成的工作，将来恐怖分子可能在简易的场所就能完成，这给世界带来恐慌。

四、履行《禁止生物武器公约》面临重重困难

一战、二战期间，日本、德国都研究过生物武器。二战以后，美国、苏联纷纷加入研制生物武器的行列。英国担心生物武器会给人类带来毁灭性打击，于20世纪60年代提出禁止生物武器的研制，得到国际社会的广泛支持。

1969年7月，英国向18国裁军会议提出一项单独禁止生物武器公约的草案，要求禁止在战争中使用任何形式的生物手段。迫于国内外压力，美国政府宣布全面放弃生物与毒素武器，只进行防御性研发，并于20世纪70年代初销毁了当时所存的生物武器。[28]《禁止生物武器公约》于1971年12月由联合国大会通过，并开放供各国签署，1975年3月26日生效。截至2018年12月，共有182个缔约方加入《禁止生物武器公约》，中国于1984年加入。[29]

《禁止生物武器公约》规定每满5年，举行缔约方会议，审查

《禁止生物武器公约》的施行情况，建立信任措施报告机制、促进资料交换、启动核查措施谈判、设立履约支持单位。但该公约执行约束力不强，每年仅有50～60个缔约方提交相应表格，主要原因是随着国际竞争格局的悄然变化，各国在生物技术基础设施、创新能力、人才储备、研发经费等方面存在巨大差距，相互检查、相互监督、相互制约的机制难以实现。缔约方之间没有相互制约的机制与能力，禁止生物武器、防御生物恐怖的难度实际上越来越大。另外，生命科学和生物技术的快速发展，也带来了新的潜在生物威胁。新的生物科技发展和不透明的生物防御活动将会造成或加剧传统安全风险，因美国拒绝接受议定书导致核查议定书谈判失败就是典型案例，这迫使一些国家处于不得不防的危险境地。[30]

《禁止生物武器公约》的目的是将世界各国放弃生物武器的声明以具有永久法律效力的条约关系固定下来，但是理想丰满，现实骨感。有没有国家不执行公约或执行不彻底，有没有国家表面上履行公约，实际上仍在秘密研制生物武器，这些问题都值得研究。在《禁止生物武器公约》核查机制确定之前，生物恐怖的毒箭将仍然高悬。

第5章

美国认为生物威胁是本国的最大威胁

美国是超级大国，为什么成为新冠肺炎病例最多的国家，硬是把一副好牌打烂？美国的生物安全保障能力究竟如何，引起全世界的关注。

美国是世界经济大国、军事大国、科技大国、人才大国，已经形成生物霸权：制定了世界上最复杂的生物安全法规体系，涉及法规达20多个；形成了涉及14个部门的军民两用的快速反应体系；拥有世界一流的生物技术体系，有最高安全级别的P4实验室15个，P3实验室近1500个；拥有全球90%左右的生物根技术；近20年累计向生物安全投入达1855亿美元，已启动阿波罗生物防御计划。美国是世界上唯一把生物威胁列为最大威胁的国家；美国是世界上唯一反对《禁止生物武器公约》核查机制的国家；美国建立"生物霸权"的目的是继续领导世界。美国前总统乔治·布什在2005年就明确提出："美国要引领未来世界，必须依靠生物技术。"美国政府发布的《国家生物经济蓝图》《保护生物经济》明确提出在生物经济时代"保持美国在世界上的领导地位"。

第1节
制定了最复杂的生物安全战略法规体系

美国是世界上最重视生物安全的国家之一，突出表现在生物安全法规体系建设方面：几乎每2~3年就有一部有关生物技术与生物安全的法规出台。据不完全统计，自1976年以来，美国出台涉及生物安全、生物经济的战略规划和法规27个，其中涉及生物技术与实验室安全8个、农业与粮食安全4个、公共卫生与传染病防御5个、防御生物恐怖与生物武器8个、生物经济与保护2个，形成了世界上最复杂的生物安全战略规划和法规体系（见表5-1）。

表5-1　美国生物安全相关战略规划和法规

领域	年份	战略规划和法规
生物技术与实验室安全	1976年	《关于重组DNA分子研究的准则》
	1986年	《生物技术管理协调大纲》
	2009年	《微生物和生物医学实验室的生物安全（BMBL）》
	2012年	《美国政府生命科学两用研究监管政策》
生物技术与实验室安全	2015年	《保障国家安全的突破性技术》
	2015年	"实现生物技术产品监管体系现代化"备忘录
	2016年	《国家生物技术产品监管体系现代化战略》
	2017年	《生物安全治理指导原则》

领域	年份	战略规划和法规
农业与粮食安全	1999年	《入侵物种法令》
	2002年	《农业生物恐怖主义保护法》
	2004年	《保卫美国农业和粮食》
	2018年	《国家生物工程食品公开法》及《国家生物工程食品公开标准》
公共卫生安全与传染病防御	2002年	《2002年公共卫生安全和生物恐怖防范应对法》
	2005—2006年	《流感防控国家战略》及实施计划
	2007年	《国家公共卫生与医疗准备战略》
	2018年	《国家卫生安全国家行动计划》
	2019年	《国家卫生安全战略实施计划2019—2022》
防御生物恐怖与生物武器	2004年	《21世纪的生物防御》
	2004年	《生物盾牌计划法案》
	2007年	《大规模杀伤性武器的医疗对策》
	2008年	《国家应急反应框架》
	2009年	《应对生物威胁国家战略》
	2010年	《优化布萨特安全管理法》
	2017年	《快速行动委员会报告：生物安全和生物安保》
	2018年	《国家生物防御战略》
生物经济与保护	2012年	《国家生物经济蓝图》
	2020年	《捍卫生物经济》

一、美国是全球最早制定实验室生物安全法规的国家

美国生物实验室安全管理起步早、法规多，给许多国家的生物实验室管理提供了借鉴。美国在生物技术与实验室安全方面主要有8个法规，旨在推动生物技术发展，保护人民健康和生态环境，提高生物

技术产品监管的透明度、协调性、可预测性和效率，争取公众信心与支持，推动生物经济的发展。

1976年，美国国立卫生研究院颁布《关于重组DNA分子研究的准则》，提出了P1～P4四个等级的物理防护措施和EK1～EK3三个等级的生物防护措施，至今许多国家都采纳这一管理规则。1986年，美国制定《生物技术管理协调大纲》，明确政府部门在生物安全管理中的职责。1984年，美国发布《微生物和生物医学实验室的生物安全（BMBL）》，目前已发布第五版，包括：职业医学与免疫、去污消毒、实验室生物安全与风险评估、P3级实验室、农业病原菌药剂、生物毒素等内容。2012年3月，美国发布《美国政府生命科学两用性研究监管政策》，明确涉及15种制剂和毒素的研究实验需由美国联邦政府机构定期审查才能开展。2015年3月，美国国防高级研究计划局发布《保障国家安全的突破性技术》，重点提出要在神经科学、免疫学、基因及相关领域取得突破。与此同时，美国多部门联合签发主题为"实现生物技术产品监管体系现代化"的备忘录，推进生物技术监管体系的现代化。

二、美国重视公共卫生安全

2018年，美国人均医疗卫生支出高达11172美元，超过同年中国的人均GDP。美国医疗卫生总支出占GDP的18%，是全世界最高的。因此，美国的公共卫生安全，不仅关乎公众健康，还直接关乎经济发展与社会稳定。美国政府一直十分重视公共卫生安全的法规建设与管理。

2002年6月，美国发布《2002年公共卫生安全和生物恐怖防范应对法》，目的在于提高美国预防与反生物恐怖主义，以及应对其他公共卫生紧急事件的能力。2007年10月，美国发布《国家公共卫生与医疗准备战略》，这一战略专门针对灾难性健康事件的准备，包括生物监测、早期预警、发展灾难医疗等。2019年，美国推进《国家卫生安全战略实施计划（2019—2022）》，这一计划对提升国家预防、检测、评估、准备、减轻、应对21世纪卫生安全威胁的能力，以及从中恢复的能力，提出了目标，指导所有政府部门的行动，包括三大行动：一是动员和协调政府部门共同应对突发公共卫生事件和灾害；二是保护美国免受新发和流行性传染病及化学、生物、放射性和核威胁的影响；三是发挥私营部门的能力，建立有弹性的医疗产品供应链。[1]

三、美国保障农业生物安全，发展转基因生物

美国是农业大国，也是农产品出口最多的国家。它一方面要保证农产品产量，另一方面要保障农产品的安全。美国农业生物安全的一大特点是防止农业和粮食系统免受恐怖袭击以及外来物种入侵，同时美国通过加强对农业转基因植物的管理，保障转基因植物安全。

1999年，为防止外来生物入侵对农业的影响，美国颁布《入侵物种法令》。2004年，美国发布《保卫美国农业和粮食》，目的是保护农业和粮食系统免受恐怖袭击、重大灾害和其他紧急情况的影响，具体措施包括确定和优先考虑部门关键基础设施和关键资源，发展早期预警能力，减轻关键生产和处理节点的脆弱性，加强对国内和进口产品的筛选程序等。2018年，美国发布《国家生物工程食品公开法》及《国家生物工程食品公开标准》，保障生物工程食品的安全。美国是最早出台转基因植物管理法规的国家，也是转基因植物种植比例最高的国家。美国的转基因管理相对宽松，其95%的棉花、大豆、玉米都是转基因产品。

四、美国认为生物威胁是本国的最大威胁

防御生物恐怖是美国保障生物安全的核心，美国先后出台10多个战略法规，从预防、检测、评估、准备、减轻、应对等方面规定政府部门的责任与公众义务，出台了"生物盾牌计划""生物监视计划"等保障生物安全的重大工程与计划。新冠肺炎疫情发生之后，美国发布"阿波罗生物防御计划"，计划在未来十年彻底消灭生物威胁，很少有国家提出如此明确的目标。

为了加强政策、协调和计划，整合各部门的生物防御能力，2004年，乔治·布什总统签署《21世纪的生物防御》，指出美国将继续使用一切必要手段，防止和减轻影响祖国和全球利益的生物武器袭击。该计划包括：（1）增强防御威胁意识：运用先进的生物技术手段预测未来的威胁；（2）预防和保护：限制寻求开发、生产和使用这些制剂的国家、团体或个人获得制剂、技术和专门知识；（3）监视和检测：建立全国性的生物识别系统，尽早识别生物攻击；（4）响应和恢复：包括响应计划、大规模伤亡护理、有效的风险沟通、制定部署安全有效的医疗对策和消除生物武器攻击后的污染等。[2]

为了应对美国面临的最大安全挑战，2007年1月，美国总统乔治·布什签署《大规模杀伤性武器的医疗对策》，将生物威胁分为四类：（1）传统药物，包括炭疽芽孢杆菌和鼠疫耶尔森氏菌（瘟疫）等；（2）增强剂，如经过改良以抵抗抗生素治疗的细菌；（3）新兴媒介，如引起严重急性呼吸系统综合征的病毒；（4）高级病原体，即在实验室中人为设计的新型病原体或其他生物性质的材料，可绕过传统的对策或引发更严重的疾病。

为了应对自然灾害、恐怖主义活动、人为灾难等突发事件和威胁，协调、整合相关资源和能力，2008年1月，美国国土安全部发布了《国家应急反应框架》，主要针对七大类突发事件，即生物突发事

件、灾难性突发事件、网络突发事件、食品与农业突发事件、核与放射突发事件、石油与危险化学品泄漏事件、恐怖主义事件。[3]

2018年9月18日，美国发布《国家生物防御战略》，认为生物威胁是本国的最大威胁，这是其他国家少有的提法。该战略将生物威胁分为两类：一是自然发生的生物威胁；二是蓄意的和意外暴发的生物威胁，主要是国家或非国家行为体使用或扩散生物武器，对国家安全、人口、农业和环境构成重大挑战。值得关注的是，该战略对生物威胁形势做出了六个基本判断：（1）生物威胁具有持久性，自然发生的生物威胁持续发展，生物武器的技术门槛也在不断降低；（2）生物威胁来源多样化，涉及自然发生的、蓄意的和意外暴发的生物威胁；（3）传染病无边界，任何地方的疾病威胁都可能在全球扩散；（4）多部门协作对于预防和应对至关重要；（5）多学科方法有助于预防疾病发生；（6）科技既会带来解决方案和医疗进步，也会引发生物技术的恶意滥用。该战略明确提出了生物防御的五大类共23个具体目标。五大类主要包括强化风险意识、确保生物防御体系的能力、防范生物安全事件、确保快速响应、促进事后恢复。该战略涵盖了构成国家生物防御能力的一系列行动，为生物防御提供了一个完整的框架，这在国际上是独一无二的。

五、美国发展生物经济以确保世界领导地位

美国依靠先进的信息技术，在数字经济时代成为超级大国。美国提出："生物学将重塑世界领导地位""生物技术既是人道主义的需要，也是地缘政治的需要"。

2012年6月，美国发布《国家生物经济蓝图》，将生物学作为推动美国科技创新和经济发展的主要驱动力之一，并提出五大战略目标：（1）加大生物学领域研究和开发的资金支持力度，为未来生物经

济发展奠定坚实基础；（2）促进生物学相关成果从实验室到市场的转化；（3）发展和修改现有条例以减少生物经济发展的障碍；（4）促进相关学术研究机构结盟；（5）促进公私部门的伙伴关系和竞争关系的良性发展。[4]

为了进一步加大发展生物经济的力度，2020年1月，美国国家科学院、工程院与医学院发布《捍卫生物经济》，提出保护美国生物经济的相关战略。该战略对各国在生物经济领域的研发、创新与投资动态以及竞争格局进行了比较分析，指出随着其他国家对生物经济的投资不断增加，美国目前在生物经济领域的领导地位面临挑战。尤其在生命科学领域中计算和信息科学应用的落后，可能会扰乱美国在日益全球化以及数据驱动的生物经济中的领导地位。该战略还建议，为了保持世界领导地位，美国需要采取相关战略来应对美国生物经济风险以及确保为生物经济增长所提供的支持。[5]

第2节
建立了军民两用生物安全管理体系

美国在建立极为庞大的生物安全法规体系的同时，还通过规定不同部门的职责与任务，建立了涉及国防部、国土安全部、卫生与公众服务部、农业部、劳工部、国务院、交通部、美国国际开发署、美国环境保护署、司法部、自然科学基金会、退伍军人事务部等14个部门的生物安全管理体系，打造了世界上最庞大的生物安全管理体系。

联邦政府按照《国家生物防御战略》建立了专门的管理体系，包括生物防御指导委员会和生物防御协调小组。该战略要求设立生物防御指导委员会，并建立专门机制，以协调联邦政府的生物防御活动，持续评估战略实施效果。生物防御指导委员会由卫生与公众服务部部长担任主席，成员主要包括国务卿、国防部部长、司法部部长、农业部部长、退伍军人事务部部长、国土安全部部长和环保部部长。在美国总统的领导和总统行政办公室、国家安全委员会的协调下，卫生与公众服务部长负责《国家生物防御战略》的日常协调和执行。生物防御指导委员会主席将作为联邦政府战略执行的牵头人，总统国家安全事务助理则作为政策协调和审查的牵头人，对联邦政府的生物防御工作进行战略投入和政策监督。

美国建立了军民两套生物安全应急系统。美国于1984年建立了国家灾难医疗系统，该系统具有各种应急救援队，包括灾难医疗救援队、国家医疗反应队、灾难尸体处置队等。同时，军队也建立了一些核化生事件应急救援队，包括化生快速反应队、陆军技术护送队、化生事故反应队、国民警卫队伍大规模杀伤性武器民事支援队、陆军特种医疗反应队等。这些救援队装备精良，一些救援队还可以利用国家和军队从空中运输资源，在事件发生后迅速到达现场。

美国非常重视通过各种类型的演习来加强其生物防御能力。2001年6月，美国约翰·霍普金斯大学生物防御战略中心在华盛顿组织了一次代号为"黑暗的冬天"（Dark Winter）的反生物恐怖桌面演习，通过模拟隐蔽的天花袭击，检测高级决策者应对生物恐怖袭击的能力。2005年1月，美国匹兹堡大学生物安全中心在华盛顿组织了一次代号为"大西洋风暴"（Atlantic Storm）的反生物恐怖桌面演习，模拟了一次生物恐怖主义者针对大西洋两岸国家的天花生物恐怖袭击，讨论应对生物恐怖袭击的国际反应。此外，美国政府举行了高官（TOPOFF）系列大规模演习，通过演习来检验领导层的决策能力、新成立机构的作用、联邦机构间的协作能力、国际合作能力等。[6]

第3节
建立了世界上最庞大的生物安全技术体系

美国拥有世界上最先进的生物技术体系，不仅拥有全球生物技术领域90%以上的根技术（技术源头），相关学术论文数量、发明专利数量、顶尖人才数量、研发机构数量、研发经费等均居世界首位，而且在生物安全领域建成了世界上最庞大的技术体系、产业体系。美国的高等级生物安全实验室数量几乎占全球一半，近20年来生物安全投入高达1855亿美元，远远高于世界其他国家。

美国非常重视生物防御设施与能力建设，是世界上P3实验室和P4实验室最多的国家。

在美国生物防御体系中，美国疾病控制与预防中心、国家过敏症与传染病研究所、国防部下属研究所等研究机构，是美国生物安全科技体系的主要机构。美国疾病控制与预防中心位于乔治亚州亚特兰大，在传染病监测与病原体检测中发挥着重要作用，负责生物恐怖应对实验室网络和国家药品储备系统（见表5-2）。

表5-2 美国疾病控制与预防中心主要实验室

序号	名称
1	国家新兴与人畜共患传染病中心（NCEZID）
2	国家免疫与呼吸疾病中心（NCIRD）
3	国家艾滋病、病毒性肝炎、性传播疾病以及结核病预防中心（MCCHSTP）
4	全球卫生中心
5	国家出生缺陷和发育障碍中心
6	国家环境健康中心
7	国家职业安全和健康实验室

美国国家过敏与传染病研究所是美国生命安全、生物安全领域最重要的研究机构之一，位于马里兰州贝塞斯达，隶属于国立卫生研究院。该研究所主要进行病原微生物的基础研究及药品、疫苗、诊断措施等方面的研究，建立了生物防御和突发传染病区域研究中心、人类免疫学和生物防御转化医学研究合作中心、流感研究和监测中心、生物防御和突发传染病研究资源存储库以及疫苗和治疗药物评价机构、生物防御和突发传染病体外测试和动物实验等机构（见表5-3）。[7]

表5-3　美国国家过敏与传染病研究所资助的实验室与区域中心[8]

生物遏制实验室	生物防御和新兴传染病区域中心
塔夫茨地区生物安全实验室	哈佛大学新英格兰地区RCE
预测医学中心	纽约州卫生部东北沃兹沃恩RCE
科罗拉多州立大学RBL	中部大西洋区域RCE
乔治城大学RBL	大湖地区RCE
全球卫生研究大楼	得克萨斯州RCE
霍华德·泰勒·立克次（Howard T Ricketts）实验室RBL	中西部地区RCE
太平洋RBL	洛基山区域RCE
东南生物安全实验室	太平洋西南RCE
杜兰国家灵长类动物研究中心	西北地区RCE
密苏里大学哥伦比亚分校	—
田纳西大学RBL	—
新泽西医学院传染病研究中心	—

注：RBL为地区生物遏制实验室，RCE为生物防御和新兴传染病区域中心。

美国国防部下属机构拥有许多生物防御实验室，海陆空三军都有生物防御方面的设施和特长。美国陆军传染病研究所位于马里兰州德特里克堡，隶属于陆军医学研究与物资司令部，是国防部进行病原微生物医学研究的一个主要机构。埃基伍德化生中心位于马里兰州阿伯丁，是美国首要的非医学化学和生物防御研究机构，隶属于美国陆军研究、发展和工程司令部，其在化学和生物剂探测预警装置的研发方面具有明显优势。

国土安全部下属科学技术局管理着6个实验室，其中包括4个与生物防御相关的实验室（见表5-4）。

表5-4　国土安全部主要生物防御实验室

序号	机构	地点
1	化学安全分析中心	马里兰州阿伯丁试验场
2	国家生物防御分析与对策中心（NBACC）	马里兰州德特里克堡
3	梅花岛动物疾病中心	纽约州
4	国家生物和农业防御设施（NBAF）	堪萨斯州曼哈顿

除此之外，其他一些生物防御相关科研机构包括华尔特里德陆军研究所（WRAIR）、国防高级研究计划局、国防威胁降低局（DTRA）等。同时，哈佛大学、马里兰大学、得克萨斯大学以及一些国家实验室，如劳伦斯·利弗莫尔国家实验室、洛斯·阿拉莫斯国家实验室等也参与生物防御研究。

美国还建立了一批高水平的生物安全智库。生物防御两党委员会的前身为生物防御蓝带研究小组，成立于2014年，旨在全面评估美国生物防御工作的现状，并提出促进变革的建议。

生物防御两党委员会提出了一系列关于生物防御的建议报告，包括《国家生物防御蓝图》《生物防御指标》《保护动物农业》《曼哈顿生物防御计划：消除生物威胁》。美国还建立了高层次的生物安全委员会，这是美国保障生物安全的又一个重要举措。

新冠肺炎疫情暴发后，生物防御两党委员会认为：新冠肺炎疫情给美国敲响了警钟，美国应对生物威胁的脆弱性显露无遗，已经危及国家安全和国防安全。美国以攻克单一目标为核心的曼哈顿计划已无法满足现实需求，需要更广泛的、先发制人的、持续的努力来应对生物威胁，需要以阿波罗登月计划的动员规模来动员全国，应对重大挑战，实现多目标的突破性技术进步，在十年内消灭生物威胁。

2021年1月15日，生物防御两党委员会发布《阿波罗生物防御计划：战胜生物威胁》，建议美国政府紧急实施阿波罗生物防御计划，制定《国家生物防御科学技术发展战略》，每年投入100亿美元，重点开发疫苗、广谱治疗药物、新一代防护设备等15项关键技术，力争在2030年前终结重大传染病威胁。

第4节
实施了一系列生物计划

为了保障生物安全，美国先后启动了一系列生物安全防御计划，主要有生物盾牌计划、生物传感计划、生物监测计划、国家生物应急反应计划、国防部化学和生物防御项目等。

推出生物盾牌计划，防御生物恐怖。"9·11"事件敲响了美国生物安全的警钟，2004年美国国会通过了《生物盾牌计划法案》，目标是通过研究、开发、采办和存储针对炭疽芽孢杆菌、天花病毒、肉毒毒素等可能用于生物恐怖的烈性病原体，以及化学、放射和核袭击损伤的新一代疫苗、药物、诊断和治疗等医学应对措施，确保国家在遭遇威胁时能够快速、高效地应对，保护美国人民健康，保障国家安全。

《生物盾牌计划法案》的主要内容包括：准备特殊储备基金，采办生物防御应急医疗物资，建立国家战略储备；授权卫生与公众服务部和国土安全部通过资助支持科研机构、生物技术公司、制药企业等开展研发活动；授予国立卫生研究院更大的合同签订权，改善基础设施，加强研发能力；授权食品和药物管理局在紧急状态下可以开辟绿色通道，批准应用某些待批的可充当医疗物资的产品等。

美国政府为生物盾牌计划的拨款作为特殊储备基金，用于采办生物防御应急医疗物资，建立国家战略储备。根据美国《综合拨款法》，2004—2008财年，美国国会累计拨款33.92亿美元；2009财年，美国国会拨款21.75亿美元；[9]2014财年，美国国会拨款2.5亿美元。以上拨款额已达到58.17亿美元。2010年，生物盾牌计划的管理权由卫生与公众服务部移交至国土安全部。2013年，国土安全部提议向生物盾牌计划再次追加28亿美元拨款，该计划是目前全球投入资金最多的生物安全计划。

实施生物传感计划，提高公共卫生安全事件监测能力。生物传感计划在美国公共卫生信息网络中起早期监测作用。该计划是美国公共卫生信息网络的重要组成部分，主要目的是提高国家快速监测公共卫生紧急事件，特别是生物恐怖事件的能力，包括快速发现、判定数量、确定位置等。美国疾病控制与预防中心公布的数据显示，生物传感计划的监测范围包括11种症状组：肉毒毒素中毒症状、出血性疾病、淋巴结炎、局部皮肤损伤、胃肠道症状、呼吸系统症状、神经系统症状、皮疹、异常的感染、发热、感染造成的严重疾病等。[10]

推进生物监测计划，监测空气中的病原体。2001年的"炭疽邮件"事件增加了美国政府和公众对于恐怖主义者使用生物武器袭击的担心。对许多病原体来说，早期的应对，特别是症状发生前的应对是非常重要的。2003年，美国建立了国家应对生物恐怖袭击的早期监测计划——生物监测计划。该计划由国土安全部负责，目的是监测空气中病原体的释放，为政府和公共卫生机构提供潜在的生物恐怖事件的预警。该计划包括三个主要组成部分，每一部分由不同的联邦机构完成，其中美国环境保护署负责取样，美国疾病控制与预防中心负责实验室样品检测，联邦调查局负责恐怖袭击的应对。[11]

实施国家生物应急反应计划，多部门协同应对突发事件。国家生物应急反应计划主要针对国内出现的突发事件建立全面应对能力，涉及国土安全、应急管理、法律执行、消防、公共建设、公共卫生、应急反应及恢复重建、医学救援等诸多方面，并将上述多方面问题纳入一个框架来统筹考虑。该计划包含一个生物突发事件附录，该附录指出了在对国家有重要影响的已知或未知原因的疾病暴发后各部门的职责及作用，还列出了生物突发事件发生后的反应机制，包括威胁评估、信息通报、实验室检测、联合调查及恢复重建相关工作。该计划针对的目标包括了所有的生物威胁，即生物恐怖、流感暴发、新发传染病及其他病原体引起的传染病暴发。[12]

启动国防部化学和生物防御项目，加强技术与物资储备。美国国防部化学和生物防御项目在1994年启动，目的是将化学与生物防御管理集中于国防部统一管理之下。其主要研发项目包括：①感知：包括联合生物点监测系统、联合生物遥测系统、核化生侦查装置、联合化学毒剂监测器等；②防护：主要包括联合疫苗研发计划、联勤轻型联合防护服技术、联勤通用防护面具、化学生物防护掩体等；③恢复：主要包括联合生物剂鉴定与诊断系统、解毒剂与神经性毒剂自动注射针、联勤移动洗消系统等；④决策：主要包括联合效应模型、联合预警与报告系统网络等。[13]

推出阿波罗生物防御计划。2021年9月3日，美国白宫发布《美国大流行病防范：转变我们的能力》[14]，该报告指出科学技术是保障生物安全的根本手段，可以利用科技从根本上转变美国应对生物威胁的能力，标志着美国阿波罗生物防御计划的正式落地。该计划在疫苗、诊断、治疗3个方面，提出9个方向，21项关键技术（见表5-5）。

表5-5　阿波罗生物防御计划的创新重点

类别	方向	关键技术
疫苗	疫苗设计、测试和批准	对所有病毒家族选择代表性病毒进行密集研究
		快速开发疫苗的可编程平台
		确定最佳疫苗设计的最佳病毒靶标
		几十种候选疫苗的动物模型测试
		在动物模型中确定疫苗的替代物（例如：中和抗体）
		候选疫苗的小规模临床试验
		靶向多种病毒蛋白或遗传变异的疫苗
		针对病毒家族开发通用疫苗
		创建大规模临床试验的基础设施
		利用数字筛选、远程等级和远程监测构建
		疫苗安全监管和上市后安全监测监督
	疫苗生产	基于可编程平台的大规模疫苗生产能力
		开发和简化疫苗接种所需材料的方法
	疫苗分发	简化疫苗的分发和交付，包括消除对冷链的需求
	疫苗接种	简化疫苗管理，开发无针疫苗等输送方式
	疫苗适应性	研发快速更新疫苗的方法，应对病毒突变
治疗	抑制病毒关键功能	针对病毒的小分子药物疗法开发
		针对特定病毒的可编程RNA治疗方法的快速开发
	中和抗体	抗病毒单克隆抗体的大规模可编程制造
	控制感染反应的药物	针对感染后个体各种不良反应（如免疫应激）开发药物
诊断	诊断测试开发	快速、准确、便捷、高通量、能针对新的或多种病原体随时修改的诊断平台

　　美国预计在未来7~10年内对该计划投资653亿美元，资金将直接拨给卫生与公众服务部新设立的任务管理办公室。该办公室负责监督资金、管理方案、执行和问责，白宫和国会密切监督其运行（见

表5-6）。

表5-6　阿波罗生物防御计划预计各项资金投入

序号	类别	金额（亿美元）
1	疫苗研发、制造、交付	242
2	治疗药物和方法	118
3	诊断	50
4	生物威胁预警	31
5	实时监测	23
6	美国公共卫生系统	65
7	全球卫生安全能力	28
8	个人防护装备	31
9	医疗物资生产能力	21
10	生物安全和生物安保	20
11	完善监管能力	16
12	项目管理	8
	总计	653

　　阿波罗生物防御计划是世界上至今投资最大、目标最高的生物安全计划，其管理主要包括两个方面。一是建立美国任务控制中心，统一管理。任务中心有责任和权力制订、更新和执行具有客观和透明任务的计划；定期评估和报告进展，包括设立独立的科学小组；定期开展演习，评估国家大流行病的防范情况。二是加强国际协调，激发全球对国际生物防御能力的支持和投资，以遏制任何地方出现的大流行威胁；建立一个国际科学技术专家组，审查全球大流行病防范目标的进展情况。

第5节

近20年对生物安全投入1855亿美元

近年来，美国将生物安全逐渐扩大到卫生安全的范围，相关投入分散在军方与民用，军方的投入没有相关资料。在民用方面，卫生安全计划资金主要分为五类，分别为生物安全、放射和核安全、化学安全、大规模流感和新发传染病、多重危害及准备。2010—2019财年，联邦政府对民用卫生实验计划总共投入1362.1亿美元[15]（见表5-7），平均每年投入高达136.2亿美元；2001—2019财年，联邦政府对民用卫生安全计划总共投入493.3亿美元[16]。那么2001—2019财年，联邦政府向民用卫生安全计划投入资金高达1855.4亿美元。

表5-7　2010—2019财年联邦政府民用卫生安全计划资金　　　单位：百万美元

领域	2010年	2011年	2012年	2013年	2014年	2015年	2016年	2017年	2018年	2019年
生物安全	1535.7	1729.2	1805.4	1755.6	1966.0	2219.0	1757.5	1659.1	1663.6	1613.7
放射和核安全	3423.9	2638.6	2623.8	2075.7	1912.1	2007.4	2561.2	2564.7	2541.6	2384.3
化学安全	488.1	494.7	400.4	443.1	485.6	409.9	446.6	419.9	402.5	396.1
大规模流感和新发传染病	1302.0	962.0	963.2	969.3	1138.7	1140.3	1332.2	1381.0	1472.7	1587.6
多重危害及准备	7996.9	7457.4	7623.9	7515.8	7501.1	7316.8	8014.5	7933.5	8156.5	7619.1
总计	14746.6	13281.9	13416.7	12759.5	13003.5	13093.4	14112.0	13958.2	14236.9	13600.8

2019年，美国在生物安全、放射性和核安全、化学安全、大规模流感和新发传染病以及多重危害和准备五个民用卫生安全相关领域投入高达136.008亿美元，其中：生物安全是16.137亿美元，占12%；放射性和核安全23.843亿美元，占17%；多重危害和准备76.191亿美元，占56%；大规模流感和新发传染病15.876亿美元，占12%；化学安全3.961亿美元，占3%（见图5-1）。

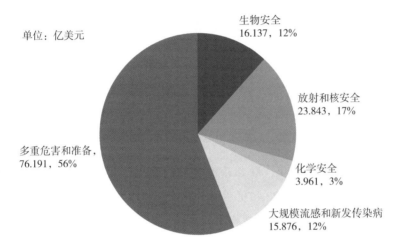

图5-1　2019财年联邦政府民用卫生安全计划资金使用情况

从联邦政府卫生安全计划使用的部门来看，2010—2019财年，联邦政府民用生物安全计划累计使用资金177.048亿美元。2019财年，联邦政府民用生物安全计划资金为16.137亿美元，其中，国土安全部使用7.319亿美元，国防部使用6.000亿美元，卫生与人类服务部使用2.668亿美元，农业部使用0.15亿美元（见表5-8）。

表5-8　2010—2019财年联邦政府民用生物安全计划资金　　　　　　单位：百万美元

部门	2010年	2011年	2012年	2013年	2014年	2015年	2016年	2017年	2018年	2019年
国防部	573.1	692.3	891.1	825.7	1035.6	889.8	750.2	633.9	707.8	600.0
国土安全部	713.1	623.9	654.8	642.6	614.9	1016.4	693.5	720.4	651.0	731.9
卫生与人类服务部	234.5	398.0	244.5	246.3	271.8	266.8	266.8	266.8	266.8	266.8
农业部	—	—	—	26.0	27.0	31.0	32.0	38.0	38.0	15.0
国家科学基金会	15.0	15.0	15.0	15.0	16.7	15.0	15.0	—	—	—
总计	1535.7	1729.2	1805.4	1755.6	1966.0	2219.0	1757.5	1659.1	1663.6	1613.7

　　2010—2019财年，联邦政府各部门民用大规模流感和新发传染病计划资金达到122.49亿美元，其中，2019财年，该计划资金为15.876亿美元，主要使用机构为卫生与人类服务部，达到14.502亿美元（见表5-9）。

表5-9　2010—2019财年联邦政府民用大规模流感和新发传染病计划资金　单位：百万美元

部门	2010年	2011年	2012年	2013年	2014年	2015年	2016年	2017年	2018年	2019年
卫生与人类服务部	1146.0	914.1	905.2	914.4	1066.6	1067.8	1237.5	1260.2	1333.0	1450.2
美国国际开发署	156.0	47.9	58.0	54.9	72.1	72.5	72.5	72.5	72.5	72.5
国防部	—	—	—	—	—	—	22.2	48.3	67.2	64.9
总计	1302.0	962.0	963.2	969.3	1138.7	1140.3	1332.2	1381.0	1472.7	1587.6

第6节

揭一揭德特里克堡生物实验室面纱

新冠肺炎疫情暴发以后，鲜为人知的德特里克堡生物实验室成了全世界关注的焦点。它究竟在干什么，为什么不让人去看、去查？美国两届政府拼命将新冠病毒溯源问题政治化，他们究竟想做什么？

美国陆军传染病医学研究所，又称德特里克堡生物实验室，是美国防御性生物化学武器的研究基地，位于马里兰州弗雷德里克，是美国国防部下属最大的生物安全研究部门，拥有生物安全最高等级实验室。公开资料显示，它主要研究可能威胁美国军队或公共健康的细菌和毒素，并调查疾病的暴发。联邦政府有4个内阁级的机构常驻德特里克堡生物实验室，包括国防部、司法部、农业部和卫生与人类服务部。该基地曾经执行美国的生物武器计划，在《禁止生物武器公约》签署之后，美国也把研制生物武器改为防御生物恐怖与生物战。

一、成立以来做过什么

德特里克堡成立以来做过什么，其实是一个谜，我们只能从公开的资料中窥见一斑。

1942年，美国陆军雇用了威斯康星大学的生物化学家艾拉·鲍德温（Ira Baldwin）秘密开发生化武器，并要求鲍德温为新的生物研究综合体寻找适合的场所。鲍德温选择了当时被废弃的国民警卫队基地，命名为"德特里克试验田"。1943年，美国陆军宣布将其改名为"德特里克营地"，并将其指定为陆军生物战实验室的总部，同时购买了几个相邻的农场，以保证更多的空间和隐私。

获取了日本731部队的资料。1945年9月，美国派德特里克堡基地的细菌战专家桑德斯调查日本细菌战有关情况。此后几年，美国又陆续派出了汤普森、费尔等人，与包括731部队头目石井四郎在内的731部队主要成员进行接触，了解细菌战。1947年9月，美国国务院向当时美国驻日最高司令麦克阿瑟做出指示，为了获取石井四郎等人掌握的细菌实验资料，可以"不追究石井四郎及其同伙的战争犯罪责任"。美日之间达成了秘密交易，美国以豁免731部队战犯战争责任为条件，得到了731部队进行人体实验、细菌实验、细菌战、毒气实验等方面的数据，并为此支付了25万日元。这些数据和资料，包括大量731部队的实验报告书，以及有关用细菌武器进行活人试验和活人解剖的病理学标本和幻灯片等。档案显示，731部队进行人体实验的鼻疽菌、炭疽菌和鼠疫菌实验报告的封面，都有"马里兰州德特里克堡基地生物实验室化学部队研究与开发部"的字样。为了获取生物实验数据，美国包庇二战战犯，向世界隐瞒石井四郎以及731部队的滔天罪恶。

美国秘密研制生物战剂，进行人体试验。1956年，德特里克堡生物实验室正式定名。此后，它依然被保留为戈特利布的化学基地，用来开发和储存中情局的毒药。戈特利布在冰柜中储存着可能引起天花、结核、炭疽等的致病生物制剂，以及大量有机毒素，包括蛇毒和麻痹性贝类毒素。《镰仓协议》签署之后，美国人聘请石井四郎为德特里克堡生物实验室的高级顾问，并将那里的一栋大楼命名为731，供石井四郎研究使用。后来在石井四郎怂恿下，德特里克堡生物实验室最高负责人鲍德温终于突破底线，在美国本土用活人进行了细菌试验。[17]

二、新冠肺炎疫情前发生了什么

2019年7月，德特里克堡生物实验室被关闭，这并不是首次出事故。美国媒体报道，20世纪90年代初，德特里克堡生物实验室就曾发生炭疽等致命菌株、毒株丢失事件。

中国外交部多次对德特里克堡生物实验室发出质疑：在德特里克堡关闭后，周围地区便暴发了所谓"电子烟疾病"，随后的流感更是造成多人丧生，美国曾有人表示不排除部分流感病例实际上是感染了新冠病毒，请问德特里克堡生物实验室关闭与此有何关联？美国如此关心病毒溯源问题，那么关于德特里克堡基地与"电子烟疾病"等相关问题，美国是否也能给出一个令人满意的回答？[18]

2020年3月，网友在白宫网站上请愿，要求美国政府公布关闭德特里克堡生物实验室的真正原因，澄清该实验室是不是新冠病毒的研究单位，以及是否存在病毒泄漏等问题，然而美国选择了默不作声。3月27日，德特里克堡生物实验室全面恢复运行，并获得了联邦政府高达9亿美元的拨款，以研发新冠病毒疫苗。[19]

三、病毒溯源政治化的目的

美国前总统特朗普扬言要中国为新冠肺炎疫情赔款60万亿美元，[20]拜登政府则要推翻世界卫生组织关于新冠病毒"极不可能为实验室泄漏"结论，扬言要再赴中国调研病毒起源，并命令美国联邦调查局在90天之内提交新冠病毒来源的报告，把科学问题政治化，将病毒作为政治手段，遏制中国崛起。

中国政府允许、支持世界卫生组织的专家对武汉国家生物实验室开展调查，也允许外国科学家在武汉国家生物实验室开展研究工作，而美国却不允许他们在德特里克堡生物实验室开展调查、研究。

第7节

防控新冠肺炎疫情时为何将一副好牌打烂

美国拥有世界一流的医疗体系、一流的生物技术体系、一流的工业体系，制定了全球最复杂的生物安全法规体系，拥有全球最多的高等级生物安全实验室，并自称拥有世界最优越的社会制度及体制机制。为什么防控新冠肺炎疫情时，美国成为全球感染人数最多、死亡人数最多、经济损失最大的国家？

一、政府决策多变

新冠肺炎疫情暴发以后，美国重视不够、应对缓慢、决策多变，错失了防疫的最佳窗口期。当欧洲疫情蔓延时，白宫的基调则是"无须恐慌"，并没有及时对欧洲重灾区进行必要的旅行限制。统计数据显示，2020年2月，近200万欧洲旅客进入美国，其中，意大利旅客有近14万人，造成美国疫情蔓延。

究竟"戴不戴口罩"？美国做这个决策竟然用了近两个月。相比中国政府决定武汉"封城"，这一决策有些慢。新冠肺炎疫情初期，美国一些政客在看中国人的笑话，对本国防疫漫不经心，同时，美国政府决策多变。美国时任总统特朗普曾经说"我才最了解这个病毒"，还安慰美国民众不用戴口罩，病毒会自然消失，和流感差不多。众议院议长和一些政客甚至对中国出现疫情幸灾乐祸，甚至有议员提出抓住疫情机遇"让美国制造业回归"。

二、体制存在缺陷

一是联邦政府各部门之间缺乏协调。在卫生治理架构方面，美国政府仅依靠疾病控制与预防中心，未能有效调动其他联邦政府部门。在奥巴马时期，美国设立过一个全球卫生安全小组，负责协调国土安全部、疾病控制与预防中心、卫生与公众服务部等机构之间的合作，但2018年特朗普政府解散了这个专职部门。美国前国土安全部长也认为：特朗普政府没有能够像奥巴马时期暴发H1N1流感那样，认真地应对新冠病毒流行，而是放弃了国家安全委员会统筹卫生资源这种好的传统做法。直到白宫成立特别工作组以后，我们才看到政府统筹协调组织应对行动。

二是联邦政府与州政府各自行其事。总统与州长都是民众选举的，联邦政府与州政府其实没有隶属关系，对于联邦政府制定的政策，州政府完全可以不服从。各州各自为政，全国难以统一防疫政策与行动，是造成疫情控制效果差的又一个重要原因。共和党的总统特朗普和民主党的纽约州长科莫多次公开唱反调。对用不用中国口罩、呼吸机等防疫物资，各州政策也不一致，导致许多州防疫物资缺乏。

美国联邦体制下各州享有较大的公共卫生事务自主权，联邦政府在一般情况下无权直接命令各州。对于美国疾病控制与预防中心的社交隔离倡议，各州也没有严格遵行。联邦与州之间、各州之间的公共卫生体系缺乏必要的协调，面对疫情导致的重大公共卫生危机，只能零敲碎打式地进行疫情防控。有美国学者将本次疫情防控工作总结为"补丁式防疫"，从联邦到各州再到地方，疫情防控措施呈现碎片化态势，行动模式如打"补丁"。[21]

三、民众散漫，物资缺乏

部分美国民众不配合防疫工作，既不居家隔离，也不戴口罩，甚至上街游行反对隔离，加剧了新冠肺炎疫情在美国的流行和失控。很多人至今不相信病毒的存在，也不接受戴口罩、接种疫苗等。不配合防疫措施和"反智主义"交织在一起，不间断地游行示威成为这些人表达所谓"自由"的方式，也成为人群交叉感染的沃土。

美国占据世界第一制造业大国的地位长达125年，为了提高经济效益，把利润不高的制造业转移出去，寻找海外"代工"。长期以来，制造业增加值只占美国GDP的11%。新冠肺炎疫情暴发后，许多美国公民开着宝马车却买不到口罩，繁华的纽约市缺乏呼吸机、抗生素等防疫物资，加上防疫物资产能恢复慢等，美国一度相当缺乏防疫物资，严重影响了防疫效率。

四、缺少互助文化

中国有互帮互助的文化传统，当遇到疫情等灾难时：在家庭成员之间，老人帮助子女，子女照料老人；同事、朋友之间，也相互帮助和相互支持。美国更流行"独立"文化，当遇到疫情等灾难时：在家庭成员之间，成年之后的子女与父母的关系相对松散；在同事、朋友之间，较少有金钱互助。疫情暴发后，许多美国人只能靠政府发放的经费维持生活，抵御灾害的持久力明显不足。因此，中国百姓依靠互助的文化传统有效渡过了"居家隔离，没工作、没收入"的困难时期，而不少美国人不得不依靠政府发钱救济。

当然，这绝不是说美国在防控新冠肺炎疫情中乏善可陈，我们更不能因为疫情防控的不力小看了美国的经济实力、科技实力，以及美国科学家尊重事实的科学精神和美国人民爱好和平的文化诉求。美国许多科学家、民众都反对政府将病毒溯源政治化。美国国立卫生研究院公开发表论文，新冠病毒早在2019年12月就在美国低水平传播。

美国新冠病毒检测、疫苗的研制都走在世界前列，特别是世界上第一个RNA疫苗的研发成功，代表着当今世界疫苗研制的最高水平。美国政府拿出2000多亿美元发放给民众，也体现了美国的经济实力。

我们相信，有先进的科学技术、发达的制造业体系、雄厚的医疗资源，有广大民众重诚信、善良的品德，有科学家追求真理的科学精神，美国不仅能够成功防控新冠肺炎疫情，而且能够变得更好。和平的世界需要美国，发达的世界更需要美国。

第 5 章　美国认为生物威胁是本国的最大威胁

第6章
一些国家曾研制或使用生物武器

人类将微生物、生物作为武器已有较长的历史，比如人类很早就用涂抹毒素的弓箭捕猎动物，俄国军队在1710年围攻瑞典雷瓦尔城时曾向该城扔抛因瘟疫而死的尸体[1]，但人类有目的地研究生物武器则从近代开始。有关史料显示，德国在第一次世界大战期间曾研制和使用细菌武器，侵华日军曾研究并使用生物武器侵害中国人民[2]；二战期间，英国曾在格鲁伊纳岛试验过炭疽杆菌炸弹[3]；苏联曾经研制生物武器并出现泄漏事件[4]。许多曾经研制过生物武器的国家，由于知道生物武器的危害性，所以近些年都十分重视生物安全的立法、管理与研究工作。

第1节

日本曾经研制并使用生物武器

日本在第二次世界大战期间开展了惨绝人寰的生物武器研制计划，其731部队开展了人体细菌实验，在中国犯下了滔天罪行。日本也是生物恐怖的受害国，日本奥姆真理教曾多次尝试部署各种生物武器。[5]、[6] 为了防止生物安全事件发生，日本制定了完善的法律法规体系和清晰的组织管理体系，以有效保障生物安全。

一、二战期间曾研制并使用生物武器

日本是最早研究生物武器的国家之一。日本虽然在1925年就签署了《禁止在战争中使用窒息性、毒性或其他气体和细菌作战方法的议定书》(亦称《日内瓦议定书》)，[7] 但却在暗地里开展细菌武器研究。1932年4月，日本军方正式建立细菌研究室，当时对外称之为"防疫研究室"，负责人是石井四郎。随后，日本在中国建立了多个生物武器研发机构。1932年8月，石井四郎在中国五常市背荫河建立了第一个细菌实验室。1936年，该细菌实验室转移到哈尔滨以南20公里，对外称"关东军防疫给水部队"(1941年，对外改称"满洲第731部队")。随后，日本又组建了长春的第100部队、敦化的第516部队、南京的"荣"字第1644部队、北平的"北支甲"第1855部队、广州的"波"字第8604部队，总计有2万余人。[8] 其中，731部队是细菌战主要战剂的制备中心，仅1939—1942年生产的致病菌就达到了600多千克。[9]

日军在中国实施了多起细菌战。据估计，在1943年8月至10月的细菌战中，1885部队导致的死亡人数高达42万。中国著名公共卫生学家、近代卫生事业的奠基人金宝善教授指出，日军曾将感染鼠疫病菌的物品投放到宁波、朱仙、金华、常德、绥远等地。[10]日军还将霍乱弧菌投放于承德，不仅导致10000多名中国人失去生命，还自食其果使约1700名日本兵死亡。[11]

二、二战之后十分重视保障生物安全

第二次世界大战之后，为了保障生物安全，日本加速建设生物安全保障体系。

建立了职责清晰的管理体制。日本卫生劳动福利部（厚生省）为主要负责机构，由中央、都道府县、市町村三级卫生相关部门及其所属机构共同组成。值得一提的是，设置于地方的保健所，在日本突发公共卫生事件应急管理中起到了中枢纽带的作用。当此类应急事件发生时，卫生健康劳动部主管局负责人和保健所所长会在当地设立指挥部，直接在卫生健康劳动部的领导下开展工作，这极大减少了信息层层传递带来的时间成本，提高了决策效率，从而确保将事件限制在最小范围内，使危害程度降到最低。

颁布了一系列法律法规。日本围绕传染病防控、食品药品安全、公共卫生等颁布了一系列法律法规，比如《传染病预防与传染病患者的医疗法》《检疫法》《关于细菌武器（生物武器）和毒素武器的开发、生产和储藏的禁止和废弃的条约》，以及确保生物多样性的相关法律和植物防疫法施行规则等。

建立了坚实的产业基础。日本非常重视生物产业发展，先后出台了一系列政策与措施以加速发展生物产业。1971年4月，日本科学与技术委员会建议政府促进生命产业的发展；1973年，日本科学技术署成立了生命科学发展促进办公室；1982年，日本国际贸易与产业部成立了生物产业办公室，负责化学、生物等方面的工作[12]；1988

年，日本政府提出以信息、生物技术等产业为主导的口号。

值得重视的是，1999年1月，日本签署《开创生物技术产业的基本方针》，提出将"生物技术产业立国"战略作为新的国家目标。2002年，日本又发布了《生物技术战略大纲》，时任首相的小泉纯一郎亲自兼任生物技术战略委员会主任。2008年，日本发布《促进生物技术创新根本性强化措施》，进一步强化发展生物产业的措施。2019年推出的《生物战略2019》，是日本继《生物技术战略大纲》之后再次推出的国家生物技术发展新战略。在一系列政策的推动下，日本生物技术及产业获得了快速发展，这为其保障生物安全打下了坚实的基础。日本的医药市场位列全球第三，生物制药技术竞争力居全球第七。

大力加强生物技术创新。日本非常重视生物安全相关技术研发。2000年，日本防卫厅曾以朝鲜威胁为由，在陆上自卫队总部设立"生化武器对策会议本部"，并于2002年实施《中期防御力整备计划》，当年投入经费50亿日元。[13]

为了进一步应对生物安全，日本文部科学省在2015年就开始拨付特别领域研究补助金，资助开展"全球传染病等生物威胁的新冲突领域研究"项目。据了解，该项目由日本国立保健医疗科学院负责，参与单位包括日本防卫医科大学、东京工业大学、国家传染病研究所、防卫研究所等，重点关注生物安全现状与全球治理、生物安全与病原体管理、合成生物学与基因工程的生物安全、两用生物技术的生物安全研究与教育四个领域。

建立了防范重大疾病的管理体系。日本在20世纪90年代后期就开始构建生物防备和防御安全体系。2000年年初，日本开始建立疾病控制系统，加强了生物预防。尤其是在申办奥运会成功后，日本对生物防卫技术的研究开发力度逐渐加大，目的是构建安全的社会体系，建立大型流行病和传染病防卫体系，以保障2020年东京奥运会和残奥会的成功举办。日本的主要做法是：

第一，明确政府管理职责。日本卫生劳动福利部是日本人类传染病和病原体方面的主管部门，其有关传染病的法律涉及生物安全的两大支柱：传染病和病原体的监测以及病原学处理的监管。日本卫生劳动福利部负责在海外入境点对人类、食品和其他媒介生物进行感染筛查检疫。日本农林水产省负责与动植物有关的健康问题，特别是与病原体范围内的牲畜有关的问题，以促进畜牧业的可持续发展。日本司法部负责与生物武器发明相关的《禁止生物武器法》。

第二，建立生物安全监管框架。日本生物安全监管涉及三个实体：物质实体、人类实体和信息实体。[14]按照日本《传染病防治法》的规定，病原体和类似物质分为四类，其中：第1类病原体有6种，只有政府和国家法令规定的机构才能拥有和使用，其他机构被严格禁止；第2类病原体有6种，需要批准才能拥有和使用；第3类病原体有25种，管理相较第2类稍宽松，需要在7天内在日本卫生劳动福利部登记注册；第4类病原体有18种，只要遵守国家相关标准即可拥有和使用。

三、防控新冠肺炎疫情缺乏自主疫苗

日本近年来在一些生物技术领域进入了国际前列，获得了多项诺贝尔生理或医学奖，但在防御新冠肺炎疫情中，日本并没有研发出自己的疫苗，原因何在？

第一，政府支持力度不够。一是政府平时重视程度不够，仅把疫苗研发纳入公共卫生，而没有出台针对疫苗研发的应急管理政策。二是缺乏应对国内紧急医疗危机的主导机制，没有开展可有效指导和支持本国研发机构应对危机的药品研制工作。[15]三是主管部门怕承担责任，不愿加快审批，要求必须按规定开展大规模临床试验。

第二，企业缺乏研发动力。一是有前车之鉴，2003年日本企业投资研发SARS疫苗，但蒙受损失。二是政府与美国和英国的制药公司签订了1.3亿人份的疫苗订单，企业认为没有必要自主研发疫苗。

第三，市场估计不足。一是由于日本人口不多，企业对疫苗市场估计不足，加上国际竞争激烈，日本很难实现大规模出口，这导致企业业基本不愿意研发疫苗。二是日本在麻腮风三联疫苗诉讼后[16]，出现了很长时间的"疫苗空白期"，由于长时间得不到市场支持，企业研发人员、工艺开发人员以及生产制备人员等纷纷流失。

第2节
德国曾经研制并使用生物武器

德国是20世纪第一个发动生物战的国家，深知生物武器对生物安全、生命安全的危害，所以十分重视生物安全的立法与管理。

一、二战期间曾研制并使用生物武器

德国陆军总参谋部原处长鲁登道夫在《总体战》中提出用生物战进行无差别攻击是德国总体战思想的体现。[17]早在第一次世界大战期间，德国就开始利用某些微生物（如细菌、病毒等）的致病性研制生物武器[18]，曾先后在美国、罗马尼亚、西班牙、挪威等国用炭疽杆菌、马鼻疽杆菌感染向协约国运输资源的军用骡马。

二战期间，纳粹在纳粹集中营中用犹太人、吉卜赛人以及波兰等国的战俘做人体实验。根据纽伦堡审判的起诉书，主要实验有：骨骼、肌肉和神经移植实验；将结核分枝杆菌注射入囚犯肺部的结核实验；将战俘暴露在芥子气等糜烂性毒剂中的芥子气实验；将人用各种细菌感染后对其施用磺胺类药物的药效实验；让吉卜赛人只能饮用海水的实验；用X射线、手术和药物对身体畸形的人进行绝育实验，以"预防后代基因缺陷"；测试各种毒药效果的毒药实验等。[19]

二、建立了完善的生物安全法规体系

为了保障生物安全，特别是生物实验室安全，德国先后制定了一系列相关法规与政策，形成了较为完善的生物安全法规体系（见表6-1）。

表6-1 德国有关生物安全的法规与政策

涉及内容	法规与政策
基于安全考虑的生物制剂和毒素清单	《战争武器管制法出口清单》《理事会关于双重用途的条例第428/2009 号》
处理生物材料的许可或通知	《生物物质条例》《感染保护法》《基因工程法》《动物病原条例》《生物安全条例》《实施化学武器公约（化学武器公约）的法规》
个人可靠性或安全性审查	《感染保护法》《动物病原条例》《基因工程法》《安全审查法》《安全审查识别规定》
安全或安全存储	《生物安全条例》《技术规则100》
文献资料	《基因工程法》《生物安全条例》
访问控制	《生物安全条例》
转移或移交	《感染保护法》《动物病原条例》《动物病原体进口条例》
进出口控制	《对外贸易和支付法》《实施〈对外贸易和支付法〉的法规》《欧盟理事会关于两用的第428/2009 号法规》《感染保护法》《动物病原体进口条例》
安全运输	《危险品运输法》《道路、铁路和内陆水道危险品条例》《海上危险货物运输条例》《安全审查法》《安全审查识别规定》
设施登记	《感染保护法》《动物病原条例》《基因工程法》《生物安全条例》
个人登记	《生物安全条例》《感染保护法》《动物病原条例》《安全审查法》《安全审查标识条例》
动物疾病控制	《动物疾病法》
植物疾病控制	《植物保护法》

出台《感染保护法》，为防控传染病奠定法律基础。该法将感染风险分为四个风险组：一是不太感染人、不可能造成人类疾病的生物，比如酿酒酵母、枯草芽孢杆菌；二是感染人并可能引起人类疾病，但不太可能传播到社区，可以进行有效防控的生物，比如脊髓灰质炎病毒、大肠杆菌等；三是可能造成严重的人类疾病的生物，会对人造成严重危害，并可能在社区传播，通常可以有效地预防或治疗，比如结核分枝杆菌，炭疽杆菌；四是容易导致严重的人类疾病的生物，会对人造成严重危害，可能会给社区带来高风险，通常没有有效的预防或治疗方法，比如埃博拉、痘病毒。

出台《生物物质条例》，明确了各类危险生物的管理办法。该条例规定了严格的存储、转移或者运输以及处理等规则。

加强生物安全实验室的安全管理。德国非常重视对生物安全实验室的安全管理，在《技术规则100》（实验室中涉及生物制剂的特定和非特定活动的保护措施）中，管理部门将实验室生物安全分为四个风险等级以及相对应的防护等级。比如，开展3级、4级保护活动需要获得官方许可，开展2～4级防护工作前必须制定当出现操作中断或事故时所需的措施，工作人员需要称职、可靠，实验室的用人单位必须向地方当局报告每起事故，等等。

制定了严格的生物安全检查制度。根据《安全审查法》和州法律法规对生物安全重要设施进行安全检查，以遏制安全敏感地区可能出现的危险。检查受托人对在安全敏感地区活动的人员进行检查，以防止生物安全相关物品的滥用。

注重对与危险生物接触或者使用的人的审查。德国对接触危险生物的个人进行可靠性或安全性审查，出台了《感染保护法》《动物病原条例》《基因工程法》《安全审查法》《安全审查识别规定》等法规，以加强对危险生物接触者、使用者，以及危险生物乱用、误用或者别有用心的使用的管理。

三、特别重视生物安全技术创新

德国非常重视对生物安全类项目的研究。2002年，七国集团在加拿大卡纳纳斯基斯峰会上发起了题为"防止大规模毁灭性武器和材料扩散的全球伙伴关系"的七国集团倡议。2013年，德国联邦外交部启动了为期三年的"德国生物与健康安全卓越伙伴计划"。该计划旨在帮助伙伴国家应对生物威胁，例如故意滥用生物病原体和毒素或高致病性疾病和流行病的暴发。主要执行机构是科赫研究所（Robert Koch Institute）、德国国际合作学会（Deutsche Gesellschaft für Internationale Zusammenarbeit）以及联邦国防军微生物研究所（Bundeswehr Institute of Microbiology）。该计划2013年至2019年的预算超过4500万欧元，2020年至2022年的预算约为1672万欧元。[20]

德国不仅十分重视生物安全研究工作，而且具有很高的创新能力。例如，新冠肺炎疫情防控期间，德国企业在世界上较早地完成了新冠病毒疫苗的研发。同时，德国在生物多样性保护、生态环境保护方面做了大量的研究工作，并有效地改善了生态环境，使自身成为自然环境保护最好的国家之一。

四、防控新冠肺炎疫情有得有失

德国在防控新冠肺炎疫情工作中，体现出生物安全相关法规完善、生物技术先进、医疗资源充足、民众公共卫生素质高的优势，其防控工作紧张有序，防控效率高，疫苗、检测试剂的研制速度快、质量高。与此同时，德国在防控新冠肺炎疫情时也出现疫情多次反复的情况，除了病毒传播快、变异多等自然原因，其防控工作也暴露出一些不足。

协调行动不力。由于德国社会制度赋予各联邦州在卫生防疫和文化教育领域的高度自治权，联邦政府的防疫政策与指南往往是建议性的，是否采纳由各州政府、地方县市政府和卫生部门自行确定，这导致各州在防疫及公共事务中的协调行动不力，防疫效果大打折扣。

早期措施宽松。在疫情早期，德国对散发病例并没有给予足够重视，仅以"普通流感"的经验应对，民众也依然按照一贯的价值观和方式做事，反对封城，抵制戴口罩，对部分防疫措施不以为然，政府仅取消了千人以上的大型群体性聚集活动，部分影剧院也仅限制人数不得超过999人。[21] 这种宽松的政策导致了2020年4月后德国疫情的暴发。

防疫物资储备不够。联邦在采购、储备和调配防护用品方面发挥的作用有限；真正位于行动层面的地方卫生部门在人员和资金上始终存在短缺问题，防疫工作捉襟见肘；全德重症床位数量和医护人员力量分布不均，联邦制增加了调动空余资源驰援疫情最危急地区的难度。[22]

第3节

英国把生物武器列为二级风险

英国是世界上生物技术最强、医疗资源最丰富的国家之一，取得了克隆羊等一系列领跑世界的重大成果。英国也是世界上有明确记载的第一次使用生物武器的国家[23]：1763年曾利用天花病人用过的毛毯和手帕引起天花流行并征服印第安人。二战期间，英国曾在格鲁伊纳岛试射过细菌弹，这造成的危害40年后依然可以检测出来。[24]二战后，英国积极将生物安全作为国家战略，把生物武器列为二级风险，出台了一系列保障生物安全的法规与措施，成立了独立的生物安全监管机构。在完善本国生物安全法规体系的同时，英国还为《禁止生物武器公约》的出台做出了重要贡献。

一、生物安全管理经历了三个阶段

英国政府高度重视生物安全，并将生物安全上升为国家战略。时至今日，英国对生物安全的立法与管理大致可分为三个阶段。

第一阶段，以转基因生物安全为主，指出转基因食品必须有明确标签。1973年，重组DNA技术研发成功后，转基因生物安全引起世界各国的重视。英国积极通过了相关法律法规，其中，1974年发布的《卫生安全法》与《生物剂和转基因生物（封闭使用）法》是主要法律，内容涉及病原体和转基因微生物。1992年，英国农业渔业和食品部就转基因食品的道德与伦理问题开展研究，认为如果食品中包含涉及伦理问题的基因或者植物中含有动物基因，则对此类食品必须明确标识。[25]同一年，英国还颁布《转基因生物封闭使用管理条例》和《转基因生物释放和市场化管理条例》。1996年，英国在其《食品安全法》框架下发布了关于食品标识的条例。

第二阶段，以实验室安全和公共卫生安全为主，明确将病原体分为四级。2001年，英国颁布《反恐怖主义犯罪和安全法》，其中规定了病原体和毒素的拥有和转移的安全措施，基于病原体和毒素清单，全英约450家实验室进行了注册登记。实验室按照其保存的生物体特点制定适当的安全程序，定期走访和评估。[26]2002年，英国就业与保障部发布《健康有害物质控制条例》，规定按照对人体健康的危害程度将病原体分为1～4级，并在条例所附的《生物剂批准清单》中给出明确定义。2002年，英国颁布《危险性物质控制卫生法》，对有毒化学品进行管理。2008年，英国负责动物实验室生物安全的卫生监管机构颁布《特定动物病原体条例》，其主要目的是有效监管动物病原体的储存、运输和安全使用，预防实验室的感染性病原体或气溶胶散逸，保护实验室工作人员的安全。[27] 根据危险病原体咨询委员会的分类规定，《特定动物病原体条例》也将动物病原体分为1~4级。

第三阶段，以防御生物恐怖与生物武器为主的国家生物安全战略。以2018年7月发布的《英国国家生物安全战略》为标志，英国的生物安全战略进入了新阶段。该战略详尽阐述了英国在现有活动的基础上应对生物风险的做法，强调英国政府将全力保护英国及其利益免受重大生物安全风险的影响，随后，在该战略的指导下，英国发布了系列文件。2019年1月，英国政府发布新的五年国家行动计划《解决抗微生物药物耐药性2019—2024：英国五年国家行动计划》，旨在有效控制微生物的耐药性，警示未来超级病菌可能会给公共健康带来巨大的致命威胁，提出了应对抗微生物药物耐药性的关键途径。

二、将生物武器列为二级风险

英国强调防御生物恐怖，把生物安全上升为国家战略，把生物武器列为二级风险，出台一系列法规与措施保障生物安全，主要有《英国国家生物安全战略》《2015年战略防御与安全评论》《全球健康安全和英国抗菌素耐药性战略》《反恐战略》《2020年国家反扩散战略》等。

英国将生物安全风险分为三级，2015年《英国国家安全风险评估》将重大人类健康危机（例如大流行性流感）确定为英国面临的最高风险（一级风险）之一，其暴发有可能造成数十万人死亡，并给英国造成价值数百亿英镑的损失；同时也将抗菌素耐药性确定为一级风险。[28] 除此之外，《英国国家安全风险评估》将针对英国的蓄意生物攻击以及化学、生物、放射和核武器的扩散列为二级风险。英国的反恐战略也阐明了准备应对影响最大的恐怖分子风险的重要性，其中包括使用生物制剂的风险。

《英国国家生物安全战略》将未来面对的重大生物风险挑战分为三类。（1）自然的生物风险：新的传染病迅速传播，抗菌素耐药性的出现和扩散，气候变化增加有害生物和疾病传播到全球其他地区的可能性，重复使用农药导致害虫（病原体）产生抗药性从而给控制带来新挑战等。（2）意外的生物风险：科学技术的进步以及更多国家生物科学相关部门的增加，可能会增加意外释放有害生物材料的可能性。（3）生物武器威胁：未来出现生物武器威胁的可能性更大。

三、生物安全管理的四个主要环节

第一，了解风险、评估风险。风险评估是政府核心工作的一部分，英国国家风险评估包括大流行性流感、重大动物疾病和蓄意的生物攻击等生物风险。跨政府风险评估包括三个关键阶段。（1）信息收集，包括由情报机构收集的有意威胁，以及有关公共卫生、动植物健康风险的数据。（2）信息评估，这项工作在内阁办公室的领导下进行，通过政府间首席科学顾问网络提供科学保证，由政府科学办公室协调，并由首席医疗官提供建议。（3）评估行动，由专家团体审议现有的资料和证据，然后与决策者、国家和地方业务的规划者以及科学技术领导者分享评估结果。

第二，预测风险、防止风险。预防风险发生是生物安全管理的重要环节，需要在国内外展开广泛的合作。预防生物风险，包括提高世界上脆弱地区的医疗保健能力和生物安全意识，从源头上阻止具有大流行潜力的疾病的暴发。（1）在国际上，英国是基于规则的国际体系的主要支持者，积极参与有关生物安全的国际论坛和组织，其中包括世界卫生组织、联合国粮食及农业组织、世界动物卫生组织、全球卫生安全议程、《生物和毒素武器公约》（BTWC）、使用生物武器的联合国秘书长调查机制（UNSGM）、七国集团反对武器和大规模毁灭性材料扩散的全球伙伴关系、澳大利亚集团、全球卫生安全倡议（GHSI）、欧洲和地中海植物保护组织（EPPO）以及联合国耐药性机构间协调小组（IACG）等。为了应对蓄意的生物威胁，英国在国际上致力于实施《反扩散战略》（2016年3月发布），其中包括在全球范围内控制对潜在危险生物材料、设备和知识的获取，以使某些国家或恐怖分子难以获得或发展生物武器。（2）在边境上，英国完善进出口管制体系（作为更广泛的国际体系的一部分）、边境前活动（例如建立贸易伙伴关系的能力和与互联网交易者合作），同时对边境本身进行控制和检查，以防止动植物疾病蔓延。（3）在国内，英国已开展大量工作来解决可能使自然疾病暴发的因素，包括关于卫生在疾病预防中的重要性的公众宣传运动、全面的公共疫苗接种计划以及对农民和其他种植者的生物安全指导。

第三，检测风险、报告风险。英国已经建立了一套完善且经过测试的系统，可以快速检测和识别疾病暴发。英国拥有世界领先的临床医生、兽医、科学家和行业专家，他们每天会识别并报告重大疾病暴发或生物学事件发生的最初迹象。同时，英国为这些专业人员提供一系列监视系统，旨在将孤立的病例和事件汇总在一起，以识别风险并为疾病传播提供预警系统。

第四，应对风险、控制风险。也就是说，英国必须具有适当的能力来对英国境内的重大疾病、生物事件或影响英国利益的事件做出有效反应，以减轻影响，消除威胁并确保社会迅速恢复正常。英国必须建立一个快速、可扩展和全面的应对系统，从而才能灵活应对各种风险，并能够在新风险出现时进行及时处理。英国在加强国际卫生系统的准备、应对和抵御能力方面发挥着重要作用，并通过参与等方式支持世界卫生组织的行动。

同时，英国政府还积极制定了系列规定，以确保能够有效地规划应对措施：（1）制订适当、灵活且经过充分检验的计划以应对一系列的生物风险，针对全国风险评估中可能影响最大的风险制订应对计划，其中包括自然发生的疾病和生物袭击；（2）利用公共卫生部门的主要能力，推动跨政府工作，针对进入英国的虫媒疾病，制订一套总体计划；（3）制订针对重大国际疾病的应对计划，做好充分准备，以快速应对新发疾病；（4）与业界和业务伙伴合作，建设复原力，确保英国得到更好的保护，以免受动植物疾病的危害，并具备强有力的应对和恢复能力；（5）定期审查政府应对动植物疾病威胁的能力，并按需要采取行动来管理风险；（6）制订有效的应急计划，既应对已知的具体动植物病虫害和病原体威胁，也应对未知的威胁；（7）优先保护一线工作人员，确保他们得到适当的装备和培训；（8）继续确保适当的医疗资源储备和供应链弹性；（9）与疫苗和药品开发行业共同努力，加快有关产品按需生产和进入市场的速度。

四、积极促成《禁止生物武器公约》

第二次世界大战以后，美国、苏联从德国、日本得到有关生物武器的研发资料与样本，纷纷开展生物武器研究。冷战时期，美国和苏联都执行了包括炭疽、天花、鼠疫和兔热病等生物战剂的庞大生物战计划。生物武器存在失控的巨大危险，可能给人类带来毁灭性的打击。

1969年7月10日，英国首次向18国裁军会议提出一项单独禁止生物武器公约的草案，要求禁止在战争中使用任何形式的生物手段，这得到了世界各国的广泛支持。1971年9月，美国、英国、苏联等12国向第26届联合国大会提出《禁止生物武器公约》草案，联合国大会通过决议，决定向各国推荐此公约，1972年该公约分别在华盛顿、伦敦和莫斯科签署。1975年3月，《禁止生物武器公约》正式生效，2002年11月已有146个国家批准该公约，2020年4月其共有183个缔约方。

五、新冠肺炎疫情防控存在明显失误

英国是继美国之后生物技术最先进的国家，克隆羊、干细胞、合成生物、生物制药等一系列技术均居世界前列，生物与医学领域的诺贝尔奖获得者数量也居世界前列，但英国在此次防疫中多次出现政策反复问题，从而导致防控出现问题。

对疫情重视不足。在新冠肺炎疫情初期，英国对疫情重视不足，特别是在疫情初期存在一些误判，认为新冠病毒只会在亚洲流行，不会波及英国。

管理体系不顺畅。英国存在不同的传染病监测系统，其工作规程、数据流向各不相同，这导致当事件发生后，监测系统在了解、评估风险阶段，未充分识别新出现的生物威胁信息，在检测、报告风险阶段，发现最初迹象后未能快速有效地检测、报告，未能对疫情进行彻底调查，在应对、控制风险阶段，未能做出有效反应。

决策出现严重失误。英国曾一度采用群体免疫策略，让人群自然感染新冠病毒，这浪费了防止疫情扩散的宝贵时间，导致疫情蔓延。在疫情早期，英国还不允许医院分享救治经验。[29]

第4节

俄罗斯建立了独特的生物技术体系

俄罗斯的工业化技术很强，军事技术与军事实力仅次于美国，信息化技术落后于西方，但其有独特的生物技术、生物安全技术体系。苏联在研制生物武器时，曾多次出现生物实验室泄漏事件，因而一度停止了生物武器研制，关闭了生物实验室。苏联签署《禁止生物武器公约》之后，改为开展防御生物武器的研究。苏联解体后，俄罗斯在吸收和借鉴苏联生物武器研究的基础上，积极推进生物武器防御工作。2020年12月30日正式出台的《俄罗斯生物安全法》，为俄罗斯保障生物安全确立了法律基础。

一、20世纪初开始生物安全技术研发

资料显示，从1928年到1972年，苏联曾雇用了上千名科学家，利用重组基因等技术，在40多个机构开展微生物及致病菌等研究。1945年，苏联军队在日本关东军731部队实验室发现了炭疽并将其带回苏联，在斯维尔德洛夫斯克市建造了一个秘密基地，专门研究各种生化武器。[30] 因为生物实验室出现了严重的泄漏事件，造成人员感染与环境污染，1992年，俄罗斯总统叶利钦宣布停止生物安全类项目的研究。但2012年，在综合研究分析的基础上，考虑到自身安全和未来技术竞争的需要，俄罗斯总统普京宣布重新部署生物防御相关技术研发。[31]

苏联之所以很早就布局生物安全的研究，是因为其认为防御生物袭击、生物恐怖必须要建立在扎实的预先储备基础上。俄罗斯生物安全专家组成员、俄罗斯医科院新技术研究所所长尼古拉·卡尔基谢科（Nikolai Karkisheko）曾讲过："当一个国家面对生物恐怖主义的威胁时，此时开展预防接种已经来不及了，只有平时积累和储备大量的先进生物技术、药物和药品制剂、防护装备等才是对付生物恐怖袭击的主要防御手段。"[32]

二、建立了独特的生物安全保障体系

由于受到西方冷战思维的影响，俄罗斯的科学体系长期与西方处于脱钩状态，形成了一套独特的科学体系，在生物和医药领域以及生物安全方面也是如此，许多技术标准、仪器设备、政策法规、审批程序等，以及科学研究的方法都与西方有明显的不同，而且取得了独特甚至更加有效的效果。

成立一批高端生物研发机构。技术和项目的研发，必须要有机构来进行管理。为此，俄罗斯组织了国防研究机构部门、负责先进武器采购规划与研发的军事机构、部分军事工业复合体、具有生物防御职责的民用研究机构等，使其一起推进项目的研发。另外，为了保证国防和国家安全在突破性研究和高风险研究方面的发展，俄罗斯现代化和经济技术发展总统委员会在2010年9月22日提议成立先期研究基金会，资助四个方面的研究。其中生物化学研究和医学研究方向，主要进行用于军事装备生产的新材料研究，探索新型军事装备和武器的潜在动力供应方法，实施武器和特种装备的组件、部件制造辅助技术工艺的发展项目。[33]

推进生物安全法律法规制定。俄罗斯已经建立了涉及科技、农业、卫生和军队等各部门和机构的生物安全组织体系，发布了系列涉及技术研发、产品研制、环境释放、新异食品和饲料等领域的法律法规。比如，俄罗斯在1996年制定了《俄罗斯联邦基因工程行为国家管制条例》，2000年发布了《俄罗斯基因工程活动条例有关基因治疗和基因诊断（修正案）》，2001年发布了《俄罗斯联邦政府关于转基因生物登记的决定》《俄罗斯工业和科技部关于转基因生物登记的规定》，2002年发布了《俄罗斯联邦环境保护法》等。

在经历系列事件后，俄罗斯逐步认识到生物安全的重大意义，陆续发布了系列文件。2019年3月11日，俄罗斯总统普京签署化学和生物安全领域的国家政策基础法令——《化学和生物安全国家政策基本原则》，旨在减少化学和生物因素对环境的有害影响，预防化学和生物威胁，建立和发展化学生物风险监测系统。[34] 2020年12月30日，俄罗斯总统普京正式签署《俄罗斯生物安全法》，其于2021年开始实施。该法律将生物安全纳入国家安全体系，内容覆盖全面、层次分明，坚持立法工作与科学研究相结合。[35]

推进生物安全领域国际合作。俄罗斯逐渐意识到参加相关国际组织和机构的重要性，开始积极主动加入。2017年，俄罗斯和美国、英国达成协议，联合发布声明，同意强化《禁止生物武器公约》，并成立生物安全政策小组。相关内容显示，英、美、俄三国一致认为，世界在生物安全方面正面临着重大挑战，科学技术的进步可以带来潜在的好处，但国家或非国家群体发展、获取和使用生化武器也将造成巨大威胁。为此，英、美、俄三国将成立维护生物安全的政策制定小组，收集各国生物武器信息，掌握各领域生物威胁应对情况，进而在不损害他国利益的情况下提出有效的生物武器威胁应对措施。

第7章

许多国家或地区纷纷采取措施保障生物安全

　　由新冠病毒引发的疫情已经肆虐了两年，改变了许多国家和地区乃至广大公众对生物安全的认识与做法。在新冠肺炎疫情暴发之前，生物技术先进的国家，或曾经研究生物武器、生物战剂的国家，或曾受到生物武器攻击的国家，更清楚生物安全的重要性，也更加重视生物安全。世界上许多国家或地区都出台了一系列保障生物安全的法规与措施，本章重点介绍欧盟、瑞士、以色列等5个国家或地区保障生物安全的法规与措施。

欧盟寻求 "更美好世界中的欧洲安全"

　　欧盟十分重视生物技术、生物经济与生物安全，其多项生物技术处于国际领先水平，同时制药技术为国际一流，是世界上最早提出生物经济的地区之一。欧盟制定了多项生物安全战略及计划，在公共卫生与健康、转基因安全、食品安全等方面投入了大量经费，出台了世界上最为严格的转基因安全管理办法，同时十分重视生物实验室安全。欧盟通过多项法规来协调成员国共同应对突发生物安全风险，但在防控新冠肺炎疫情中，欧盟暴露出一些问题，比如：疫情初期各成员国自顾不暇，不同国家的利益诉求难以被满足；边界管制对欧盟赖以存在的根本原则构成挑战，防疫物资统一调配困难；生物技术先进的优势并没有得到充分体现，口罩、疫苗等基本防疫物资一度缺乏。

一、制定生物安全战略及重大计划

　　为进一步提高欧盟的危机预防处理能力和独立防务能力，2003年12月，欧盟首脑会议通过了《更美好世界中的欧洲安全》，这是欧盟通过的第一个安全战略文件。该文件认为：冷战结束后欧洲的安全形势发生了根本性变化，面临新安全挑战，主要是恐怖主义、大规模杀伤性武器扩散、地区冲突和有组织犯罪等；同时全球化导致人员、贸易和货物的流动性增大，欧洲对交通、能源、信息等基础设施的依赖使欧洲安全具有脆弱性；战乱、贫困、疾病传播、气候变暖以及能源匮乏也对全球安全构成长期威胁。[1]

　　在公共卫生、人民生命安全方面，2007年，欧盟实施《第七个框架研发计划》，将卫生与健康、安全列为两大主题。[2]在卫生与健康领域，欧盟的目标是应对包括新发传染病在内的全球健康问题，同时改善欧洲公民的健康状况，提高欧洲相关健康产业和企业的竞争力和创新能力。在安全领域，欧盟则重点关注具有跨国影响力的事故可能构成的威胁，比如犯罪分子所使用的装备和攻击方式。

在核生化风险防范方面，2009年6月，欧盟委员会通过了关于CBRN（化学、生物、放射性和核安全）的一揽子政策，以保护欧盟公民免于这些威胁。欧盟的《安全战略》《反恐战略》和《防扩散战略》等多份文件都认为恐怖分子和大规模杀伤性武器的结合是欧洲所面临的重大威胁，防范恐怖分子获取CBRN材料是关键。据此，欧盟实施了《反对CBRN威胁欧盟行动计划》，出台了132条相关措施以防御核、生物、放射性和化学风险，重点关注三个领域：一是防范，确保CBRN材料必须经授权才能使用；二是检测，即有能力对CBRN材料进行检测；三是准备和响应，对涉及CBRN材料的意外事件进行有效处置。

由于国家之间协调工作量大，欧盟出台的生物安全文件数量并没有美国的多，但欧盟在涉及总体安全、生命安全、防御核生化等重大安全风险方面制订了一些详尽、具体、可操作的法规或行动计划。

二、协调各成员国在生物安全方面的职责

明确各成员国责任、协调成员国行动是欧盟保障生物安全的核心任务。但在实际行动中，欧盟往往很难协调国家之间的行动，例如在新冠肺炎疫情防控期间，德国与瑞士曾因口罩出境问题而出现矛盾。德国认为本国口罩短缺，不允许将其运出德国，瑞士则认为口罩生产企业有瑞士的股份。欧盟在生物安全与公共卫生领域的立法分为两个层次：第一层次是欧盟条约，规定了欧盟和成员国的主要职能；第二层次则是保障生物安全、公共卫生安全的相关规则、法令与措施。

第一层次的法规也叫横向系列法规（Horizontal Legislation），主要包括基因修饰生物的封闭使用指令、基因修饰生物的有意释放指令、基因工程工作人员劳动保护指令等；第二层次的法规是产品系列法规（Product Legislation），主要包括基因修饰生物机器产品进入市场的指令、基因修饰生物与病原生物运输的指令、饲料添加剂指令、医药用品指令和新食品指令等。总体而言，欧盟的生物安全管理特别注重风险防范，其对现代生物技术和产品的管制相当严格。

三、欧盟的转基因生物管理是世界上最严格的

欧盟制定了全球最严格的转基因生物安全管理法规，是转基因生物管理最严格的地区，个别成员国甚至完全禁止一些转基因产品的出售和田间试验，一些国家则实行严格的转基因食品标识制度。欧盟认为，重组基因技术本身具有潜在的危险性，因此与重组基因相关的科研活动，均应接受安全性评价及管理。欧盟的转基因生物管理有两个显著的特点。

（1）强调预防原则。欧盟进行转基因生物安全管理的出发点是认定现代生物技术具有"潜在的危险性"，这一点与美国、加拿大等国明显不同。欧盟的预防原则要求"在技术被大范围应用前，严重危害不能发生，或者危害能得到控制"。也就是说，在欧盟，只要科学评估尚未充分地确定风险程度，并且潜在危险影响不能从现象、产品或者程序中得到确定，就要采用预防原则。[3]

（2）重视过程管理。欧盟对转基因生物安全的立法基本可以划分为两个阶段：2000年以前，欧盟对于转基因生物安全的立法主要以指令为主，2000年以后则主要以条例为主。欧盟对转基因生物的管理贯穿于研制的全过程，注重在研制过程中是否采用了转基因技术。由于认为转基因技术本身具有潜在的危险，所以欧盟建立了一套转基

因生物安全过程管理措施，对转基因技术的封闭使用、有意释放、越境转移、生物安全等方面都制定了相关规范。

强化过程管理是西方国家管理的一个特点，但注重过程，往往会忽视最终效果。欧盟对转基因植物一概严格管理，甚至拒绝植物类转基因产品，这使欧洲的农业生产力受到影响，欧盟不得不大量进口农产品，包括转基因玉米、大豆等。

四、加强危险性生物材料处置

对危险性生物材料处理不当往往会引发严重的生物安全事件。像许多国家一样，欧盟十分重视危险性生物材料的处理工作，制定了一系列相关法律法规来管理生物材料，主要涉及运输、出口和进口以及处理方法、处理时间等，有时每处理一批危险性生物材料都要进行上报或备案，以保障生物安全。

世界上许多国家或地区都制定了危险性生物材料处置法规与办法，相对而言，欧盟的相关规定比较严格，执行得也很好。比如，欧盟为了严密防范恐怖分子得到危险性生物材料或装置，对有关危险材料的生产、经营、管理以及人员、机构等进行多项检查、审查，并不断更新针对危险生物的检测手段及装置。欧盟在科技计划中不断加大对公民安全技术的研发，加强成员国在生物反恐领域的协作，通过人员训练、信息共享和技术分享来提高防御生物恐怖活动的能力。

第2节

瑞士是生物安全管理最严格的国家之一

瑞士是世界上最富裕、最安定的国家之一，也是生物技术最发达的国家之一，其创新指数位列世界第一位。瑞士拥有国际一流的制药人才与企业，具有完备的生物安全管理体制。瑞士生物安全立法与管理的主要特点是立法严格、专家参与管理。

一、违法造成疾病传染要负刑事责任

为了保障并强化生物安全，瑞士先后出台了《联邦环境保护法》《联邦基因技术法》《传染病防治法》和《封闭系统中处置生物条例》等联邦法律条例，重点是防治传染病、转基因生物管理、病原微生物及外来生物管理。

为了预防和控制传染病的暴发和传播，瑞士不断完善防控传染病的法规，2012年9月出台《传染病防治法》，2020年6月又对其进行了修订。该法对传染病管理措施、方式等做出了详细、具体的规定，主要包括传染病的信息交换、检测与监测、资助措施、组织和程序、数据处理、资金赔偿、法律实施与刑事规定等内容，采取联邦政府、各州政府分工负责的管理方式。联邦政府规定传染病管理需要上报的内容、频率等，并对各州执行情况进行监督，各州按照要求向联邦报告传染病有关法规的执行情况。该法规还对违反法律并造成传染病传染与流行的行为做了刑事规定，这对政府与个人都有很强的约束力。

二、向环境释放转基因生物要交保证金

瑞士是世界上对转基因生物管理最严格的国家之一，明确要求转基因产品要有特殊表示，要注明转基因成分的含量。瑞士联邦委员会于2008年9月颁布《在环境中处理生物条例》(最新修订于2020年1月)，以保护人类、动物、环境和生物多样性免受转基因产品的侵害；在环境中处理转基因生物，必须既不危害人类、动物和环境，也不损害生物多样性；在特别敏感或值得保护的栖息地和景观中，只有当转基因生物被用于预防或消除对人类、动物、环境、生物多样性的损害或危害时，才允许对其进行直接处理。

获得在环境中释放转基因生物许可的人员，必须提交足够的保证金。首次进行转基因生物环境释放的机构和个人要确保有2000万瑞郎的人员和财产损失赔偿保证金、200万瑞郎的环境损害赔偿保证金。这种要求提供生物安全保证金的做法在国际上是不多见的。

2020年7月，瑞士联邦内政部制定了《转基因食品条例》，其中详细规定了转基因食品的审批程序、转基因成分含量容许范围、已经国外机构批准而可免于审批的情况、转基因产品的特殊标识等，对转基因产品的宣传、包装等都提出了明确要求。

三、制定核生化防护战略

瑞士积极履行《禁止生物武器公约》，并制定了核生化防护战略。1925年，瑞士就批准了旨在禁止化学武器和细菌武器应用的《日内瓦公约》，1972年批准了《禁止生物武器公约》。2007年，瑞士联邦核生化防护委员会制定了瑞士首个核生化战略，其后进行过多次修订。

该战略的重点是四个方面：一是加强核生化防护，改善核生化防护的统揽性、防护基础的协调性以及快速应对能力；二是效能网络

化，强化区域能力集成、手段高效、专业化；三是提升和拓展应对能力，应对全球化等形势变化对核生化防护提出的新挑战，不断丰富应对措施；四是提高公众敏感性，强化动员和信息普及，提高政治、经济、科学界和公众对核生化防护的参与度，以提高瑞士对于核生化事件的防御能力。

四、调动专家参与生物安全管理

瑞士于1996年设立了专门的生物安全专家委员会（SECB），其由15名成员组成，具有广泛的代表性，他们能够提供生物安全领域的专业知识，包括基因技术、生物技术以及环境和健康方面的专业知识，同时他们代表不同的利益群体，比如大学、经济、农业和林业以及环境和消费者等组织。

瑞士生物安全专家委员会是一个相对独立的组织，在一定程度上执行部分行政职能，向联邦委员会和联邦机构提出建议，起草法律、条例和指导方针，并就条例执行向联邦和州政府提出建议；发布关于许可证申请的声明，发布关于在封闭系统中开展研究的安全措施建议（包括研究和诊断实验室、温室、动物养殖设施等）；提交有关生物安全现状及复杂问题的专题报告，向联邦委员会和公众通报相关工作；综述与生物安全相关的新发现和新趋势，与其他国家和国际机构（生物安全）委员会开展合作等。瑞士生物安全专家委员会拥有如此重要的职责，这在国际上是不多见的。瑞士充分发挥专家的作用、让内行参与管理的做法值得借鉴。

五、科研设施完善并要筹建全球病毒库

瑞士人口仅740万，国土面积仅4.1万平方千米，却拥有4个P4

实验室，分别是日内瓦大学新发病毒感染国家中心、瑞士病毒与免疫学研究所、国防部施皮茨实验室、苏世黎大学医学病毒研究所。按照人口、国土面积计算，瑞士是世界上单位面积、百万人口拥有高等级生物安全实验室最多的国家，其生物安全研究设施属于世界一流。

此外，瑞士还特别注重对动物健康与疫病控制的研究。瑞士病毒与免疫学研究所是欧洲最早建设的高等级生物安全实验室之一，主要从事口蹄疫、猪瘟、禽流感、蓝舌病、蓝耳病、非洲马瘟等动物疫病的研究。

瑞士针对因病毒等病原物在国家之间共享慢而严重制约疫苗、药物研发等问题，与世界卫生组织合作计划建立全球病毒库，以促进全球病原物的共享与创新协作。2021年5月24日《环球时报》报道，瑞士与世界卫生组织签署协议，将在瑞士境内建设名为BioHub的全球病毒库，存储和分析可能构成全球大流行的病原物，以促进全球信息共享，提高国际社会防御新型病毒威胁的能力。世界卫生组织总干事谭德塞表示，该病毒库将为世界卫生组织成员国"自愿分享病原物和临床样本提供可靠、安全和透明的机制"。建立全球病毒库，无疑会使国际防御重大传染病的合作迈上新的台阶。

第3节
澳大利亚生物安全法规条款最多

澳大利亚拥有独特、丰富的生物资源，其海洋生物资源尤其丰富，因此生物安全对澳大利亚十分重要，不仅关系到国家安全，还影响经济与社会发展。像其他国家一样，澳大利亚政府特别重视转基因作物、干细胞及克隆技术，以及相关的生态安全、食品安全和伦理道德等问题，并重视发展生物产业。

一、生物安全法条款多达630条，注重国门生物安全

为了控制有害生物与疫病的传入，以及传入后在国内定殖、扩散，澳大利亚于2015年颁布的《生物安全法》内容详尽、具体，共包括10个部分，条款多达630条，主要涉及人类健康风险管理、境外带入货物风险管理、境外进入的交通工具风险管理、海洋排放物风险管理、境内建筑与房屋内疾病或害虫的风险管理，以及生物安全管理部门的职责与授权等。尽管澳大利亚《生物安全法》的条款多，其也是目前世界上法律条文最多的生物安全法，但其内容并不全面，没有涉及国防生物安全、人类遗传资源管理等内容。

澳大利亚是个岛国，十分重视外来生物入侵，《生物安全法》的10个部分中有4个部分是有关外来生物安全的。澳大利亚《生物安全法》对进入其领土、领海的人员、生物、交通工具、货物、残留物的安全管理，甚至对经过其领海船只的废物排放、遗留物等都做了明确的规定：一是针对人类健康的风险管理，主要做法是对可能患有某种人类疾病的个人进行严格管理，包括不允许其进入或离开澳大利亚领土；二是对从境外带入澳大利亚的货物的管理，有关部门对进入澳大利亚领土的货物进行生物安全风险评估，如果风险偏高，则采取相应措施以降低生物安全风险；三是对进入澳大利亚领土的飞机和船只进行管理，有关部门对进入澳大利亚领土的所有运输工具进行生物安全评估，如果认为有风险，则采取相应的生物安全措施；四是对向海洋排放水体与沉淀物做了规定，排放压载水和处理沉淀物都属于非法行为。这些法律条文在许多国家的生物安全管理法规中是没有的。另外，《生物安全法》还对管理部门的职责做了明确的规定，比如总督宣布生物安全紧急情况和人类生命安全紧急情况，农业部部长则负责

处理生物安全紧急情况，卫生部部长负责处理人类生命安全紧急情况。

二、转基因产品管理部门多达15个

为了加强对转基因生物安全风险的管理，澳大利亚专门制定了《基因技术法》，由多达15个部门共同管理转基因生物安全与应用，重点管理转基因作物在各阶段的许可证，包括实验室研究阶段、大田释放阶段、安全评价、商品化生产等。

《基因技术法》也包括10个方面的内容，主要涉及政府间协议以及各部门或各技术委员会的职责。政府间协议是指澳大利亚联邦政府与其他国家、组织签订的涉及生物安全管理、转基因生物、干细胞及克隆技术等研究的协议，以及联邦有关生物安全方面的法律，这是澳大利亚联邦政府开展生物安全管理的依据。

澳大利亚的转基因生物安全管理部门主要包括基因技术部长委员会，联邦工业药品委员会，基因技术分委员会，基因技术咨询委员会，基因技术伦理委员会，州、领地技术管理咨询委员会，基因技术社区咨询委员会，环境部，药品管理局，澳新食品标准局，检验检疫局等十余个部门，这些部门共同管理澳大利亚的转基因技术与产品。[4]从各种机构与委员会的职能来看，澳大利亚基因技术管理存在机构重叠、职能交叉等问题，但体现了权力、责任分摊的机制。

三、国防生物安全注重国际合作

澳大利亚《生物安全法》涉及防御生物武器的条款不多，当前其防御生物武器的工作主要是与美国合作的，双方共同防御核生化武器。澳大利亚防御生物武器与生物威胁的管理主要依托澳大利亚集团等非官方机构，其目的是帮助出口国或转运国最大限度地降低生化武器扩散的风险。该集团每年举行例会，探讨如何通过提高各参加国出口许可措施的有效性，来防止潜在的机构和人员获得研制生化武器所需的各种原料。澳大利亚集团的所有参加国都是《禁止化学武器公约》以及《禁止生物武器公约》的缔约方，都支持根据公约开展的、旨在全世界消除生化武器的各项努力。[5]

注重国际合作，甚至依赖国际合作是澳大利亚保障生物安全的一个重要做法。其在2011年建立了先进的生物安全实验室等研究设施，吸引国外科学家共同开展生物安全研究、生物防护人员培训等工作。其2021年发布的《澳大利亚的生物安全未来：开启下一个十年的恢复力》报告，明确提出要确定国际生物安全创新重点，继续把国际合作作为澳大利亚保障生物安全的重要工作。

四、保障生物安全不忘发展生物产业

澳大利亚生物产业起步于20世纪70年代初，进入90年代后发展明显提速，到21世纪逐步迈向国际化，进入加速发展的新阶段。据澳大利亚工业、科学和资源部称，今后30年，生物产业将成为澳大利亚经济增长和发展的关键力量，是新投资和就业的重要"发电机"。

澳大利亚生物产业的发展，一方面依赖本国大学和科技机构的创新能力，另一方面依赖大型跨国公司在澳大利亚建立的战略合作联盟，例如美国的安进公司、强生公司、Chiron公司、Avax Technologies公司，日本的日立化工公司，荷兰的纽迪希亚公司等，都在澳大利亚有合作业务，这对澳大利亚促进生物产业的发展以及保障生物安全发挥着重要作用。另外，高效的管理体系、良好的卫生准入系统以及相对低廉的劳动力成本，都是澳大利亚生物产业的竞争优势。

第4节

巴西生物安全管理逐步走向宽严相济

巴西是生物资源十分丰富的国家，为此，巴西政府认为生物安全对国土安全、经济安全至关重要。尽管巴西是发展中国家，但它却是世界上第一个颁布《生物安全法》的国家，对生物安全问题认识早、管理严、收效好。这有力地保护了丰富的生物资源与生态安全，同时促进了生物产业的发展。巴西的生物安全立法与管理有着显著的特点。

一、对转基因产品从严格禁止转向大力发展

早在1995年，巴西就颁布了第一部《生物安全法》，但这部法律的核心是转基因植物管理，主要目的是规范转基因农产品的种植和销售。迄今为止，巴西对转基因产品的管理经历了禁止销售、有条件销售、监管下种植与销售、科学管理与大力发展四个阶段。

第一阶段，禁止销售转基因大豆等产品。1998年12月，在保护消费者权益和绿色和平组织的强烈要求下，巴西政府宣布禁止销售转基因大豆等产品。

第二阶段，允许有条件地销售转基因产品。2000年6月，巴西对转基因产品从禁止销售转为有条件销售，明确规定在证明转基因产品对环境、人体健康无害，并能保证其运输安全以及具有转基因产品标识的情况下，才有可能重新审议针对转基因产品的解禁。

第三阶段，逐步解禁，允许种植与销售转基因产品。2002年6月12日，巴西国家环保委员会颁布条例，规定种植转基因农作物必须事先经过许可。但因转基因产品的种植成本低且产量高，违规种植行为不仅没被制止，反而在一些地区发展得很快。2003年3月27日，

迫于各方压力，巴西政府出台了解禁当年收获的转基因大豆的临时措施。该措施在某种程度上违反了《生物安全法》，但这是为了顾及种植者的利益和维护社会稳定而出台的临时办法。临时措施允许将转基因大豆用于出口和在国内市场上销售，但仅限于当年生产的产品，违者将被处以17025雷亚尔的罚款，并失去获得贷款的资格。临时措施的有效期至2004年1月31日，在有效期内要求产品标识说明其转基因成分含量，超过有效期后，巴西仍按现行法律认定转基因产品为非法产品。

第四阶段，科学管理、大力发展转基因产品。2005年2月2日，巴西议会批准修订《生物安全法》，并出台了《生物安全法》实施条例，新的《生物安全法》确立了转基因产品的科学管理规定，决定在保障安全的前提下大力发展转基因产品，提出了详细的安全标准与监察规范。此后巴西的转基因植物种植与销售大幅度增加，2012年以后，巴西转基因大豆的种植面积迅速增加，巴西成为全球转基因作物种植面积第二大的国家。[6]

二、生物安全管理的范围逐步扩大

1995年，巴西颁布了世界上第一部《生物安全法》，经多次修改、完善，2005年又颁布经修订的《生物安全法》及其实施条例。该实施条例包括8章95条内容，主要涉及生物安全与生物技术、生命保护、人类健康、动植物健康、环境保护等领域，以及相关科学进展、生物安全相关机构、人类胚胎、转基因生物管理等方面的内容，特别对人类胚胎的使用、克隆和遗传变异体研究、衍生物的环境准入等做出了明确规定。新版《生物安全法》自2005年3月开始实施，不仅为科学研究工作明确了在研发过程中对遗传工程技术安全运用的指导准则，而且为生物产业的产业化做出了规定，涉及农业、工业、人类健康、动物安全等方面。

由此可见，巴西既是发展中国家中出台生物安全法最早的国家，又是保障生物安全措施比较完善的国家。其保障生物安全措施逐步由以保护、利用生物资源为主，转向全面保障生物安全，包括人民生命安全、动物健康、生态安全、生物实验室安全、防御生物恐怖等。在立法与措施方面，巴西都走在发展中国家的前列。

三、生物安全管理政策宽严相济

生物安全管理既不能全面禁止，更不能完全放开。巴西生物安全管理，特别是对转基因产品的管理，体现了宽严相济的基本原则，代表了未来生物安全管理的大方向、大趋势。

巴西对转基因作物的管理，从全面禁止转向大力发展，绝不是盲目放开，而是科学管理，实行了一套科学的管理办法，对转基因作物的品种、目标基因都有明确规定。目标基因是发达国家在研究、生产中已证明安全的基因，主要包括除草剂抗性、昆虫和病毒抗性等方面的基因。

此外，《生物安全法》还为转基因产品在研发过程中如何运用遗传工程技术确立了指导准则，规定研究机构与政府机构共同参与制定生物安全指导方针，共同进行风险评估。根据该法，巴西国家生物安全技术委员会负责制定生物安全指导准则，并向所有相关转基因生物机构颁发"生物安全许可证"。《生物安全法》将所有违反其准则的行为或不作为行为均视为违法，当注册与监督机构确定了制裁标准、规定了罚金数额并提交给联邦政府后，巴西国家生物安全技术委员会即可对违法行为实施制裁。除此之外，巴西有关转基因生物的法规还赋予国内所有消费者知情权，建立了食品标识体系，明确规定人体食用或饲料用食品或食品成分中若含有超过1%的转基因生物成分，有关机构就必须在商品标签上注明并附转基因标志。

四、生物安全管理的目标是安全生活与发展

巴西的《生物安全法》保障了生物产业的发展，这是巴西生物安全管理的又一大特点。虽然巴西的生物技术起步较晚，但是巴西政府制定了一系列法律法规和政策，以支持生物技术等高科技的发展，这使得巴西生物产业发展迅速。目前，巴西已成为全球生物产业较发达的国家之一，在干细胞、生命科学基因研究、植物生物技术、疫苗等一些领域或关键技术方面，处于世界一流水平。

从领域分布来看，巴西大多数生物技术企业集中在医药和农业领域，此类企业的数量约占所有生物企业的50%，生物医药产品占国内市场份额的80%以上，这在发展中国家并不多见。巴西的生物能源技术与产业发展迅速，这使巴西成为大规模生产再生燃料的国家。尽管目前巴西的新兴生物技术公司主要依靠政府的资助和优惠政策，但私人风险资本已成为其生物产业的生力军，目前正在形成政府与企业共同推进生物技术与产业的新格局。

总之，巴西生物安全管理的经验表明，生物安全管理的最终目标不是管住、管死，而是管用、管好，科学管理，平衡好安全与发展的关系。在保障绝对安全的前提下，安全生活、安全生产，这是许多国家生物安全管理正在探讨的问题，以及努力要实现的目标。

第5节

以色列特别关注潜在的生物武器

以色列是一个典型的创新型国家，其技术水平高、创新效率高，创造了大量新技术、新产品。在生物安全方面，以色列专门制定了

《生物病原体研究法案》《国家人体试验规定》《动物试验法》等法规，其生物安全管理的主要特点是十分关注对具有生物武器潜力的生物制剂的管理。

一、生物安全法规列出了潜在生物武器清单

以色列有一套相当全面、具体的生物安全立法体系。针对从事生物安全研究与生产的人员的安全问题，2001年，以色列发布了《安全生产条例》，核心内容是在处理医学、化学和生物实验室等危险事件时的职业安全问题，对病原体风险进行了分类，区分了实验室类型，如生物、化学、医学、研究、教学、质量控制等，规定了实验室持有者和工作人员的责任，并规定了实验室的职业安全措施、工作人员培训要求等，对物理防护设备、要求，以及处理生物制剂风险组的个人防护设备，如口罩、防护服等都进行了详细的规定。

针对防御生物恐怖与生物战的需求，2008年，以色列出台了《生物病原体研究法案》，其最大特点是列出了具有生物武器潜力的生物制剂清单，并确定了值得关注的两用技术，这对世界各国防御生物恐怖具有重要的借鉴作用。

二、专业机构与专家参与生物安全管理

以色列通过组建相关政府和非政府机构来推动生物安全工作，发挥专家与非政府机构的作用，其主要做法是：

（1）成立生物安全协会，加强行业管理。以色列生物安全协会（IBSA）成立于2007年，主要目标包括提高生物安全意识和制定生物安全领域的专业标准，开展生物安全学术交流。

（2）组建生物技术研究指导委员会，指导科技创新。为了提高

生物威胁防御能力，特别是防止危险生物、信息和技术泄露给恐怖组织，以色列国家安全委员会和科学与人文学院成立了"恐怖主义时代生物技术研究指导委员会"（COBRAT），目标是寻找更有效、更系统的方法，以保障生物安全，特别是提出危险物质核心清单，监督和批准两用性研究项目等。

三、科研机构内设安全管理分支，并明确处理程序

以色列所有的生物技术研究机构内都设有安全分支，并对应设置全职安全主任。研究机构的生物安全监督聚焦两点：一是提交研究方案以供资助机构审查；二是在研究项目开始前，研究机构的安全部门必须首先确认实验室的工作条件符合所有相关法律要求。研究机构的安全责任人负责监督有关人体血液和组织样本、DNA操作、有毒物质和病原微生物的工作，并定期检查实验室以确保其合规，跟踪危险菌株和特殊生物材料的购买情况等。

实验室管理人员必须对每起传染性生物制剂的喷洒、溢出和一般污染事故，以书面形式向地区工作检查员报告。政府检查员如果发现了"危害人类福利或健康"的问题，则有权禁止实验室使用设施或设备，停止研究项目。

总之，以色列在生物安全管理方面具有法规详细、责任明确、管理精细等特点。

第3篇

中国生物安全

中国保障生物安全取得了巨大的历史成就，为促进人均预期寿命增加、粮食增产、生态改善和保障国门安全做出了重要贡献。

目睹现状，自然病原不会自行消失，生物恐怖风险陡然增加，生物霸权更加猖狂，生物安全仍面临严峻形势，我国亟待补上创新能力不足、防疫设施不足等十个短板。

展望未来，保障人民生命安全、国家生物安全需要确立新战略、构建新格局，强化五大优势，构建十大体系，把人民生命安全、国家生物安全的钥匙牢牢握在自己手中。

第8章

回顾历史，生物安全取得七大成就

    1949年以来，党和政府一直非常重视生物安全工作，积极通过制定法规条例、创建组织体系、大力开展卫生防疫运动、促进中西医合作、推动预防和治疗技术创新等措施，不断强化重大疾病防控和突发公共卫生事件的处理机制，从而使我国的公共卫生和传染病防治能力得到显著提升。以2020年10月17日第十三届全国人民代表大会常务委员会第二十二次会议通过《中华人民共和国生物安全法》为标志，中国生物安全保障进入了新阶段。

第1节

生命安全：促人均寿命增长约42岁

1949年之前，由于疫病、饥饿与战争等因素，中国人均预期寿命仅35岁。1949年之后，中国经历了多次严峻的疫情考验。1949—1978年，中国经历了察北鼠疫、反细菌战、血吸虫病、霍乱疫情、流脑等多次考验；1979年以来，中国经历了上海甲肝疫情、非典疫情两次"大考"，以及H7N9禽流感、西非埃博拉出血热、鼠疫和新型冠状病毒等疫情。[1]中国不但有效地防控了上述疫情，而且基本消灭了鼠疫、天花、麻疹等十多种传染病，有效控制了肝炎、艾滋病等传染病，有力保障了人民的生命安全。中国人均预期寿命已经从1949年的35岁增长到2020年的77.4岁，其中成功防控传染病发挥了不可替代的作用。未来，控制并消灭艾滋病、埃博拉等恶性传染病以及未知的新发传染病都离不开生物安全。

一、基本消灭天花等多种传染病

传染病特别是甲、乙类传染病和新发传染病，一直是人民生命安全的大敌，往往导致大量生命丧失。人类发展史在一定程度上就是与传染病斗争的历史。

20世纪50年代，中国因传染病和寄生虫病死亡的人数居于全国人口死亡人数第一位。[2]1950年9月，政务院第49次政务会议上的报告指出，这一时期"中国全人口的发病数累计每年约1.4亿人，死亡率在30‰以上，其中半数以上是死于可以预防的传染病"。[3]

面对各种传染性疾病肆虐并严重威胁人民群众身体健康的状况，党和政府贯彻预防为主的方针，充分发挥群防群治和中医药的独特作用，通过有效的制度安排，用较少的代价取得了中国传染病防治的重大成功。到20世纪70年代末期，中国已基本消灭鼠疫、霍乱、天花、回归热、黑热病等传染病，有效地控制了白喉、麻疹、脊髓灰质炎、伤寒、肺结核、血吸虫病等多种传染病和寄生虫病的流行。[4]

数据统计：中国小于5岁儿童的乙肝病毒表面抗原携带率从1992年的9.67%降至2014年的0.32%，降幅约达97%；2015年麻疹报告发病率为3.11/10万，流行性乙型脑炎报告发病率降至0.046/10万，流行性脑脊髓膜炎报告发病率降至0.01/10万以下，百日咳报告发病率为0.49/10万；2015年全国甲肝发病率为1.66/10万，与纳入国家免疫规划前（5.98/10万）相比，约下降72.2%。[5]2000年7月，中国证实从1994年10月起已无本土脊髓灰质炎病例，提前完成了向世界卫生组织承诺的"在中国消灭脊髓灰质炎"的目标。2021年6月30日，世界卫生组织宣布中国彻底消灭疟疾，成为第40个消灭疟疾的国家，这是中国防控疾病、保障人民生命安全的又一个里程碑，为发展中国家提供了范例，为人类做出重大贡献。[6]

二、有效控制了艾滋病等传染病

艾滋病是由艾滋病病毒（HIV病毒）引起的危害性极大的传染病，曾一度引发世界恐慌，导致许多人不敢"握手"。艾滋病病毒主要攻击人体免疫系统，导致人体的免疫功能极度下降，从而出现由多种病原体引起的严重感染等，后期常常发生恶性肿瘤，并导致长期人体消耗，以致感染者全身衰竭而死亡。

艾滋病是中国重点防控的重大传染病之一。自1985年6月中国发现第1例艾滋病病人以来，截至2019年10月，中国存活感染者95.8万人，艾滋病疫情处于低流行水平，但出现了以社会流动人员为主向高等院校扩散的趋势，这值得引起人们的高度重视。

中国政府为防控艾滋病做了大量卓有成效的工作。

（1）出台系列法规、建立防控体系。从1984年至今，国务院及有关部委、地方政府及相关部门，相继发布和出台了一系列艾滋病防治法规及政策指导性文件，建立了政府组织领导、部门各负其责、全社会共同参与防治的工作机制，形成了政府主管部门、专业防治机构、社会组织和志愿者相结合的防治力量。[7]据初步统计，从1984年发布的《限制进口血液防止AIDS传入的通知》到最近发布的《遏制艾滋病传播实施方案（2019—2022年）》，中国发布的涉及艾滋病的政策文件不少于30份，为防控艾滋病奠定了坚实的法律基础。

（2）方法得当、措施有力。中国防控传染病所采取的"早发现、早隔离、早治疗、早康复、防传染"的"四早一防"模式，在防控艾滋病中也发挥了重要的作用。为防控艾滋病，中国政府采取了更加有力的措施，针对重点环节、重点区域、重点人群进行终端管理。一是针对重点环节，主要聚焦消除性传播和母婴传播；二是针对重点地区，主要针对"三区三州"等艾滋病疫情严重和深度贫困的地区；三是聚焦重点人群，主要针对青年人和青年学生。

（3）广泛动员、社会参与。中国以遏制艾滋病性传播为主攻方向，以疫情严重地区为重点，积极鼓励和支持学会协会、社会组织、企业、社会公众人物和志愿者等社会力量参与艾滋病防治工作。

（4）创新引领、科学抗疫。在"艾滋病和病毒性肝炎等重大传染病防治重大专项"的支持下，中国艾滋病研究取得了重大进展，临床用血的艾滋病病毒核酸检测已实现全覆盖，抗病毒治疗工作取得明显成效，抗病毒治疗覆盖率为80.4%，治疗成功率维持在90%以上。

三、防治SARS积累了丰富经验

SARS是一种由SARS冠状病毒（SARS-CoV）引起的急性呼吸

道传染病，其主要传播方式为近距离飞沫传播或接触患者呼吸道分泌物。

中国第一例SARS报告病例于2002年11月26日出现在广东佛山，之后又从广东、香港蔓延到华北，包括北京、天津、河北、山西、内蒙古等省市及自治区，以及后续的一些边远山区，形成了从南向北的两波大面积疫情。[8] 再后来，SARS扩散至东南亚乃至全球，直至2003年年中疫情才被逐渐消灭。

SARS给中国经济及人民生命安全造成了巨大损失。数据显示：中国有7778人患病，728人被夺去生命，分别占全球受感染和死亡人数的91%和90%；2003年上半年，仅中国旅游业因此蒙受的经济损失就高达2100亿元。[9]

在应对SARS初期，信息传播渠道的不通畅给老百姓带来了巨大恐慌，再加上部分地方政府及其官员的不作为和误导以及部分科学家的误判，非典疫情的防治工作从一开始就陷入了被动。后期，中国政府采取了强有力的措施，在全国范围内掀起了"万众一心、众志成城、科学防治、战胜非典"的战役，通过加强组织领导、把非典防治工作纳入法治化轨道、全力进行医疗救治、加强科研攻关工作等多种手段，我们终于取得了抗疫的胜利。

对于抗疫的经验，时任中共中央政治局委员、国务院副总理的吴仪在2003年的全国卫生工作会议上总结说：我们取得了抗击非典斗争的阶段性重大胜利，积累了丰富的经验，主要是有党中央、国务院的坚强领导，坚持依法行政、规范防治措施，依靠群众、群防群控，依靠科学、民主决策，信息公开、政策透明，加强国际合作与交流。[10]

四、防控新冠肺炎疫情再次彰显优势

新冠肺炎疫情给世界带来了严重的影响。联合国贸易与发展会议指出：2020年，新冠肺炎疫情在全球范围内造成2.55亿全职就业人口失业，并造成全球经济衰退3.9%；主要经济区域悉数受到疫情冲击，无一幸免。据《2021年可持续发展融资报告》估计，全球预计损失1.14亿个工作，约1.2亿人陷入了极端贫困，贫穷国家数以百万计人口的发展成果可能会因大流行而被逆转。[11]

新冠肺炎疫情是1949年以来，发生的传播速度最快、感染范围最广、防控难度最大的一次重大突发公共卫生事件。新冠肺炎疫情发生后，党中央高度重视，迅速做出部署，仅用一个多月的时间就初步遏制了疫情蔓延势头，用3个月左右的时间取得了武汉保卫战、湖北保卫战的决定性成果。在国家精准防控策略的指导下，中国经济率先摆脱疫情影响，人民日常生活已渐回正轨。

控制新冠肺炎疫情，中国也经历了从"乱"到"治"的历程。在初期，由于个别地区应对不力，出现了不少问题；但随着国家、社会等各方的调整，中国逐渐找到了应对策略，积累了丰富的经验。

（1）党和政府的强有力领导。面对突如其来的严重疫情，党中央坚持把人民生命安全和身体健康放在第一位，第一时间实施集中统一领导。疫情出现之后，中共中央就紧急印发了《关于加强党的领导、为打赢疫情防控阻击战提供坚强政治保证的通知》，强调各级党委（党组）、各级领导班子和领导干部、基层党组织和广大党员要充分发挥作用。随后，中共中央成立中央应对疫情工作领导小组，派出中央指导组，建立国务院联防联控机制。各地区、各党政军群机关和企事业单位、各村镇社区都紧急行动起来，迅速形成统一指挥、全面部署、立体防控的战略布局。

（2）充分发挥了集中力量办大事的社会主义制度优势。新冠肺炎疫情发生后，全国优势科研力量集中攻关，"用创纪录短的时间甄别出病原体"；集中各种资源，10天建成有1000张床位的火神山医院，12天建成有1600张床位的雷神山医院，先后建立16家方舱医院，床位达到1.4万余张，创造了人类防疫建设史上的奇迹；346支医疗队、4.26万名医务人员以及6.5万余件医疗设备从四面八方汇聚武汉、驰援湖北各地。为了更好应对抗疫，国家紧急调配防疫物资，配备防疫资金，建立了19个省份对口支援湖北除武汉以外的16个市州及县级市的机制。[12]在这次抗击疫情中，我们看到了中国制度优势中国家力量所起的基础作用。

（3）充分发挥了科技的支撑作用。新冠肺炎疫情出现之后，中国第一时间就甄别出了病原体，并第一时间分享了病毒基因序列，在快速筛选有效药物、实施大规模核酸检测和疫苗研发上市方面，中国都走在了世界的前列。同时，中国在无线通信、机器人、云计算、物联网等基础设施和高新技术产业方面的优势成为"抗疫硬核力量"：遍布中国各地地铁站、火车站、机场和社区服务中心的体温检测自动化系统、人工智能分析CT影像系统、喷洒消毒剂的无人机和机器人，以及用于检测和预防的各类健康信息码等，都为防疫做出了巨大贡献。

（4）采取了及时有效的措施和手段。一是对高风险地区实行全封闭管理，武汉、石家庄两大省会城市，都曾因疫情而实行了封闭管理；二是提出"早发现、早报告、早隔离、早治疗"的防控要求，最大限度地提高了治愈率、降低了病亡率；三是注重科研攻关和临床救治、防控实践相协同的原则；四是根据情况及时调整策略，"外防输入、内防反弹"，推动防控工作由应急性超常规防控向常态化防控转变。

（5）及时发布诊疗方案。诊疗方案对医生认识疾病、针对性治疗疾病等有着重要作用。在这次抗击新冠肺炎疫情的过程中，为了进一步做好新型冠状病毒肺炎病例诊断和医疗救治工作，中国组织专家在对医疗救治工作进行分析、研判、总结的基础上，对诊疗方案进行了多次修订，共发布了8个版本的诊疗方案，这为医生诊治病人提供了系统、科学、规范的指导。

（6）积极推动国际交流合作。新冠肺炎疫情发生以来，中国一直积极倡导加强国际合作，共同维护地区和全球卫生安全。2020年4月2日，中国共产党同世界100多个国家的230多个政党联合发出了加强抗击新冠肺炎疫情国际合作的倡议。在抗击新冠肺炎疫情的过程中，中国不仅在第一时间将病毒全基因组序列与世界其他国家分享，与多国携手开展疫苗研发，2020年度科技部还设立专项资金支持应对新冠肺炎疫情的国际合作。

（7）积极加强宣传报道。中国在防疫初期就建立了全国疫情信息发布机制，从而让广大人民了解进展，防止出现大面积混乱，也提高了信息透明度。

第2节

农业生物安全：助力粮食增产

农业生物安全不仅包括防范外来生物、自然病虫灾害对农业的危害，还包括有效防范由于各类生物因子、生物技术的误用和滥用而对农业生产与生态环境所造成的危害，特别是防范高度危险性人畜共患病、动物疫病、植物病虫害和外来生物的危害与威胁。[13]农业生物安全主要涵盖动植物疫情防控、食品安全、转基因动植物、植物品质资源保护以及农业生物灾害的监测、预警与预报等。

近年来，中国农业生物安全的科技创新能力建设取得了长足进步，相关法律法规也在逐步完善，这些都有力保障了农业生物安全。

建立一批研发基础设施。近年来，中国农业领域建立了一批高水平研发基础设施，形成了应对生物安全的保障能力。一是组建了国家农业生物安全科学中心，该中心是国际一流、设施可靠、功能齐全的现代化农林生物安全预防和控制科学技术研究基地，凝聚、培育了国际农业生物安全高端人才。二是建设了一批专业化的P3实验室，包括中国动物卫生与流行病学中心国家外来动物疫病诊断中心国家口蹄疫参考实验室（以下简称ABSL-3实验室）、中国农业科学院哈尔滨兽医研究所国家动物疫病防控高级别生物安全实验室、中国农业科学院兰州兽医研究所ABSL-3实验室、中国农业科学院长春兽医研究所动物生物安全三级实验室、华南农业大学动物生物安全三级实验室、中国动物疫病预防控制中心生物安全三级实验室等。三是中国科学院武汉国家生物安全实验室建成并开始运营。四是中国拥有一批高水平的农业高等院校，比如中国农业大学、南京农业大学、华中农业大学等，在科研和人才培育方面，这些高校都已成为国家保障农业安全的战略科技力量。

取得一批高水平成果。中国非常重视农业生物安全的科技创新。针对生物入侵领域，中国在973计划、国家重点研发计划中，先后布局了二三十项重大项目。截至2020年，国家重点研发计划生物安全关键技术研发项目"重大或新发农业入侵生物风险评估及防控关键技术研究"课题，已构建了多达1200种入侵生物的信息库，形成了48项入侵物种监测防控技术方案或技术规范，制定标准草案7项。在动物病原微生物控制方面，中国通过系列项目部署，已揭示了禽流感、口蹄疫、猪蓝耳病等动物重大疫病的流行病学和演变规律，研发出处于国际领先水平的禽流感、口蹄疫等高效动物疫苗。在农作物有害生物控制方面，中国已在水稻、小麦的重大病虫害成灾机理和可持续控制原理、重要外来物种入侵机理与监控等领域，取得了一批处于国际前沿水平的研究成果[14]。

法律法规体系趋于完善。中国已出台或修订了《中华人民共和国动物防疫法》《中华人民共和国野生动物保护法》《农业转基因生物安全管理条例》等法律法规，初步建立了涵盖动植物重要病原物、实验室生物安全、转基因管理等方面的生物安全法律法规体系和相对完善的生物安全国家标准体系，对涉及生物安全相关活动的安全管理要求和标准操作规程予以明确。

近年来，特别是党的十九大以来，在生态文明思想的指导下，中国积极推动用最严格制度和最严密法治保护生态环境，加快立法步伐。《中华人民共和国水污染防治法》《中华人民共和国大气污染防治法》《中华人民共和国土壤污染防治法》《中华人民共和国海洋石油勘探开发环境保护管理条例》等文件的修订和出台，表明中国生态环境保护法律法规体系已初步构建。

第3节

生物多样性保护：促进生态逐步改善

生物多样性是指地球所有生物（动物、植物、微生物）以及它们所拥有的遗传因子和生存环境共同组成的生态系统，通常包括生态系统多样性（如森林生态系统、农田生态系统等）、遗传多样性和物种多样性三个部分。生物多样性构成了五彩缤纷的自然世界。

保护生物多样性是保障生态安全的基础。生态安全主要是指一个国家或地区具有发展得较为完整的、不受威胁的生态系统，以及应对国内外重大生态问题的能力。生态安全的核心是两类安全：自然生态系统的安全（如森林、草原、荒漠、湿地、海洋等资源的安全）和生物多样性的安全。例如，防止森林资源、生态被破坏的能力，恢复草原植被的能力，以及保护大熊猫、东北虎、娃娃鱼等，都属于生态安全的内容。

中国非常重视生态安全：2000年发布的《全国生态环境保护纲要》就明确提出了"维护国家生态环境安全"的目标；2004年12月

修订通过的《中华人民共和国固体废物污染环境防治法》将维护生态安全作为立法宗旨写进了国家法律。经过多年的发展，中国生态安全保护工作取得了显著成效。

一、生态修复取得显著进展

生态修复通常是对退化或遭破坏的生态系统的恢复与完善，是指利用生态系统的自我恢复能力，加上人工修复措施，逐步恢复和完善生态系统结构与功能的工作，比如对遭遇砍伐、火灾的森林系统的恢复，对退化的草原系统的恢复。中国采取"营造三北防护林""封山育林""退耕还林"等重大措施来恢复生态系统。

截至2020年年底，中国已建立各类自然保护地1.18万个，约占中国陆地国土面积的18%；在12个省份开展了国家公园试点，总面积超过22万平方公里；实施了25个山水林田湖草生态保护修复试点工程，森林覆盖率达到23.04%，有效解决了生态退化问题。此外，全国还整治修复岸线1200公里、滨海湿地2.3万公顷；生态保护红线涵盖了中国生物多样性保护的35个优先区域，全面覆盖了国家重点保护物种栖息地。[15]

二、生物多样性保护初见成效

中国是世界上生物多样性最为丰富的国家之一。长期以来，中国都对生物多样性的保护工作非常重视，也取得了较好的成效。通过建立各级各类自然保护区、各类陆域自然保护地等多种手段，中国使得一些珍稀濒危的动植物种群得到了恢复。自《生物多样性保护重大工程实施方案（2015—2020年）》实施以来，中国已划定35个生物多样性保护优先区域，约占中国陆地国土面积的29%；其中，维管植物数占全国总种数的87%，野生脊椎动物数占全国总种数的85%，还发现了新种和新纪录种50余个。与此同时，中国先后实施了大熊猫等濒危物种和极小种群野生植物的系列专项保护规划或行动方案，建立了250处野生动物救护繁育基地，促进了大熊猫、朱鹮等300余种珍稀濒危野生动植物种群的恢复与增加。[16]

为保护生物多样性，过去几十年来，中国政府实施了大规模的保护行动、工程措施，出台了相应的政策法规，并已取得显著成效。

（1）就地保护。自1956年建立鼎湖山自然保护区以来，中国已经建成以自然保护区及国家公园为主体，以风景名胜区、森林公园、湿地公园、地质公园、海洋特别保护区、农业野生植物原生境保护点（区）、水产种质资源保护区（点）、自然保护小区等为补充的生物多样性保护体系，保护地总面积已达180多万平方公里，约占我国陆地国土面积的18%，超额完成《联合国生物多样性公约》设定的2020年保护17%的土地面积的目标。就地保护网络体系的建立有效保护了中国90%的陆地生态系统类型、85%的野生动物种群类型和65%的高等植物群落类型，以及全国20%的天然林、50.3%的天然湿地和30%的典型荒漠区。

（2）迁地保护。中国已建立200多个植物园，收集保存了20000多种植物；建立了230多个动物园和250余处野生动物拯救繁育基地；建立了以保护原种场为主、人工保存基因库为辅的畜禽遗传资源保种体系，对138个珍稀、濒危的畜禽品种实施了重点保护；加强了农作物种质资源收集保存库的设施建设，收集的农作物品种资源不断增加，总数已近50万种；在中科院昆明植物研究所建成了中国西南野生生物种质资源库，搜集和保存了10000多种野生生物种质资源。

（3）重大生态工程。林业生态工程，包括天然林资源保护工程、"三北"及长江中下游地区等重点防护林体系建设工程、京津风沙源治理工程、退耕还林还草工程、野生动植物保护及自然保护区建设工程、速生丰产用材林基地建设工程、退牧还草工程、草原沙化防治工程、石漠化治理工程、水土流失治理工程等。仅"三北防护林"，我国40年来就投入500多亿元，造林面积超过3000万公顷，这形成了华北地区的生态屏障，被称为"世界生态工程之最"，堪称世界人工造林奇迹。[17] 生态建设和环境保护示范工程，包括生态示范区建设工程、污染物控制与环境治理工程。生物资源可持续利用工程，包括野生动植物的人工繁（培）育工程、生态农业工程、生态旅游工程、生物产业工程等。

（4）保护区划与规划。在国家规划方面，我国继1994年发布《中国生物多样性保护行动计划》后，2010年又发布了《中国生物多样性保护战略与行动计划（2011—2030）》，为中国生物多样性保护设计了蓝图。该行动计划提出三个阶段战略目标。近期目标：到2015年，力争使重点区域的生物多样性下降趋势得到有效遏制。中期目标：到2020年，努力使生物多样性的丧失与流失得到基本控制。远景目标：到2030年，使生物多样性得到切实保护。该计划还提出8个方面的战略任务，并在空缺分析的基础上，利用系统规划方法，提出中国32个陆域生物多样性保护优先区域和3个海洋及海岸生物多样性保护优先区域。其中32个陆域优先区域共涉及27个省（自治区、直辖市）的885个县，总面积为232.15万平方公里，约占我国陆地国土面积的24%。

（5）政策与法规措施。在政策方面，中国已经确立了生物多样性保护的重要战略地位：完善了生物多样性保护相关政策、法规和制度，并推动将生物多样性保护纳入国家、地方和部门相关规划；加强了生物多样性保护能力建设，促进生物资源可持续开发利用，鼓励科研创新和知识产权保护，推进生物遗传资源及相关传统知识的惠益共享；提高了应对气候变化、外来物种入侵、有害病原体和转基因生物安全的能力，增强了公众参与意识，加强了国际交流与合作等。[18]

在法规方面，从中央到地方，多层次、多部门法律法规的颁布和实施，对中国生物多样性的保护和管理具有重要的监督和规范作用。据粗略统计，目前中国已颁布实施的涉及生物多样性保护的法律共20多部、行政法规40多部、部门规章50多部。同时，各省（自治区、直辖市）也根据国家法规，结合当地实际，颁布了若干地方性法规。特别是云南省于2018年发布了《云南省生物多样性保护条例》，这是第一部省级层面的生物多样性保护专门法规，它规定了生物多样性保护和可持续利用措施，还第一次涉及了生物遗传资源获取与惠益分享的内容。

（6）国际合作。在生物多样性国际合作方面，中国先后缔结了《生物多样性公约》《卡塔赫纳生物安全议定书》《遗传资源获取与惠益分享的名古屋议定书》《联合国气候变化框架公约》《联合国防治沙漠化公约》《濒危野生动植物种国际贸易公约》《湿地公约》等50多项涉及生物多样性和环境保护的国际公约和协定，并积极履行国际义务。在多边和双边合作方面，过去几十年来，中国积极推动与欧盟、意大利、日本、德国、加拿大、美国等发达国家和地区的生物多样性合作，还通过"一带一路"倡议等与周边国家及广大发展中国家开展生物多样性保护协作，并进一步加强与联合国机构、国际组织以及非政府组织在生物多样性保护方面的合作。通过多边和双边合作项目，中国有效地推动了国际交流与合作，2013年被联合国授予"南南合作奖"。

三、环境保护取得重大成效

客观地讲，尽管我国政府在工业化过程中十分重视减少环境污染、保护生态环境的问题，但由于缺乏环境保护技术、基金不足、基层环保意识不强等，我国并没有完全避开发达国家在工业化中对环境"先破坏、后治理"的老路。随着工业化的快速推进，许多地方出现了环境污染、生态破坏的问题，政府高度重视，并采纳一系列重大措施来治理污染、改善生态，陆续发布一系列文件，启动一批生态建设重大工程，先后印发了《全国生态环境建设规划》《全国生态环境保护纲要》，连续发布三个全国生态保护五年规划，调整了有关部门职责与任务，推动了生态建设从局部、单要素保护修复，向区域山水林田湖草沙一体化建设、综合治理的根本性转变，这取得了巨大的环境效益与社会效益。

以2020年生态环境部联合有关部门和单位开展的"绿盾2020"为例，该项目已经累计派出8批共136人次，对全国29个省（自治区、直辖市）的196个自然保护地的4398个"绿盾"台账问题的整改情况开展实地核实，对17个省的79个自然保护地开展联合巡查。截至2020年年底，国家级自然保护区内的5503个重点问题点位，已整改完成5038个，整改完成率约92%；长江经济带11省（直辖市）国家级自然保护区内的1388个重点问题点位，已整改完成1217个，整改完成率约88%。[19]

第4节

国门生物安全：防御外来生物入侵

近年来，中国口岸各类国门生物安全事件频繁发生，国门生物安全防控工作日益成为海关履行把关服务职能的重要内容。

一、建立健全国门安全法规体系

早在1986年，中国就制定并颁发了《中华人民共和国国境卫生检疫法》；1989年，中国颁布实施了《国境卫生检疫法实施细则》。为了响应《国际卫生条例（2005）》的号召，中国对《中华人民共和国国境卫生检疫法》进行了修订，开展口岸核心能力建设，努力打造符合世界卫生组织标准要求的"国际卫生机场（港口）"。至此，中国基本形成了比较完整的国境卫生检疫法律法规、组织架构、应急监测、实验检测、人才队伍及联防体系，这些都在应对非典、甲型H1N1流感、埃博拉出血热、中东呼吸综合征、寨卡病毒及登革热、艾滋病、黄热病等重大疫情中发挥了巨大的成效。新冠肺炎疫情暴发以来，各级海关坚决贯彻党中央决策部署，把疫情防控作为当前重要的政治任务，坚决遏制疫情通过口岸蔓延，实际成效显著。

据口岸动植物检疫统计[20]，中国每年从进口货物中查获有害生物的情况日益严重，并突出呈现四个特点。一是随着入境货物贸易量的增加，截获的有害生物数量增加，甚至到了十分巨大的程度。2013年全国口岸截获有害生物80万种次，到了2017年达到159万种次，4年间增长了近一倍。其中高风险的检疫性有害生物截获种次由9万种次上升到20万种次，增长更为明显。二是不仅东部沿海贸易量大的口岸有大量截获，其他内陆沿边口岸每年也有大量截获。虽然截获的有害生物的种类不完全相似，但总量却呈快速增长势头，形成了有害生物全面入侵的态势。三是有害生物主要随农林畜产品进入，越是中国需求量大、进口多的产品，有害生物入侵的情况越严重。2017年，在进口豆类和粮谷中查获的有害生物比例分别为27%和22%，甚至有的一般豆类或粮食，被查出有几十种有害生物。四是有害生物的入侵途径多样化，除了随货物进入，交通运输工具、包装物、旅客携带物中也经常被发现有害生物。近些年，进境国外邮件、快件携带或者夹带有害生物的频次日趋增加，有时明知是有害生物，仍有人购买或携带入境。

二、持续完善口岸疾病预防控制体系

构建科学化口岸传染病防控机制。一是筑牢境外检疫防线。加强与国际组织、"一带一路"沿线国家的卫生检疫合作，建立信息互通和联合应急处置机制；继续选派人员赴境外开展传染病监测，实现防控"关口前移"。二是筑牢口岸查验防线。对来自中高风险区的人员、交通工具等实施重点查验，切实做到"三查三排一转运"；强化口岸快速检测技术，对可疑病例采样进行现场快速检测和实验室检测，实现双重技术保障。三是筑牢境内防控防线。构建立体化口岸联防联控体制，加强与军队、地方卫生、高等院校等部门的技术合作交流。

构建精准化口岸传染病防控体系。一是以智慧卫生检疫系统为主体，应用大数据、人脸识别等技术，探索入境旅客精准检疫模式。二是探索建立针对交通工具、货物等的信息化追溯机制，进一步推进针对交通工具、货物等的"查检合一"进程，推进风险分析预警模型运用，完善卫生检疫的"选、查、处"流程和职责划分。

构建智能化口岸传染病防控防线。一是推进全球传染病疫情智能监测预警，扩大境外传染病疫情信息监测范围，准确掌握全球动态，对全球疫情数据进行科学分析，及时开展风险评估，实现早期预警。二是提高口岸智能化监管水平，为旅检现场配备智能化、信息化设备，提高口岸查验水平。

三、实施口岸病媒生物智慧监测工程

实施口岸病媒生物智慧监测工程。一是规范口岸输入性病媒生物监测和病原体检测工作，大力推进远程病媒生物鉴定技术的应用。二是针对病媒生物及其携带病原体，加大DNA条形码技术、宏基因测序等高效鉴定技术的应用。

实施重大病媒传染病的国际联合监测合作。建立与陆路接壤国家和"一带一路"沿线国家的常态化技术合作，共同开展针对重大病媒生物性传染病及其传播媒介的风险监测、分析和预警工作，有效阻断病媒生物和重大传染病跨境传播、沿贸易线路远距离扩散。

强化出入境特殊物品监管。一是建立海关出入境特殊物品卫生检疫监管系统，实现全国各地海关业务的全覆盖和快速高效的核查，以及监管全流程的信息化、无纸化。二是依据风险管理原则，建立特殊物品风险评估保障机制，对特殊物品进行风险分级，对特殊物品的生产、经营、使用单位及其代理人实行监管分类，不断完善特殊物品风险分级制度。三是加强特殊物品检疫监管，建立特殊物品监管专家库和督导检查机制，对病原微生物、血液等高风险特殊物品实施后续监管，促进生物医药产业健康发展。[21]

加强医学实验室生物安全建设。围绕国家战略需求，着眼于国门生物安全科技发展，根据口岸环境、区域特点、业务需求、人才队伍等条件，建立重点实验室、区域中心实验室及常规实验室三级网络。在重点口岸引进移动P3实验室和P2实验室，形成完善、严密的固定和移动相结合的海关生物安全实验室体系。围绕重大疫情推进实验室检测项目认证，提升对新发传染病的检测、鉴定能力，提高重大烈性传染病和人畜共患病疫情防控技术能力，为口岸重大疫情防控打下坚实的基础。[22]

第5节

生物实验室安全：达国际一流水平

进入21世纪，中国先后遭遇了非典型肺炎疫情、高致病性禽流感、中东呼吸综合征、寨卡病毒病、非洲猪瘟、新冠肺炎疫情等多次传染病疫情的挑战。中国依靠广大科研工作者，在较为先进的生物技术、较高质量的基础设施的支持下，在重大传染病基础研究、病原体检测、诊断与防控等多个领域都取得了重要进展。

一、生物安全技术不断取得重大突破

科学技术发展日新月异，生物安全技术越发成为影响国家竞争力和战略安全的关键内容，对于维护国家安全至关重要。

中国生物医药起步较晚，但发展迅速，其创新体系建设不断完善，研发能力和水平快速提升。《2020年中国生命科学与生物技术发展报告》指出，自2010年以来，中国专利申请数量维持在全球第二位，2019年专利授权量位居全球第一，支撑经济社会发展的作用不断增强。[23]

在抗击新冠肺炎疫情的过程中，中国科学家迅速行动：在疫情暴发之初第一时间分离得到病毒毒株，最快获得病毒的全基因组序列，为确定此次疫情的病原提供了第一手关键证据；积极启动快速检测技术研发，多套检测产品通过了国家药监局应急审批并获得欧盟CE认证，被广泛应用于抗疫一线；积极推进重组蛋白疫苗、腺病毒载体疫苗和灭活疫苗的研发，为全面抗击疫情做出了巨大贡献。其核心因素就是中国这些年在生命科学和生物技术领域拥有了一些领先的优势。

二、高等级生物安全实验室不断增加

生物安全实验室，尤其是高等级生物安全实验室（P3实验室和P4实验室）是支持开展公共卫生和疾病防控前沿研究、解决国家生物安全重大科技问题的大型复杂系统。经过多年建设，中国生物安全实验室体系已基本完善，成为国家生物安全保障的稳定基石。

一是已建设一批高等级生物安全实验室。以2004年《国家高级别生物安全实验室建设规划》为起点，中国积极布局高等级生物安全实验室，打造高等级生物安全实验室体系的基本框架，一批P3实验室、P4实验室已建成并运行。据统计，中国已通过科技部建设审查的P3实验室有81家，正式运行的P4实验室有2家。[24]这些高等级生物安全实验室在传染病防控、突发公共卫生事件应急处置、动植物疫病防控、医药科研、检验检疫和国防生物安全中发挥了重要的平台作用。

二是不断完善生物安全实验室法律法规体系。以2004年11月12日国务院正式颁布实施的《病原微生物实验室生物安全管理条例》为标志，中国实验室生物安全管理开始全面走向法治化道路。随后，相关部门发布了一系列配套法规和国家标准，《病原微生物实验室生物安全管理条例》也已在2016年、2018年经历了两次修订。《中华人民共和国生物安全法》的第5章"病原微生物实验室生物安全"则进一步完善了中国生物安全实验室法律法规体系。

三是高等级生物安全实验室的关键防护装备研发取得重大进展。P3实验室建设的装备需求已经基本能够满足实验室生物安全发展的需要；P4实验室在正压防护服、实验室生命支持系统、化学淋浴设备等关键技术上取得重大突破。目前，中国已基本完成该领域全系列产品的研发，并已经拥有相关专利。[25]

三、生物安全实验室管理达国际一流

中国在生物安全实验室的建设与管理方面起步较晚。2002年，中国生物安全领域第一个行业标准《微生物和生物医学实验室生物安全通用准则》发布。2003年SARS疫情暴发，中国发现自身在高等级生物安全实验室操作和管理等方面存在巨大短板，随后加强研究。2004年，中国首次发布与之相关的管理条例及国家标准，并进行了多次修订。目前，《病原微生物实验室生物安全管理条例》（2018年修订）、《生物安全实验室建筑技术规范》（2011年修订）、《实验室生物安全通用要求》（2008年修订）以及《国家高级别生物安全实验室建设规划》是核心材料，它们对最高等级生物安全实验室的建设、实验室感染控制以及监督管理等提出了具体要求和规定，促使中国逐步推进实验室生物安全管理与实施建设。

为了进一步加强对高等级生物安全实验室的管理，近年来中国相继发布《高级别生物安全实验室体系建设规划（2016—2025）》《中华人民共和国人类遗传资源管理条例》等一系列文件，建成并启用了最高等级生物安全实验室——中国科学院武汉病毒研究所国家高等级生物安全实验室（2015年建成、2018年启用）。至此，中国生物安全实验室管理进入了治理化、现代化、国际化的新阶段。武汉国家生物安全实验室的管理受到国际同行的高度评价，这表明中国生物安全实验室管理已经达到国际一流水平。

第6节

生物安全法规体系：日趋完善

生物安全问题引起国际广泛关注是在20世纪80年代中期，1985年由联合国环境规划署、世界卫生组织、联合国工业发展组织及联合国粮食及农业组织联合组成的一个非正式的关于生物技术安全的特设工作小组，开始关注生物安全问题。[26] 目前，中国已经出台许多与生物安全相关的法规，涉及政府的很多部门。

一、生物安全立法与管理经历五个阶段

中国政府一直十分重视生物安全工作，并通过立法先行的方式，依法管理、保障生物安全。回顾中国生物安全立法与管理，其大致经历了五个阶段。

（一）以转基因生物及产品管理为主阶段

像许多其他国家一样，中国生物安全管理最早也是从转基因安全管理开始的。为了保障转基因技术的正确运用，防止转基因生物对人类与生物环境造成不利影响。1993年12月24日，当时的国家科委发布《基因工程安全管理办法》，对全国基因工程安全管理提出了全面、系统的管理办法。该办法是当时中国生物安全管理的主要文件，明确了基因工程工作的分行业管理体制机制。该办法第31条规定，"国务院有关行政主管部门按照本办法的规定，在各自的职责范围内制定实施细则"。按照转基因生物潜在的风险，该办法将基因工程工作分为四个安全等级，并规定了相关审批权限。

1996年7月，农业部发布了《农业生物基因工程安全管理实施办法》，对农业生物基因工程技术及其产品的实验研究、中间试验、环境释放以及商品化生产前的安全评价和管理制定了明确的管理办法，开始对农业转基因安全进行全面、系统、严格的管理工作。[27]

2001年5月23日，国务院颁布了《农业转基因生物安全管理条例》，明确在我国境内从事农业转基因生物的研究、试验、生产、加工、经营和进口、出口活动，依照该条例规定需要进行安全评价的，按本办法进行评价。需进行评价的转基因产品包括转基因动植物（含种子、种畜禽、水产苗种）和微生物，转基因动植物、微生物产品，转基因农产品的直接加工品和含有转基因动植物、微生物或者其产品成分的种子、种畜禽、水产苗种、农药、兽药、肥料和添加剂等。可见，中国对转基因生物的管理十分细致、全面。同时，确定设立国家农业转基因生物安全委员会，负责农业转基因生物的安全评价工作。[28]

2001年7月11日，农业部颁布了《农业转基因生物标识管理办法》，明确规定"国家对农业转基因生物实行标识制度""凡是列入标识管理目录并用于销售的农业转基因生物，应当进行标识；未标识和不按规定标识的，不得进口或销售"。实施标识管理的农业转基因生物目录，由国务院农业行政主管部门与国务院有关部门协商制定、调整和公布。

这一系列涉及农业转基因生物安全管理的文件的出台，实际上奠定了中国农业生物安全的法规基础，对农业转基因生物的研究、生产、销售、进出口和消费行为都进行了明确的规定，同时又保护了消费者的知情权。

20多年来，中国对转基因动植物的规范管理，有效保障了转基因生物安全，也促进了转基因技术的发展。"转基因动植物品种培育"国家重大科技专项，已经培育出一批重要的转基因品种。

20世纪90年代，美国和欧盟因为转基因食品安全问题而闹得不可开交。美国指责一些欧盟国家对美国出口的转基因食品进行限制，而欧盟则表示对于美国通过科技手段改变食品的基因构成这种做法不能接受。一些欧洲国家明令禁止某些转基因食物的进口。[29]

（二）以干细胞与生物伦理管理为主阶段

进入21世纪，干细胞技术迅速发展，此时也出现了一些不安全、不符合生物伦理的事件。例如，意大利有组织声称已成功克隆人，有研究者将人类细胞与动物细胞进行"杂交"、融合。干细胞技术可能带来的安全风险与生物伦理问题引起了许多国家政府与公众的高度关注。随后，许多国家政府发表声明或出台相关文件，规定政府研究经费绝对不支持克隆人等违反生物伦理的研究。中国有关部门也明确了反对克隆的态度，即"不支持、不参与"。

中国有关干细胞研究与应用的管理大致分两类：一类是按照新药进行管理，由国家食品与药品管理部门负责；另一类是按照新的临床治疗方案进行管理，由国家卫生与健康管理部门负责。

为了加强对干细胞研究与应用的管理，保障人民生命安全与伦理，2003年12月，科技部、卫生部联合印发《人胚胎干细胞研究伦理指导原则》，加强对干细胞研发安全与伦理问题的管理。尽管政府三令五申，政府科技项目经费绝对不支持违反生物伦理甚至不安全的研究，但一些企业或个人为牟取暴利、追求名利，仍然私自开展非法的研发活动。

干细胞安全与转基因安全一样，受到广大公众的高度关注。一些消费者接受过干细胞保健服务，还有一些疾病的患者甚至接受过干细胞的治疗。需要提醒广大公众注意的是，干细胞的功能、作用、副作用、机理等仍然在研究阶段，广大公众需要严格按照国家有关部门的正式批文进行使用、消费，不能存在侥幸心理盲目使用，否则会存在不安全的隐患。

（三）以生物实验室安全管理为主阶段

据统计，2002年SARS暴发之前，中国卫生、农业、教育、军事等部门及企业已建设P3实验室45个，分布在北京、武汉、上海、广州等12个城市。当时只有8个P3实验室能够开展小动物实验，没有一个P3实验室具备开展大动物实验的条件，这难以满足SARS科技攻关的基本需要。2003年5月，为了保障SARS相关研究工作安全、有序、快速地进行，当时的"国务院防治SARS指挥部科技攻关组"

组织专家对SRAS攻关课题承担单位的P3实验室进行实地检查，提出改进意见，并对改建结果进行了验收，先后批准22个P3实验室从事SARS科技攻关研究，其中能够开展SARS活病毒相关研究的实验室有10个。这就是当时中国高等级生物安全实验室的实际情况。王宏广教授作为当时"SARS科技攻关组地方组组长"，参与了P3实验室的相关调研与改进工作。

防控SARS疫情，极大地促进了中国生物安全实验室的建设与管理工作。全国人民共同抗击SRAS，采取"早发现、早隔离、早治疗、早康复"等一系列有效的办法，很快控制了SARS疫情。但2004年由于实验室的管理不严，SRAS病毒泄漏，导致新的SARS病例出现。虽然病毒扩散途径很快被查清，也控制了感染人数，但这一事件也暴露了中国个别生物安全实验室管理不严的问题。中国政府对有关研究机构的负责人、实验室主任给予严厉处分，并引以为戒，进一步加强国家生物安全实验室管理工作。

SARS疫情之后，中央政府、地方政府以及许多企业投资建设了一批生物安全P3实验室，到2020年中国生物安全P3实验室增加至87个，P4实验室实现了零的突破。中国与法国合作共建的中国科学院武汉国家生物安全实验室，引进7个移动生物安全P3实验室，使中国生物安全实验室建设与管理上了一个新的台阶。王宏广教授有幸参与了与法国合作的谈判以及实验室引进工作。武汉国家生物安全实验室从开始谈判到建成用了15年的时间，由于西方某些国家的阻挠与破坏，实验室建设工作先后多次停滞，最终武汉国家生物安全实验室在2018年投入使用。投入使用仅仅两年，恰好遇上新冠肺炎疫情。

SRAS暴发之前，中国P3实验室缺乏统一的规划、管理条例和安全操作规范，由各部门按照各自的有关规定进行管理。SARS事件之后，国务院明确要求，生物实验室建设要统一规划，既要考虑当前需要，又要兼顾长远发展，特别要重视生物安全问题，建立统一管理体系，各部门共同配合，严格管理生物安全实验室。

科技部、卫生部、国家食品药品监督管理局和国家环保总局四部委于2003年5月6日联合下发《传染性非典型肺炎病毒研究实验室暂行管理办法》和《传染性非典型肺炎病毒的毒种保存、使用和感染动物模型的暂行管理办法》，对P3实验室的硬件要求、操作规范、建设、审批等做出了严格的规定。2003年4月29日，卫生部办公厅印发了《传染性非典型肺炎实验室生物安全操作指南》。这些文件成为P3实验室运行管理的基本依据，在当时中国生物安全实验室管理法律法规尚不完善的情况下，对规范和指导全国生物安全实验室管理工作发挥了积极作用。

（四）生物多样性国际公约履约阶段

保护生物资源与生态环境是生态文明建设的主要内容。中国一直十分重视生态环境保护和生物多样性保护工作，并积极参与相关国际组织，履行相关国际义务。

我国在保护生物资源，特别是濒危生物方面，积极履行《生物多样性公约》。《生物多样性公约》是一项有法律约束力的国际公约，缔约方应为本国境内的植物和野生动物编目造册，制订计划保护濒危的动植物；发达国家将以赠送或转让的方式向发展中国家提供资金补偿，以更实惠的方式向发展中国家转让技术。截至2004年2月，该公约的缔约方有188个。中国于1992年6月11日签署该公约，1992年11月7日被批准，1993年1月5日交存加入书。加强生物多样性保护，是改善生态环境、推进生态文明建设的重要内容。中国还制定并实施了《中国生物多样性保护战略与行动计划（2011—2030年）》，生物多样性保护工作取得了显著成效，为维护全球生态安全发挥了重要作用。

在保障环境生物安全方面，中国积极履行《卡塔赫纳生物安全议定书》，最大限度地降低生物技术对生态环境、人类健康及生物群体可能造成的风险，并从生物产生发展中获得最大的利益。

以上两个国际公约的谈判与履行工作，是保障生物安全的重要内容，也是生物文明建设的主要内容，由国家环保部门牵头，外交、科技、农业、外经贸、质检等部门共同推进。

（五）生物安全法研究与立法阶段

中国生物安全管理的主要依据是有关部门颁布的行政法规，因而存在层次不高、权威性不够、法律责任不明确等问题，所以2002年根据国务院有关指示，相关部门启动《中华人民共和国生物安全法》研究与起草工作，并成立了由14个部委组成的"生物安全立法研究起草领导小组"和"工作小组"，王宏广教授有幸担任起草专家组的总召集人。2005年，《中华人民共和国生物安全法（送审稿）》完成，经14个部委的审核后上报给国家有关部门。《中华人民共和国生物安全法（送审稿）》的主要内容包括：农业转基因生物安全、生物多样性、生物资源安全、防御重大传染病与动植物、进出口生物安全、生物技术研发与实验室安全、病原微生物安全管理、生物制品标准与安全8个方面的内容。鉴于当时的研究积累，人类遗传资源保护、微生物抗药性等问题没有被单独列为一章。

从2005年到2019年，中国生物安全立法进入了长达15年的研究与起草阶段。在第十二届全国人大会议期间，有154位全国人大代表共提出5项有关生物安全立法的议案；在第十三届全国人大一次会议和二次会议期间，共有214位全国人大代表提出7项有关生物安全立法的议案。[30]生物安全立法被纳入第十三届全国人大常委会立法规划和2019年度立法工作计划，由全国人大环境与资源保护委员会负责牵头起草和提请审议。

2019年10月25日，第十三届全国人大常委会第十四次会议举行分组会议，审议生物安全法草案。[31] 生物安全法草案将统筹安全和发展两方面的要求。一方面，草案将积极应对国家生物安全挑战，构建国家生物安全体系；另一方面，生物安全立法将国家生物安全能力建设纳入法律。

新冠肺炎疫情暴发后，中国生物安全立法进展明显加快。2020年2月14日，国家主席、中央全面深化改革委员会主任习近平在中央全面深化改革委员会第十二次会议上强调：要从保护人民健康、保障国家安全、维护国家长治久安的高度，把生物安全纳入国家安全体系，系统规划国家生物安全风险防控和治理体系建设，全面提高国家生物安全治理能力。要尽快推动出台生物安全法，加快构建国家生物安全法律法规体系、制度保障体系。[32]

2020年10月17日，第十三届全国人大常委会第二十二次会议通过《中华人民共和国生物安全法》，自2021年4月15日起施行。[33]至此，历时18年，中国生物安全立法工作全面完成，进入执法阶段。

《中华人民共和国生物安全法》及其他相关法规，如《中华人民共和国卫生检疫法》《中华人民共和国食品卫生法》等，构成了中国生物安全法规体系，中国生物安全工作进入了依法管理、科学管理、严格管理的现代化治理新阶段。

二、《中华人民共和国生物安全法》实施开拓新的阶段

《中华人民共和国生物安全法》是我国生物安全领域的一部基础性、综合性、系统性、统领性法律，其颁布和实施是中国生物安全和国家安全工作的一个里程碑，标志着中国生物安全进入依法治理的新阶段，为进一步维护国家安全提供了法律依据。

《中华人民共和国生物安全法》明确提出维护生物安全应当贯彻总体国家安全观，强调要在生物安全领域形成国家生物安全战略、法

律、政策"三位一体"的生物安全风险防控和治理体系。《中华人民共和国生物安全法》共10章88条，除去第1章的总则和第10章的附则，其他8章分别是：生物安全风险防控体制，防控重大新发突发传染病、动植物疫情，生物技术研究、开发与应用安全，病原微生物实验室生物安全，人类遗传资源与生物资源安全，防范生物恐怖与生物武器威胁，生物安全能力建设，法律责任。

《中华人民共和国生物安全法》的实施，是构建国家生物安全体系、提升国家生物安全建设能力、顺应民意并回应社会关切、维护国家安全和世界和平的需要。

《中华人民共和国生物安全法》更是完善国家生物安全法律体系的需要。从完善社会主义法律体系的需要出发，面对中国生物安全相关法规的重叠、交叉、空白、冲突等问题，以生物安全法为基础，对中国现有的生物安全相关条例、规章、办法进行全面梳理，这对加快完善国家生物安全法律法规体系、制度保障体系非常重要。

第7节

全民生物安全意识：明显提升

保障生物安全人人有责。在全球抗击新冠肺炎疫情的背景下，国家安全不仅仅体现在社会安全、军事安全、经济安全、网络安全等领域，生命安全、生物安全更攸关国家安全，影响经济发展，关乎人民健康，与人人有关，需人人参与。也许你会觉得生物安全与自己日常生活的距离太遥远，其实生物安全无处不在，它与我们每个人的生存与发展都紧密联系。新冠肺炎疫情暴发两年来，亿万民众对生物安全不再陌生，人民生物安全意识普遍提高，防疫已成为自觉的行动。生物安全涉及领域广，从新发突发传染病、生物实验室安全隐患到生化武器，再到外来物种入侵、农作物病虫害，都被囊括在生物安全中。生物安全作为国家总体安全的重要组成部分，涉及人类最基本的生命权，一头连着国家安全，一头连着人民健康，筑牢生物安全防线人人有责。

《中华人民共和国生物安全法》的实施，将进一步提高全民的生物安全意识，同时为实现生物安全的总体目标完善了法治路径。生物安全关系到每个公民，任何组织和个人均应当主动维护生物安全，时刻保持高度警惕心。

保障生物安全要靠科技。2020年3月，中共中央总书记、国家主席、中央军委主席习近平在北京考察新冠肺炎防控科研攻关工作时强调：人类同疾病较量最有力的武器就是科学技术，人类战胜大灾大疫离不开科学发展和技术创新。[34]近年来，生命科学、生物科技等领域发展迅猛，新发传染病疫苗研发、网络生物安全防范等都离不开强大的科技实力支撑。因此，筑牢国家生物安全防线，科技创新的手段必不可少。这就需要我们加强科技创新，通过政府引导、社会参与，加大对生物安全领域的投入，引进生物技术顶尖人才，大幅提升国家生物安全核心竞争力，抢占国际生物技术制高点。

第9章

目睹现状，生物安全形势发生剧变

中国生物安全形势发生剧变，既面临防控自然病原引发的传染病、防御生物恐怖的传统任务，也面临应对生物霸权的新问题。我们对中国生物安全形势的基本判断是：自然病原不会自行消失，人为生物威胁陡然升级，生物霸权危害不容忽视。保障生物安全、生命安全，既要防天灾，更要御人祸。

第1节

人民生命安全：既要防天灾，更要御人祸

保障人民生命安全是生物安全最核心、最重要的使命与任务，也

是最难完成的任务，因为保障人民生命安全容不得半点失误，也不允许有任何遗漏，需要万无一失，绝对安全。

一、新冠病毒可能会长期存在

病原物引发疫情通常有三种情况：一是病原物变异，疫情长期存在，比如流感病毒不断变异，流感长期存在；二是疫情在流行后消失，就像SARS一样，流行一段时间就消失；三是疫情被控制，时有病例发生，像天花、鼠疫等已基本被控制，偶尔会发现病例，但很快会被控制。

当前，新冠肺炎疫情的流行呈现三个显著的特点。一是新冠病毒流行范围广，目前已经流行到221个国家或地区。不同气候带、不同季节都有流行，因此短期内，不可能所有国家都能够有效、彻底地控制甚至消除疫情，一些缺乏医疗卫生资源的发展中国家控制疫情的难度极大，疫情可能长期存在。当今世界，人流、物流十分频繁，只要一个国家有疫情，其他国家就很难幸免。二是新冠病毒传染力强，但病死率出现下降。在新冠病毒刚刚被发现时，一些国家或地区存在自我麻痹行为，防范不严，导致新冠病毒很快流行。但尽管世界各国严密防控，新冠病毒德尔塔、拉姆达变异毒株仍然出现大流行。2021年7月12日，世界卫生组织总干事谭德塞表示，德尔塔变异毒株目前已出现在至少104个国家和地区，预计其很快将成为全球流行的主导新冠病毒。[1] 这表明新冠病毒的传染力极强，但随着人类防治技术的提高，新冠肺炎的病死率在英国等一些国家降低到0.1%左右。三是新冠病毒变异快，截至2021年2月，全球已经发现4000多种新冠病毒变体。[2] 以上三个特点导致新冠病毒不可能像SARS一样消失，而是长期存在，人类防控新冠病毒将像当年防御肝炎病毒一样，形成一套防御体系与手段。

二、防控自然病原物难度加大

目前，全球40多种传染病已经有一半在中国发现，乙型肝炎病毒携带者高达9000多万，慢性乙肝患者2800多万。中国疾病预防控制中心的数据显示，2019年共发现传染病病例约114.36万例，这说明传染病与新发传染病不断威胁人民生命安全的问题还没有得到根本性扭转。病原物从哪里来、到哪里去，如何控制并消灭病原物等问题，将继续困扰人民生命安全。

气候变化、人类活动频繁、物资流动增加、人口密集度增加等因素往往导致病毒变异加快，甚至出现新的病原物。同时，随着人类识别新病原物能力的增强，自然病原出现、变异的概率明显提高，人类控制自然病原的难度不断加大。2021年6月14日发表在《柳叶刀》上的一项研究结果显示，与英国最早发现的感染阿尔法（Alpha）变异株的人相比，感染德尔塔变异株的人群的住院风险要高出1倍。钟南山院士也表示，在疫情早期，德尔塔变异株在不到10天的时间，传了5代，传播指数高达4.04～5.0。[3]也就是说，1个人可以传给4个人，4个人又传给16个人。在广州疫情中，德尔塔变异株的第三代接触者与第四代接触者，仅用14秒就完成传播，这是本轮疫情接触时间中最短的。自然界每2～3年出现一个新病原物的情况可能会常态化，人们要认识到病原物的出现是一种自然现象，随时做好应对措施，保持良好的卫生与生活习惯，常备防疫装备与物资。

三、防止抗生素滥用任务艰巨

中国是抗生素生产大国、出口大国，也是使用大国，全球70%以上的抗生素都是中国生产的。中华人民共和国成立初期，卫生条件差、生态环境差，各类病菌引发的疾病多，各类抗生素在保障人民生命安全中发挥了巨大的作用。但是，抗生素过量使用甚至滥用也带来了许多新的问题。例如，一些基层卫生机构让感冒患者大量使用抗生素，导致许多患者出现抗药性。这导致患者一旦被更严重的病菌感染，就会面临无药可用的危险局面。

2013年，中国抗生素使用量高达16.2万吨，约占全球消费量的一半。2016年，为了解决抗生素滥用问题，国家卫生健康委员会等14个部门联合印发了《遏制细菌耐药国家行动计划（2016—2020年）》。2019年，中国抗生素生产量、需求量分别达到21.8万吨和13.1万吨，解决好抗生素滥用问题仍然是一个长期而艰巨的任务。

四、人类遗传资源保护待加强

人类遗传资源对绝大多数人来说可能还是一个陌生的概念，但却事关人民生命安全和国家安全。人类遗传资源是指"人类遗传资源材料和人类遗传资源信息。人类遗传资源材料是指含有人体基因组、基因等遗传物质的器官、组织、细胞等遗传材料。人类遗传资源信息是指利用人类遗传资源材料产生的数据等信息资料"。[4]

人类遗传资源是保障公众健康和生命安全的战略性、公益性、基础性资源。我们利用人类遗传资源可以识别不同人体、人群的特殊遗传信息，这对了解生命规律，掌握疾病的发生、发展规律，研发药物与疫苗，以及对疾病预防、干预和控制等都具有十分重要的作用。

长期以来，中国对人类遗传资源管理十分重视。1990年，中国成立了专门的"人类遗传资源管理办公室"。2019年8月，国务院公布《中华人民共和国人类遗传资源管理条例》，明确规定了采集、保藏、利用、对外提供中国人类遗传资源的政策与措施。2021年2月，《最高人民法院最高人民检察院关于执行〈中华人民共和国刑法〉定罪名的补充规定（七）》规定了非法采集人类遗传资源、走私人类遗传资源材料罪罪名。2021年5月15日正式实施的《中华人民共和国生物安全法》明确规定"采集、保藏、利用、对外提供我国人类遗传资源，应当符合伦理原则，不得危害公众健康、国家安全和社会公共利益"。

中国在人类遗传资源保护方面取得了很大成就，出台了相关法规，成立了"人类遗传资源管理办公室"，审批通过了大量涉及人类遗传资源的研究项目，为防止人类遗传资源向境外流失，保护并利用人类遗传资源做出了重要贡献。但是，人类遗传资源保护与利用工作的任务重、责任大，仍然存在一些困难与问题。由于人员少、保护手段有限等，长期以来，我国人类遗传资源保护工作主要通过项目申报的方式进行管理。虽然《中华人民共和国人类遗传资源管理条例》明确规定可以"进入现场检查"，但由于人力、检查手段等的限制，现场检查不足，"守株待兔"有余，保护力度不够强。有时，还存在涉及遗传资源项目缓报、漏报、不报等问题，一些机构或企业存在未经批准就擅自采集、保存和使用人类遗传资源的问题，甚至出现遗传资源材料、信息流到境外的严重问题，这为人民生命安全和经济社会发展留下巨大隐患，人类遗传资源管理工作亟待进一步加强。

第2节

农业生物安全：转基因安全争论将理性化

转基因安全争论是一个国际性的问题，更是一个长期性、复杂性、反复性的问题。这一方面是因为转基因技术新，科学研究不够系统和全面，转基因产品进入市场需要时间检验；另一方面是因为公众对转基因存在一定恐惧心理，反对转基因的多数是公众或非技术人员，而支持转基因技术与产品的多为生物技术人员与农业技术专家。但国内外转基因生物技术与产业发展有两个共同的特点。

第一，转基因作物的种植面积和产业规模都在激烈争论中不断扩大。全球转基因作物的类型、种植面积和产业规模仍然在不断增加，目前还看不到放缓的迹象。未来，如果基因编辑技术取得重大突破，那么转基因作物的面积和产值的增长速度可能会有所下降，但转基因技术不可能被基因编辑技术完全取代。这两项基因工程技术会协同发展，共同为下一代种子革命、农业产业变革做出贡献。

第二，转基因安全的争论将更加尊重科学、更加理性化。随着生物技术的发展，人们对转基因安全不断进行科学、系统的研究，加上信息网络高度发达，新技术、新知识的普及更加快捷、准确、科学。没有调查就没有发言权、没有研究就没有依据，未来关于转基因安全的争论将更加科学化、理性化。不争论是不可能的，但争论需要建立在科学、事实和数据的基础上。

未来社会，转基因技术与产品的支持者、反对者、观望者都将抱着更加理性、平静、科学的态度讨论问题，这是社会文明进步的一个重要标志。各级转基因安全管理机构都将使转基因生物的研究、开发、环境释放、产业化更加法制化、标准化、规范化和程序化，中国保障转基因安全的能力将进一步提升。转基因技术将在安全的前提下，为保障粮食安全、食品安全乃至人民健康做出新的贡献。

第3节

保障生物多样性：濒危生物灭绝速度下降

气候变迁和人类活动范围的不断扩张，改变了生物生存的环境，压缩了生物生存空间，导致生态环境变化、生态平衡被打破，以及全球200多万种生物灭绝。《寂静的春天》的作者在一定程度上敲响了全球生物安全的警钟，世界各国在保护生物多样性方面投入了大量的人力、物力、财力，然而这只是延缓了濒危生物灭绝的速度、数量，并未改变濒危生物不断灭绝的大趋势。气候仍然在变化，人类活动范围仍然在不断地扩张，未来保护生物多样性的任务艰巨。中国保护生物多样性面临同样的形势，但有一个好的迹象就是中国正在加速城市化进程，大量人口进城，农村生态环境明显改善，这有利于生物多样性的恢复。

未来生物技术有可能使一些已经灭绝的生物重新回到这个世界，但这需要大量的技术积累。现代合成生物技术能够合成一个分子，甚至能合成一个微生物，但要合成、恢复大生物在短期内是不可能的，甚至永远不可能。因此，人类必须善待地球上所有的生物，特别是要制定保护濒危生物的策略。

第4节

国门生物安全：防御手段增强难度仍不小

中国是世界第一贸易大国，尽管保障国门生物安全取得了巨大成就，但绝对保障进入国境的所有物品、人员的生物安全是十分困难的。例如，当前针对新冠肺炎疫情，我国边境口岸都采取了一系列十分严格的防控措施，但仍然每天都有数十例新冠肺炎病例输入，这一现象在短期内难以避免。随着疫情逐步得到控制，在各国放松疫情管制措施之后，防止境外输入病例、保障国门生物安全将面临更加繁重的任务。原国家质量监督检验检疫总局的统计数据显示，2016年全国边境口岸共截获有害生物6305种，约122万次，截获量增长了15.97%。在全球100多种最具威胁的外来生物中，已经有42种入侵中国，每年造成的生态与经济损失高达2000亿元。[5]

2020年，中国进出口货运量达49.12亿吨，其中进口32.79亿吨；监管进出口运输工具2166.7万件，其中监管进出口汽车1806.9万辆、火车291.5万节、船舶32.4万艘、飞机35.9万架。2019年全国出入境人数高达6.7亿人次，其中外国人进入中国9768万人次。可见，对进入国境的人员、物资逐一进行生物安全检查，几乎是不可能完成的任务，而采取抽查、分批检测的方式，难免有遗漏。何况现有的技术条件很难将某些有害生物、病原物检查出来。例如，2002年SARS暴发时，要排查发烧的病人，但如何逐一测量汽车站、火车站、机场到达人员的体温就是一个难题。同时用医院传统检查体温的方式根本就不可能实现，所以国家在紧急攻关，研制出了多种快速、准确的体温检测仪器，人们在车站、机场无须停留，就能从数千人流中把发烧的患者筛选出来。

因此，保障国门绝对生物安全，不仅需要大量人力、物力、财力，更需要国门生物检测查验技术手段发生进步和改善。一些学者甚至认为中国外来生物入侵呈现"数量增加、频率加快、范围扩大、危害加剧、经济损失增加"的趋势。[6]依靠现有技术手段，在如此庞大的物资、人员进入国境的情况下，保障国门绝对生物安全是有难度的。

第5节

防御生物恐怖：已是常态化任务

国际上针对防止传染病、禁止生物武器建立了一些国际公约与相应的机构和机制，但防御生物恐怖，还缺乏相互支持、协同防御的国际体制与机制，因此全球要加强对生物恐怖的打击力度，防止其给人类带来共同灾难。《中华人民共和国生物安全法》第7章明确规定，"防范生物恐怖与生物武器威胁""国家采取一切必要措施防范生物恐怖与生物武器威胁""禁止开发、制造或者以其他方式获取、储存、持有和使用生物武器""禁止以任何方式唆使、资助、协助他人开发、制造或者以其他方式获取生物武器"。

从非政府组织角度来看，个人或非政府组织用现代生物技术研制生物战剂的门槛越来越低。全基因组测序、蛋白结构解析、合成生物、细胞凋亡等生物技术不断取得重大突破，并得到推广应用，这使得掌握现代生物技术的门槛越来越低，一些新技术很容易被恐怖分子掌握甚至控制。设计、改造、创造一个病原物比以往任何时候都容易，而针对新发传染病、新的生物战剂研制疫苗与药物则十分困难，这给中国乃至世界各国防御生物恐怖造成巨大的困难。美国马里兰大学恐怖主义数据库的数据显示，1970—2018年全世界发生由化生放核（化学生物放射性和核）武器制造的恐怖事件共450次，其中生物手段共37次，使用这些手段的主要是反政府组织、极端组织等非国家组织。[7]

从国家、政府组织的角度来看，《禁止生物武器公约》缺乏核查、制约机制，绝不能排除有国家或组织以防御生物安全为名，研制生物武器。在生物实验室核查机制真正建立之前，生物武器的威胁将长期存在。2001年美国的"炭疽邮件"事件、2004年加拿大妇女向美国前总统寄送"蓖麻毒素信件"事件、2011年的"肠出血性大肠杆菌"事件都充分说明生物恐怖主义威胁长期存在。新冠病毒不断随运输食品的"冷链"和入境人员进入中国，中国多地的疫情都是由境外输入病例引发的。中国防御生物入侵威胁的难度大，防御生物武器的入侵和威胁将是一个常态化的战略任务。

第9章　目睹现状，生物安全形势发生剧变

第6节

应对生物霸权：亟待新战略、新秩序

当今世界并不太平，未来可能更不安全。自然生物灾害时隐时现、大国兴衰进入交替阶段、多国内部贫富矛盾激化、人为生物威胁风险陡然上升，中国还要应对新的世界霸权——生物霸权。

美国凭借强大的政治实力、经济实力、科技实力、文化实力以及军事实力，已经建立了庞大的生物安全保障体系，其涉及14个部门，形成了军民两用的快速反应体系和世界一流的生物技术体系。2008年，美国北卡大学就能够合成SRAS病毒，相关文章发表在美国科学院院刊上。美国对生物安全的投入金额超出许多国家投入金额的总和。美国是一个把生物威胁列为最大威胁的国家。

美国生物霸权不但已经形成，而且十分猖狂，虽然遭到中国及世界上100多个国家或组织的公开反对，但美国丝毫没有改变。中国反对生物霸权面临着繁重的任务。

山雨欲来风满楼，中国保障生物安全面临着极其复杂、严峻的形势，既要防天灾，也要御人祸，应对生物霸权要像当年应对核霸权一样，确立新时期生物安全的新战略、新对策、新秩序、新格局。当今世界，中国只有保障生物安全，才能保障人民生命安全和国家安全。

第10章

展望未来，生物安全亟待新的战略

　　由于采取了一系列保障生物安全的战略、对策与措施，我国在防控重大传染病、保障转基因植物安全、守护国门生物安全、保护生物多样性等方面已取得了巨大成就，为保障人民生命安全、国家安全，乃至经济发展和社会稳定等方面奠定了良好的基础。但是我们还应该看到，中国保障生物安全、人民生命安全面临着许多新困难、新问题。没有保障生物安全的能力，就很难保障人民生命安全、国家安全，很难保障经济社会发展，实现民族伟大复兴。中国生物安全期待新战略、新格局，要打好生物安全风险防控的战争。

第1节

生物安全新战略：人民至上、生命至上

中国保障生物安全，既面临着国际政治、经济、科技、外交、文化、军事和中美竞争七大格局的变化，又面临着生物安全自身的新形势、新格局和新问题。

从国际环境来看，当今世界存在"第二经济大国陷阱"，在美国成为第一经济大国的130多年来，世界第二经济大国无一例外地出现经济衰退，并最终失去第二经济大国地位。中国目前作为第二经济大国，必将面临政治、经济、科技、外交、文化、军事以及生物安全等全方位、持续性、难预测的系统性挑战。

从中美竞争态势与格局分析，中美竞争的走向是：美国不会容忍超越，中国不会放弃发展。"全政府遏制中国崛起"是特朗普政府的毒箭，联合西方国家应对中国"系统性挑战"则是拜登政府的高炮，高炮比毒箭更加难以对付。中国已被超级大国、生物霸权国家视为头号竞争对手，千方百计甚至不择手段地遏制中国崛起已经成为美国民主党、共和党难有的共识，我们必须做好长期应对的准备。中美竞争、斗争将是一个长期、复杂、反复的过程，这是中国生物安全的大环境、大背景。

一、中国生物安全怎么看：可能成为国家安全最大短板

自然界每2～3年就会出现一个新的病原物，人为生物威胁随时都可能发生。生物武器在一战、二战期间没有缺席，还有可能成为决定未来战争胜负的主导性、决定性武器。没有生物安全就难保人民生命安全、国家安全。生物安全可能成为国家安全的最大短板。为此，

中国绝对不能对生物安全问题掉以轻心！

2008年，国家启动"艾滋病和病毒性肝炎等重大传染病防治"科技重大专项，使我国防控疫情的动员能力、组织能力大幅度提升，病毒检测、病例救治、疫苗研发能力大幅度增强，但防疫技术、物资、设施还有明显不足，以至在"小汤山"之后，我们不得不再造"火神山""雷神山"，而应对更大规模的疫情或生物恐怖则会面临更大的困难与风险。

习近平总书记明确指出："生物安全关乎人民生命健康、关乎国家长治久安、关乎中华民族永续发展。"[1]这充分表明了生物安全对我国当前和长远利益都具有极为重要的作用。

二、中国生物安全怎么办：把生物安全放在更加主要地位

我国保障生物安全、生命安全，亟待创新生物安全战略，构筑生物安全新防线，开拓生物安全新局面，切实认识到生物安全的重要性、紧迫性。

我国保障生物安全的指导思想是：人民至上、生命至上，保障人民生命安全可不惜一切代价。把生物安全作为国家安全的重点，底线思维、高线防备、防天灾保健康、御人祸保安全、反霸权保和平。

我国保障生物安全的战略是：创新引领、平战融合、早快结合、全民动员。实施创新驱动战略，加速创制生命安全、生物安全领域的国之重器；平时要有战时意识、为战时做准备，战时要依赖平时的基础与预案；快速反应与早发现、早报告、早隔离、早治疗、早康复结合；全民防疫，人人安全才能保障全民安全。

国际上许多国家把核安全、网络安全、生物安全称为"三大安全"问题。美国明确提出生物威胁是其面临的最大威胁，英国把生物威胁列为二级风险。新冠肺炎疫情的暴发，引发了新一轮国际生

物技术、生物安全技术的竞赛，美国一方面率先推出RNA疫苗和快速诊断技术，另一方面拼命将病毒溯源问题政治化，加强其生物霸权地位。俄罗斯则要建立36个国家生物检验实验室，以加强对边境生物入侵的监控。德国、法国、日本等许多国家都明显加大了对生物技术，特别是生物安全相关技术与装备研发的支持。

针对国际国内形势，我国应该在重视核安全、网络安全、金融安全的同时，把生物安全放在更加重要的地位。

2014年4月，中央国家安全委员会第一次会议指出构建国家安全体系，包括政治安全、国土安全、军事安全、经济安全、文化安全、社会安全、科技安全、信息安全、生态安全、资源安全、核安全11类安全。2020年2月24日，中央全面深化改革委员会第十二次会议强调，要从保护人民健康、保障国家安全、维护国家长治久安的高度，把生物安全纳入国家安全体系，系统规划国家生物安全风险防控和治理体系建设，全面提高国家生物安全治理能力。我们要尽快推动出台相关生物安全法，加快构建国家生物安全法律法规体系、制度保障体系。

2020年5月22日，中共中央总书记、国家主席、中央军委主席习近平在参加第十三届全国人大三次会议内蒙古代表团审议时指出："人民至上，生命至上，保护人民生命安全和身体健康可以不惜一切代价。"[2] 贯彻落实"人民至上、生命至上"的生物安全战略方针，要把生物安全排在国家安全体系的突出位置。我国要抓紧制定《国家生物安全中长期规划纲要》，确定生物安全的战略方针、目标与原则、具体指标、对策与措施等，修订、制订生物安全有关计划和预案，将目标层层分解，把责任落实到机构、个人，切实保障人民生命安全与国家安全。

第2节

生物安全的目标：牢牢把握生命安全钥匙

保障生物安全，我们需要根据世界生命科学和生物技术及产业的发展现状和趋势，结合中国生命科学和生物技术及产业的发展现状，对生物安全形势做出科学的预测和判断，并从人才、技术、产业、政策措施等方面做好准备。

一、总体目标

根据新时期生物安全的战略，中国保障生物安全的总体目标是把生物安全的钥匙牢牢握在自己手中，即切实保障人民生命安全、农业生物安全、国门生物安全、生物实验室安全，切实保护人类遗传资源、生物多样性，保障国防生物安全，打击生物恐怖，大幅度提升生物安全科技创新能力，积极推动生物安全命运共同体的建设。

二、基本原则

我国保障生物安全要坚持"以人为本、风险预防、分类管理、协同配合"，加强国家生物安全防控体系、治理体系的建设，既要防御传统生物安全风险，又要防御新型生物风险，既要保障本国生物安全，又要促进全球生物安全。

政府主导、社会动员。牢牢把握生物安全钥匙必须坚持政府主导、社会动员的原则，全面落实政府主体责任，完善社会力量参与机制，畅通社会力量参与渠道，激发全社会力量保障生物安全。

总体设计、分头实施。积极加强国家生物安全领导体制建设，完善国家生物安全风险防控和治理体系建设，构建统一指挥、专常兼备、反应灵敏、上下联动的管理体制；积极探索国家统一部署、部门地方落实、企业参与、上下联动的实施模式。

创新支撑、物资保障。大力支持生物技术创新，加强生物安全基础设施和生物科技人才队伍建设，支撑、引领生物产业发展；充分发挥政府和社会已有资源的保障能力，完善重要生物安全相关物资的监管、生产、储备、调拨和紧急配送体系，保障物资的供应和调配。

国际合作、防御恐怖。积极加强生物安全领域的国际合作，支持并参与生物科技交流合作与生物安全事件国际救援，推动完善全球生物安全治理，积极参与生物安全国际规则的研究与制定，逐步推进生物安全国际共同体的建设，共同防御生物恐怖，消除生物战，禁止生物武器的研制与生产。

三、具体指标

针对中国生物安全的现状，考虑到未来生物安全面临的形势与问题，我们研究认为，确立中国生物安全的具体目标，特别是量化指标体系，还缺乏必要的政策、规划、数据、模型的支撑与积累，我们只能探索定性与定量相结合的生物安全目标体系，共包括以下九个方面。

第一，大幅度提升保障人民生命安全的能力，支撑人均预期寿命再增3岁。一是大幅度提升对已发现传染病的防控能力，甩掉"肝炎大国"的帽子，力争消灭疟疾、血吸虫等传染性疾病，降低艾滋病发病率、病死率，提高治愈率；二是大幅度提升对新发传染病的发现、防控能力，严防新发传染病蔓延。

第二，切实保障农业生物安全，为粮食产量增加1亿吨做贡献。一是使农业生物灾害发生率、危害面积比2020年明显下降，2025年下降5%左右，2030年下降10%左右；二是绝对保障转基因生物安全，转基因安全事件发生率保持零水平。

第三，切实保障国门生物安全，防御生物入侵。提高国门安全技术创新能力，加强国门生物安全体系建设。力争口岸海关动植物检疫标准化建设覆盖率由2020年的75%达到2025年的95%以上，国际卫生口岸的数量到2025年达到35个，动物疫情与外来物种监测点到2025年不少于20000个。探索"三个零输入、三个零输出"的对策与措施，即"传染病病例、动植物疫病、生物入侵"零输入，"人类遗传资源、濒危与珍稀动植物、人和动植物病原物"零输出。

第四，切实保障实验室生物安全，杜绝技术滥用、误用。增加高等级生物安全实验室数量，生物安全管理水平率先达到国际一流水平。P3级生物实验室到2025年达到110个，到2030年达到150个。支持大型生物技术企业自建高等级生物安全实验室，坚决打击生物技术滥用，杜绝生物技术误用。

第五，切实保护生物多样性，保护濒危生物的安全。做好基因保护和生态系统保护：一是加强生物物种多样性保护，防止濒危生物灭绝，有效控制生物多样性降低的速度，并积极探索丰富生物多样性的技术与途径；二是加强基因多样性保护，建立健全植物基因、动物基因、微生物基因、农业生物基因的基因库；三是加强生态系统多样性保护，制定生态系统标准，建设生态系统示范区、保护区。生物多样性、基因多样性、生态系统多样性保护"三管齐下"，使我国由生物多样性大国加速向生物多样性保护强国转变。

第六，切实保护人类遗传资源的采集、储藏、利用，依法开展国际合作，确保重要资源与信息不流失、不遗漏、不浪费。制定人类遗传资源保藏、利用方法和标准，建立人类遗传资源国家保藏库与备份库，力争使我国标准化保藏量于2025年达到100万份，于2030年达到200万份。

第七，保障国防生物安全，构筑防御生物恐怖与生物战的"新长城"。构建防御1400万人感染的人民生命安全保障体系，切实保障生命安全，包括预防体系、监测体系、救治体系、技术保障体系、物资保障体系、人员保障体系、社会救助体系等。

第八，构建国际一流的生物安全创新体系。努力开发能够检测空气、运载工具中的病毒的仪器与设备；建立60天创制一代疫苗的技术与产业体系；针对可能的生物战剂研发预防疫苗、治疗性疫苗与药物；开发保护率达100%的个人防护设备、人群防护设施；研制负压车、船、飞机、火车等运载工具；制定100%防疫、多功能防疫的基础设施的技术标准，为建设高质量传染病医院（站、所）、隔离室（楼、区）提供技术保障。

第九，构建"国际生物安全共同体"。加强生物安全领域的国际合作与交流，共同应对重大疫情；加速推进各国之间生物安全信息共有、技术共享、人才交流、物资调配，以及法规政策相互借鉴。

第3节

保障生物安全的对策：打造六大体系

根据我国生物安全面临的形势，我国要完成保障生命安全、生物安全的主要目标，主要对策是：防天灾保健康、御人祸保平安、反霸权保和平。把生物安全作为国家安全的重点，集中力量保生物安全。

保障生物安全的主要措施是：巩固生命安全、农业生物安全、国门生物安全、国防生物安全、生物多样性保护、生物实验室安全等七个方面的成果，强化社会主义体制、宏大防控体系、完善产业体系、优秀文化和健全法规体系五大优势，补上认识不到位、创新能力弱、投入不足、人才缺乏等十大短板，构建保障生命安全、农业生物安全、国门生物安全、国防生物安全、生物多样性保护、生物实验室安全等的十大安全体系。"十管齐下"，把人民生命安全、国家生物安全的钥匙牢牢握在自己手中，确保生物安全，进而确保国家昌盛久安。

一是建立健全国家生物安全法律法规体系。我们要以《中华人民共和国生物安全法》为基础，进一步修订、制订有关公共卫生与生命安全、生物技术与实验室安全、农业与粮食安全、进出口检疫与防御外来生物入侵、防御生物威胁与生物武器、保护与促进生物经济等方面的政策法规，形成一套完善的生物安全法规体系，从而为生物安全提供法律保障。

二是建立国际一流的生物安全国家治理体系。我们要通过《中华人民共和国生物安全法》等法规进一步明确各部门、地方政府、科研机构、专家委员会等组织或机构的职责与义务，形成高效、快速、廉洁的生物安全管理体系，培养国际一流的生物安全治理能力。

三是完善生物安全的预警和保障体系。我们要建立健全生物安全"四预"体系与能力建设，加大对突发重大与特大传染病、农业生物安全、进出口生物安全、外来生物入侵、生物恐怖与生物威胁的监测、预测、预警、预报与预防工作，建立健全军民联合的生物安全快速应急系统，包括灾难医疗系统，生物安全事件应急救援队，生命安全、生物安全相关设施、设备、仪器、防护装备，药品与疫苗供给系统等，从而具有防御重大、特大疫情和生物恐怖的绝对能力。

四是完善生物安全科技创新体系。在"十四五"经济社会发展规划与科技规划中，制定生物技术与产业专门规划；在技术研发、人才引进、高等级实验室建设等方面，构建由识别病毒、溯源宿主、快速诊断、科学救治、疫苗与药物研发以及高等级实验室、顶尖人才构成的生物安全技术体系，切实缩小中国与美国的差距。

五是建立生物安全物资供给体系。在生物监测、生物传感、病原物快速检测、广谱性疫苗与药品研发、防护与救治设备生产、免疫增

第 10 章 展望未来，生物安全亟待新的战略
199

强与抗体研究、移动式生物安全医院建设、病原快速消杀等方面，特别是炭疽、肉毒杆菌、鼠疫等危险生物的疫苗与药品研发方面，我们要开发一批国之重器。

六是完善生物安全社会保障体系。农村、社区等基层是应对病疫、发现外来有害生物的第一道防线，是控制传染源、切断传播途径的关键所在。为此，我们要抓基层这一关键核心，补齐基层在卫生防疫、社区服务、保障物资等方面的短板；通过加强宣传教育，动员基层老百姓搭建覆盖到社区和乡村的生物安全网络，一旦发现生物安全事项，立即上报相关部门，从而及时控制各类生物安全事件。

第4节

生物安全新特点：人人参与，全民动员

保障生物安全，特别是防控重大疫情，迫切需要人人参与，只有人人安全，才能保障社会安全。《卡塔赫纳生物安全议定书》第23条"公众意识与参与"要求缔约方促进开展关于安全转移、处理和使用转基因生物的公众意识及教育活动。国内一些学者针对民众参与生物安全防护和安全管理的机制，包括公众参与的基本权利、形式和过程，以及公众参与制度的基本内容进行过讨论。[3] 我们认为，民众参与防护生物安全，要做到"五要、五不要"。

一、坚持做到"五要"

要有生物安全意识和知识。我们要像防火灾一样，时刻保持高度的生物安全、食品安全、药品安全意识，防患于未然。我们要防大疫，更要防小病、防慢病，要经常到与疾病预警、动植物疫情监测有关的网站上了解生物安全动态信息与科技知识。

要有法治意识与行动能力。我们要理解或熟悉国家有关生物安全、传染病防治、食品安全、药品安全方面的法规与科技知识。当遇到重大公共生物安全事件时，我们要遵循有关法规，听从政府有关部门与专家的意见。当发现重大传染病、动植物疫情时，我们要向当地卫生健康、农业农村、林业部门报告。

要有良好的生活习惯。在平时，我们要保持"吃饭、工作、休息、锻炼"等四项基本活动的规律，科学工作、科学生活，勤洗澡、多换衣，多锻炼，少熬夜，不生病、少生病、晚生病。

要有科学防护能力。我们平时要学习一些自我防护知识，储备一些简单的防护装备与产品，比如空气净化器械、口罩、消毒用品、手套等常用保护用品，力争做到五主动，即主动防护、主动监测、主动报告、主动隔离、主动就医。

要有良好的身体素质。在疫病发生时，有钱没用，有抗体最管用。平时加强体育锻炼、提高自身免疫力，是应对任何新发传染病的最好手段。

二、必须做到"五不要"

不要捕捉、买卖、食用野生动物，坚持抵制任何危害保护动植物的违法行为。自觉履行保护生物多样性国际公约，不参与任何损害生物多样性的活动与行为，保护生物、爱护生物。《中华人民共和国野生动植物保护法》第六条规定，任何组织和个人都有保护野生动物及其栖息地的义务。禁止违法猎捕野生动物、破坏野生动物栖息地。任何组织和个人都有权向有关部门和机关举报或者控告违反本法的行为。野生动物保护主管部门和其他有关部门、机关对举报或者控告信息，应当及时依法处理。

不种植、养殖不熟悉的植物、动物，以免引起生物危害。

不携带任何生物体或标本出入境。未经政府相关部门批准，不得携带生物体、生物资源，包括动植物种子、果实、品种资源，以及人类遗传资源（血液、组织等样本）出入境。

不要出入有危险生物活动的场所，防止受到危险生物体的伤害和感染。

不要开展不符合法律、伦理的科研活动。一是不要从事改变任何危险性生物体的活动，自觉履行国际生物安全协定，即不参与任何可能改变、破坏生物多样性的技术活动，不使用现代生物技术创造、改造农用生物、医用生物以外的生物体，坚决制止对生物多样性有破坏作用、有潜在危险的转基因、基因编辑、合成生物等活动。二是不要参与涉及人类自身遗传、疾病治疗等方面的研究活动。

第5节
生物安全新局面：构建生命安全共同体

进入21世纪，人类面临的安全形势更加动荡复杂，传统安全与非传统安全"齐头并进"，安全的内涵和外延进一步拓展。同时，伴随着各国之间的交往、人员往来越来越频繁，世界越来越融为一体，维护人类的共同家园，要靠各国加强合作、齐心协力应对挑战。

一、背景：世界已成为一个不可分割的共同体

早在19世纪40年代，马克思就曾提出"历史向世界历史转变"

的观点。他写道：各民族的原始封闭状态由于日益完善的生产方式、交往以及因交往而自然形成的不同民族之间的分工消灭得越是彻底，历史也就越会成为世界历史。如今，这一历史预言已完全成为现实，在人员交流、物质交流、信息交流越来越频繁的今天，整个地球已经变成名副其实的"地球村"。[4]在不同文化、种族、肤色、宗教构成的世界里，各国逐渐形成了你中有我、我中有你的共同体。

在这种状况下，任何民族、任何国家都很难拒其他民族、其他国家于千里之外，各国紧密相连、相互依赖，一荣俱荣、一损俱损已成为基本现实。新冠肺炎疫情更是提醒我们，没有哪个国家能够独自应对人类面临的各种挑战，也没有哪个国家能够退回到自我封闭的孤岛。我们需要凝聚全球力量，共同维护地球安全，维护地球上每个国家、每个生命的安全应成为全球共识。

二、需求：维护人类的安全需要全球的广泛参与

国家主席习近平在第73届世界卫生大会视频会议开幕式上的致辞中提到："人类是命运共同体，团结合作是战胜疫情最有力的武器。这是国际社会抗击艾滋病、埃博拉、禽流感、甲型H1N1流感等重大疫情取得的重要经验，是各国人民合作抗疫的人间正道。"[5]在二十国集团领导人应对新冠肺炎特别峰会上，习近平总书记再次强调："当前，疫情正在全球蔓延，国际社会最需要的是坚定信心、齐心协力、团结应对，携手赢得这场人类同重大传染性疾病的斗争。中方秉持人类命运共同体理念，愿向其他国家提供力所能及的援助，为世界经济稳定做出贡献。"[6]联合国秘书长古特雷斯表示，新冠肺炎疫情是联合国成立以来，人类面临的最大考验，他呼吁国际社会加强团结，共同应对疫情。[7]

事实上，很多国家却采取了相反的做法，以邻为壑、各自为战，

并借此掀起了一股反全球化的浪潮。2020年，希腊曾呼吁各国合力购买新冠疫苗的知识产权，但应者寥寥。虽然中国宣布通过"新冠肺炎疫苗实施计划"提供1000万剂国产疫苗用于满足发展中国家的急需，但截至2021年2月，全球超过3/4的疫苗接种发生在占全球生产总值近60%的10个国家，而拥有25亿人口的近130个国家甚至仍未接种一剂新冠疫苗。[8] 在非盟会议上，南非国际关系与合作部长潘多尔曾对一些发达国家利用经济优势囤积大量疫苗，而非洲贫穷国家即使参与了疫苗临床试验也很难获得疫苗一事表示无奈。[9]

三、倡议：构建人类生命安全共同体，实施联合防疫

在抗击新冠肺炎疫情的过程中，我们也看到了联合抗疫的希望。疫情发生之后，中国科学家迅速将病毒基因组序列与世界各国分享，不同国家的科技工作者共同加紧研制药物和疫苗。2020年3月27日，全球疫苗免疫联盟（GAVI Alliance）总裁塞思·伯克利（Seth Berkley）就在《科学》杂志上发表评论，提出SARS-CoV-2疫苗开发也需要一个"曼哈顿计划"，以共同抗击疫情。[10] 同时，我们也可以看到，不少国家放弃了意识形态争论，以高度的国际人道主义精神派遣专家团队、捐赠抗疫物资，联合起来共同抗击病毒，谱写了人类共同抗疫的历史篇章。

病毒是人类永恒的敌人，人类受病毒折磨的由来已久，未来还会有更多类型、更大杀伤力的病毒出现。人类尽管对病毒的认识不断加深，但很多时候仍然对其束手无策。

新冠肺炎疫情的发生，让人类认识到了全球一致行动的重要意义：只有在抛弃偏见、求同存异、凝聚共识、包容发展的合作观，以及相互配合、相互依存、共同协作理念的指导下，搭建出人类生命安全共同体的合作框架，实施共同防疫，才能有效对抗未来更大的生物风险。

第6节
中国保障生物安全拥有五大优势

面对全球性新冠肺炎疫情，中国向世界展示了中国范式、中国力量、中国效率和中国精神，彰显了中国防控特大疫情，处理重大灾难，保障人民生命安全、生物安全的五大优势。

一、制度优势是根本保障

历史经验充分证明，人类在应对重大危机时，领导力、决策力、号召力、执行力极其重要。我国在生物安全保障工作方面，充分发挥了中国特色社会主义制度优势。我国的生物安全体系在党中央"总体国家安全观"的有效部署下，坚持中央国家安全委员会的统一领导，建立健全各地区国家安全工作责任制，形成高效权威的国家安全领导体制。我们有以习近平同志为核心的党中央的坚强领导，有社会主义制度的根本保障，全国一盘棋，统一指挥、统一调度、统一行动，形成了强大的全民防控体系。我国防控特大疫情的制度优势至少体现在以下四个方面。

第一，确立了"人民至上、生命至上"的防疫方针。中国是世界上唯一一个提出"人民至上、生命至上，保护人民生命安全和身体健康可以不惜一切代价"的国家。

第二，果断"封城"至少减少3000万例感染者。在新冠肺炎疫情暴发初期，中国湖北省武汉市果断采取全面严格管控措施，即"封城"，对1000万人口以上的城市进行封锁这在中国乃至世界范围内都是首次。同时，我严控人员流动，停止人员聚集性活动，全国企业和学校延期开工、开学。"封城"之际，正值春节，往年春运期间人员流动高达10亿人次，如果不对武汉采取封城措施，新冠病毒确诊病例就不可能被控制在10万例左右。也就是说，武汉封城、全国范围内限制人员流动，这些措施至少减少了3000万例感染者，极大地保护了人民生命安全。

第三，集中力量，调动全国医疗资源投入防疫工作。新冠肺炎疫情防控是新中国成立以来规模最大的医疗支援行动，2020年1月24日至3月8日，全国共调集346支国家医疗队、4.26万名医务人员、900多名公共卫生人员驰援湖北。各医疗队在2小时内完成组建，在24小时内抵达，并自带7天防护物资，抵达后迅速开展救治。

第四，新冠肺炎患者免费治疗，全民疫苗免费。根据《抗击新冠肺炎疫情的中国行动》白皮书，截至2021年5月31日，全国各级财政共安排疫情防控资金1624亿元；及时调整医保政策，明确确诊和疑似患者医疗保障政策，对确诊和疑似患者实行"先救治、后结算"的政策；对新冠肺炎患者（包括确诊和疑似患者）发生的医疗费用，在扣除基本医保、大病保险、医疗救助后，个人负担部分将由财政给予补助；政府明确新冠疫苗免费接种。

二、宏大的防控体系是中坚力量

中国建成了有中国特色、宏大、高效的国家生物安全治理体系，包括生物安全风险监测制度、预警制度、评估制度、联防联控制度、舆情引导制度、教育培训制度等各项具体制度。中国拥有世界上最宏大的疾病预防与控制体系，建立了国家、省、市、地、县等多级联动的疾病预防控制中心。《中国卫生健康统计年鉴2020》的数据显示，截至2019年，中国拥有近100.76万家医院与基层医疗卫生机构，其中各类医院34354家、社区卫生服务中心35013家、疾病预防控制中心3403家、传染病医院171家；卫生人员总数多达1292.83万人，其中卫生技术人员超过1000万人，执业医师386.69万人；拥有92家P3、P4实验室，超过一半的省级疾控中心都拥有P3实验室。

新冠肺炎疫情暴发之后，除广大医务工作者和疾控工作人员外，社区工作者、公安民警、海关关员、基层干部也都共同参与防疫，400万名社区工作者奋战在全国65万个城乡社区中，在监测疫情、测量体温、排查人员、站岗值守、宣传政策、防疫消杀等方面认真细致、尽职尽责，这形成了人民生命安全的巨大防线。科技人员积极投入防疫一线，提升了我国防疫水平：一是病原菌识别、疾病诊断能力已达到国际"领跑"水平，率先找到"元凶"，并自主开发诊断试剂；二是疫苗研发能力达到"并跑"水平；三是防护设备与器具已经实现自主创制；四是临床救治能力明显提升，新冠肺炎疫情后期病死率明显下降。

三、完备的产业体系是物质基础

中国制造业具有门类全、规模大、韧性强和产业链完整的优势，可以克服春节假期停工减产等不利因素，全力保障上下游原料供应和物流运输，保证疫情防控物资的大规模生产与配送。企业以最快速度恢复医疗用品生产，最大限度扩大产能，医用物资供应实现从"紧缺"到"紧平衡""动态平衡""动态足额供应"的跨越式提升。2020年2月初，医用非N95口罩、医用N95口罩的日产量分别为586万只、13万只，其到4月底分别超过2亿只、500万只。[11]我国生产的口罩、防护服、消毒液、测温仪等防疫物资不但迅速满足了国内需要，还支援了包括美国在内的许多其他国家和地区。

疫苗是抵御新冠肺炎疫情的最有效方式。中国在新冠疫苗研发、生产、接种等方面都走在了国际前列。截至2021年7月，我国新冠疫苗生产产能达到了50亿剂，有效地保障了国内的接种需求，实现了

14亿剂的供应。我国首先提倡将疫苗作为全球公共产品,承诺提供20亿剂疫苗支援其他国家或地区。目前,我国供应到国外的新冠疫苗的数量达到了5.7亿剂,对外援助和出口疫苗的数量超过其他国家的总和。

四、互助的文化传统是精神财富

防控新冠肺炎疫情,再次彰显了中国的文化优势。中国是四大文明古国中唯一没有中断文明历史的国家,拥有5000年的文字记录,而中华儒家文化的核心是"和",是尊老爱幼、互相帮助、共渡难关。由于省区之间、城市之间互相支援,家族成员之间、朋友之间互相帮助,在疫情防控期间,没有充分就业的人群或处于隔离状态的人群,普遍依靠传统文化,顺利渡过了特殊时期。中国人还信奉"天下有难、匹夫有责",每当国家、民族遇到困难、灾难时,总有一批民族英雄挺身而出,为国分忧、为民解难。

而在一些缺乏互助文化的国家,其人民只能依靠政府"发钱"来维持生活,而疫情持续不断,最终导致通货膨胀,这给国家和民众带来新的灾难。这也是我国传统的互助文化与西方文化的巨大差异,是中国文化的巨大优势。据不完全统计,截至2021年5月31日,全国参与疫情防控的注册志愿者达到881万人,志愿服务项目超过46万个,记录志愿服务时间超过2.9亿小时。大家都知道,2021年3月美国国会众议院表决通过了拜登提出的1.9亿美元的救助法案,超过80%的美国人领到了补助。超发1.9亿美元的巨额货币,必将引起全球性的通货膨胀,容易诱发全球金融危机。中国则用互助文化,有效地解决了疫情防控期间民众的生活与工作问题。

五、完善的法规体系是战略支撑

依法治国、精英治国是中国多年治国经验的结晶。新中国成立以来，特别是改革开放以来，中国立法、执法、守法的意识、能力取得了跨越式发展，并在防控新冠肺炎疫情中进一步得到体现。完善的法规体系，成为维护国家和人民利益的重要防线，也是加强生物安全风险防控和治理能力的重要保障。政府依法办事、群众守法是我国成功防控新冠肺炎疫情的又一巨大优势。

我国已经建立健全了与生物安全、重大公共卫生事件相关的法律、法规、规章、政策、标准，以及疾病防控规划、突发性事件预案等一系列文件，如《中华人民共和国生物安全法》《中华人民共和国传染病法》《国家突发性公共卫生事件应对条例》《生物安全实验室管理办法》等，制定了突发公共卫生事件应对预案，形成了较为完善的法规体系，这为传染病防控的科学化、现代化、法制化，奠定了坚实的法律基础。

第11章

确保安全，生物安全仍有十个短板

中国防控新冠肺炎疫情再次彰显五大优势，但是，我们应当看到，不论是从防控重大、特大疫情的需要来看，还是同发达国家比较，中国生物安全防御体系与能力还有明显差距，亟待弥补十大短板。

第1节

对生物安全危险性认识不足

不少公众，甚至政府人员、科技人员对生物安全还比较陌生，缺乏生物安全意识和危机感。

一、对生物安全重要性认识不够

从新冠肺炎疫情的危害现状来看，生物安全对人民健康、经济发展、社会稳定的影响，甚至大于核安全、网络安全。但许多人对生物安全及其危害性重视不够，一些组织和个人认为最大的威胁还是核安全、网络安全和金融安全，并且认为生物安全的威胁是暂时的。还有一些民众认为生物安全与个人的关系不大，有的人甚至不愿意接种疫苗。

生物安全关系到国家公共卫生、社会稳定、经济发展和国防建设，是国家安全体系的重要组成部分。生物安全问题已经逐渐演变为一个包括科技、社会、经济、政治等诸多内容的世界性环境与发展的基本问题，已成为影响国家安全甚至全球安全的非传统安全领域的重大问题。美国、日本、欧盟等国家和地区都把生物安全、核安全和网络安全并列为"三大安全"问题。

生物安全已经成为国际重大安全问题。近几十年来，生命科学领域取得了一系列重大进展，比如人类基因组计划完成，基因工程、基因组学、蛋白质组学取得进展。生命科学研究成果和先进技术的快速应用在造福人类的同时，也带来了一些负面效应，比如合成生物学的应用问题、基因克隆和基因识别对社会伦理道德的影响等。人们利用先进的生物学技术在不久的将来很有可能研制出杀伤力更隐蔽的基因武器，或者制造出更致命的病原体。

生物安全问题已经成为国际共同关注的问题。核威胁倡议协会和世界经济论坛组织了一个防止非法基因合成的国际专家工作组，并于2020年1月9日发布《生物安全创新和减少风险：可获取、安全和可靠的 DNA 合成全球框架》报告。[1]美国、英国、德国、澳大利亚、巴西等国家已将生物安全战略纳入国家安全战略，并明确发布了国家生物安全战略规划，日本、加拿大、法国、以色列、新西兰等国家也出台了相关法规，以加强国家生物安全保障工作。

二、对生物安全复杂性认识不够

首先，对生物安全的内容认识较浅。在多数人的观念中，生物安全距离我们很远，直到新冠肺炎疫情出现，生物安全这个词才进入大众的视野。生物安全不仅包括传染病，动植物疫情、外来生物入侵、生物遗传资源和人类遗传资源的流失、实验室生物安全、微生物耐药性、生物恐怖袭击、生物武器威胁等，都属于生物安全的内容，其复杂度远高于其他类型的安全。

其次，对生物安全学科所涉及的范围认识不足。生物安全涉及多学科、多领域，保障生物安全需要优化科技创新模式，需要政府引导投资、各类型企业融合，需要产学研一体化。

三、对生物安全艰巨性认识不清

首先，随着气候变化、人口增多、流动人口增加、抗生素滥用以及生活方式的转变等，新的未知病原物不断出现，很多旧的传染病也死灰复燃，病原物不断进化。同时，生物技术的进步使人工合成新的、更强大的病原物成为可能，未知病原物呈现出难预防、难监测、易传染、难控制的特点，保障生物安全的任务将会越来越艰巨。

其次，随着生物技术的普及，一些具备基本生物学知识的人，通过购买生物组件等，就可以在普通实验室，甚至在家创造出新的病原物。带菌或者带病毒的生物体，甚至人类个体可能给整个国家造成毁灭性的打击。

最后，人们对生物安全技术防范的难度认识不足。生物安全技术防范体系，需要注重新突发传染病、动植物检验检疫、生物入侵、生物多样性保护与转基因生物安全等领域的科学研究，建立健全相关领域的风险评估和治理体系、监测预警网络、信息共享网络、应急管理体系和决策技术咨询体系。这些都不是一朝一夕就能完成的，需要长期的积累和完善。

第2节
保障人民生命安全面临六难

在保障人民生命安全，特别是防控重大疫情的问题上，我国面临着许多困难。以防控新冠肺炎疫情为例，这是新中国成立以来发生的传播速度最快、感染范围最广、防控难度最大的一次重大突发性公共卫生事件。虽然我国发挥体制优势，通过科技创新、管理创新等，取得了决定性胜利，但保障人民生命安全依然面临着许多难题。

一、病毒溯源难，病毒从哪里来很难摸清

病毒溯源问题是科学问题，也是国际难题，人类往往不清楚病毒从哪里来。迄今为止，艾滋病病毒、埃博拉病毒、SARS病毒的溯源问题都没有得到彻底解决。

新冠病毒的溯源问题更加复杂，且已经被高度政治化、游戏化，溯源工作更难正常开展。全球已经完成新冠病毒255万个全基因测序，这为新冠病毒溯源打下了良好基础，我们迫切需要通过研究病毒基因变异规律、进化机理、流行规律、免疫机理等，加速新冠病毒溯源的进展，尽快准确地找到新冠病毒的源头。

二、疫情预测难，病毒到哪里去很难确定

疫情预报难的核心问题是预测难。由于病毒变异、气候变化等多种因素，疫情预测是世界性难题，流行病学还不能准确把握一种新发传染病的流行规律与趋势。不同的病原物，甚至同一病原物的不同变异毒株都有不同的流行规律，这给流行病学预测疫情带来了许多困难。2003年SRAS病毒的突然消失，使许多流行病学家感到意外。同样是冠状病毒，新冠病毒流行时间之长、速度之快、范围之广，感染后不发烧、无症状，这些都是疫情预测面临的难题。

新冠病毒还要流行多久？会不会像感冒病毒一样长期流行？病毒变异致死率会不会下降？这些问题是政府制定防控策略、民众日常防护亟须准确回答的科学问题，也是世界各国防疫工作面临的难题。为此，世界需要联合起来，加强对病毒流行规律、感染机理、变异趋势、致病机理等方面的研究，尽快构建新冠病毒流行模型、感染模型，并准确预测疫情流行趋势。

三、病毒诊断难，很难监测空气中有无病毒

首先，快速、准确地发现病原物难。新发传染病的病原物是第一次被人类发现的，人类需要针对性地研发出准确、快速、简捷、便宜的检测试剂。

新冠病毒出现后，中国在新冠病毒基因序列公布后14天就研制出诊断试剂，更可喜的是一大批中小企业自主开发的诊断试剂进入国际市场，这表明我国的病原物诊断技术已经取得重大突破，部分企业的技术已经进入国际先进行列。但目前的病原诊断技术还很难诊断、检测火车、飞机、建筑物的空气中是否存在病原物。当前人类面临的最大问题是不知道自己所处的环境中是否有新的病毒存在，还不能像

在机场安检时检查化学、核辐射一样，对病原物进行快速、简捷的诊断与检测。

其次，突发传染病临床确认难。新发传染病临床确诊需要参考病毒检测结果、影像学检测结果、体温等临床症状，往往需要一定时间来制定临床诊断标准。一旦出现大量传染病例，临床诊断将面临许多困难，难以应付大量人群。

检测难在这次新冠肺炎疫情初期体现明显。当前，批准上市的诊断试剂如何提高诊断准确率、缩短诊断时间，如何快速区别不同病原物引起的发烧，如何诊断无症状感染者等，都是技术难题。

最后，监测运载工具、空气中的病毒更难，亟待检测、监测技术的重大突破与广泛应用。

四、临床救治难，病毒从体内清除相当难

如何提高新冠肺炎患者的治愈率、降低死亡率，是全球面临的技术问题。许多国家将抗艾滋病等病毒的药物用于临床救治，这有一定的治疗效果，但同一种药在不同国家的试验还存在不同结果，中国、美国、英国推荐的治疗药物有明显差别，还需要我们进一步开展循证医学研究，找到科学、理想的临床路径，从而不断提高治愈率、降低死亡率。

此外，如何防止出院患者复阳也是一个难题。在治愈出院后，许多新冠肺炎患者又重新转为阳性。虽然许多研究证明这类病毒携带者的传染率很低，但这也给防疫工作、患者本人及其家庭生活带来新的难题，迫切需要我们从病毒流行、病理等方面进行深入研究，尽快搞清楚患者不能完全康复的原因。

五、科技创新难，研发周期长，病毒变异快

我国防治新冠病毒的科技创新进步十分明显：在国际上最早确认了病毒类型，公布了病毒序列，开发了诊断试剂，疫苗也最早进入临床研究阶段，临床综合救治方案被多次完善，死亡率控制在较低水平。但与防控新冠肺炎疫情对技术的需求相比，我国新冠病毒相关研究还存在一定差距，病毒从哪里来、到哪里去、如何控制等技术问题还需要大量、深入的研究，创新体制机制还有不足之处。

第一，病毒变异快，疫苗、药物研发周期长，一些研发项目可能达不到预期目标。疫苗、药物的研发周期至少在6个月以上，而且在研发成功后，由于病毒变异，疫苗、药物可能达不到预期效果。同时，开发广谱性疫苗、药物的技术难度大。

第二，基础医学，特别是在病理学、免疫学方面的研究相对薄弱。在病毒感染机理、病理、临床治疗路径等方面，我们还需要大量、扎实的研究。不论是从防控新冠肺炎疫情的技术水平来看，还是从不同专业国际顶尖人才的分布来看，我国病理学、免疫学等基础医学与国外相比还存在明显差距。一些模型主要服务于药物筛选或支持抗体药物的保护性实验。

第三，生命科学基础研究与临床医学脱钩的问题仍比较突出。研究病毒感染机理的专家没有P3实验室、病例，临床医生又缺乏对病毒感染机理研究的积累。一些基础研究很扎实但进展慢，到进入临床阶段时，疫情基本被控制住了，临床研究因缺乏足够病例而无法继续。还有一些药物或疫苗研发的技术路线、实验设计明显存在缺陷，甚至方向不对，从而导致大量科技资源被浪费。

第四，进入临床的项目多，临床病例资源有限，不少研究项目只能半途而废。截至2021年7月19日，我国有关机构批准的临床试验项目多达863个，其中已经撤销了48个。我们分析发现，其中属于疫

苗、药物、病理研究的项目不足50%，高质量的研究项目不多，个别研究机构承担了59个临床项目，挤占了大量宝贵的临床资源，这导致许多研究项目因缺少临床病例而不得不中止。

第五，产学研医有机结合的创新生态还有待优化。我国进入临床研究阶段的几个疫苗都是产学研结合的项目，但多数研究项目的产、学、研、医、金（融）结合不紧密，科学家缺钱、企业家缺技术、医生"等米下锅"的问题普遍存在。

第六，科学方法创新、高端仪器设备创制滞后，是当前我国提高生物技术创新能力面临的最大难题。我国95%以上的高端科研仪器、装备，大量用于科研的试剂、实验动物，以及用于生产的中高端细胞培养基和反应器都依赖进口，一旦出现技术脱钩，许多实验将无法继续。创新研究方法、研制科研仪器设备、建设综合交叉性研发平台，已经成为防御技术脱钩的迫切需要。

六、防境外输入难，防御飞禽走兽带毒入境难

把好国门，防止外来病例输入是当前防疫工作的难题。近年来，外来入侵物种渐渐进入大众视野。《2020中国生态环境状况公报》发布的数据显示，全国已发现660多种外来入侵物种，其中71种对自然生态系统已造成或具有潜在威胁并被列入《中国外来入侵物种名单》，其中219种已入侵国家级自然保护区。

防止传染病从国门进入更难。关上国门在全球化的今天基本上是不可能的，而只要有人员往来，必然存在引发疾病传染的风险。对待传染病跨境扩散，各国都没有根本性的解决办法。

目前的检测手段不能满足口岸防疫的需要，我们迫切需要开发海关适用的快速、准确的病毒检测技术。王宏广教授在新冠肺炎疫情暴发前就建议海关加速开发生物安全检测技术与设备，"建立新长城、

把好国门"，防止外来人员、生物、物品等带入病毒。海关方面很重视这项工作，已经提出了研究计划。

第3节

保障农业生物安全面临三难

农业生物安全包括防御小麦、水稻等农作物的病虫害，防御猪、鸡、羊等畜禽病害，保障转基因生物安全等多方面的内容。中国是世界第一农业大国，2020年农作物播种面积高达25.12亿亩，有1.03亿头大型牲畜、4.07亿头猪、3.07亿只羊、超过100亿只鸡，保障这些生物与农业生物环境的安全是一项十分繁重的任务。

我国保障农业生物安全取得了巨大的成就，特别是防控农业病虫害、防御禽流感等动物疫病的能力大幅度提升，这为农业稳产、增产做出了重要贡献。但是，农业生物灾害每年仍然会造成大量农业损失。数据显示：我国每年农作物有害生物发生的面积约为4亿公顷，如不进行防治，产量损失将超过70%以上；我国在大力防治后仍每年损失粮食1600万吨、棉花52万吨、油料93万吨、其他作物1084万吨，每年因病虫草鼠害损失的粮食相当于1亿人的年口粮。

一、预报预警难

尽管我国已经建立了监测、预测、防御体系，农业生物灾害的预测、预报能力大幅度提升，但农业生物灾害的预测、预报还面临许多难题：农作物病虫害监测网络存在较多"盲点"，农药药害、中毒事故、农田环境影响、产品质量、抗性等安全性和有效性监测体系严重缺乏；针对不同疫病虫害的诊断和监测预警能力亟待提升；陆生野生动物疫源疫病监测体系尚待完善，基础设施建设薄弱，监测能力亟待提高。由于农业生物变异、气候变化、农艺措施变更等诸多因素，我国农业生物安全的预报预警难。

二、检验监测难

我国已经建立了强大的农业生物灾害监测网，能够很好地监测常见、频发的农业生物灾害，但对新发、突发、偶发的农业生物灾害的监测和准确预报还面临一定困难。

由于农业效益低、农业生物灾害监测投入有限，目前我国基层动物疫病预防控制机构的病原学检测能力严重不足。同时，各类实验室普遍缺乏可以自动化检测的仪器设备，检测质量与效率不高，基层及田间、林间监测设备陈旧老化，信息化、自动化和智能化水平不高。

三、防御控制难

我国陆地边境线长，国际贸易和交流合作日趋频繁，外来有害生物入侵不断，有害生物截获数量逐年增长，动植物及其产品走私活动仍十分猖獗，因此，防控外来动植物疫病虫害越显重要。随着各类农畜产品跨区域、跨境流动的次数大幅度增加，出入境人员和跨境网上购物数量井喷式增长，我国病虫害防控形势严峻。此外，野生观赏类动物隔离设施基本空白，应急防控工作缺乏快速鉴定和区域化、集约化、快速化处置的装备，从而导致防御控制局势非常严峻。

2018年，非洲猪瘟传入我国，其可能的传入途径有四种：第一种是生猪及其产品国际贸易和走私，第二种是国际旅客携带的猪肉及其加工产品，第三种是国际运输工具上的餐厨剩余物，第四种是野猪迁徙。2018年，我国报告非洲猪瘟疫情99起，捕杀生猪80多万头；2019年，我国报告非洲猪瘟疫情63起，捕杀生猪39万头；2020年，我国报告非洲猪瘟疫情19起，捕杀生猪1.35万头；2021年以来，我国报告非洲猪瘟疫情11起，涉及8个省份，捕杀生猪2216头。[2]非洲猪瘟导致我国猪肉价格大幅上涨，造成的直接经济损失超过1万亿元。目前，非洲猪瘟病毒虽然总体平稳，但是已经在我国定殖，其污染范围广，涉及屠宰、运输等各环节，防御控制难度大。

第4节
保障生态安全缺乏适用技术

保障生态安全包括生物多样性保护、野生动植物保护、水资源保护、森林与草原保护，以及重大资源环境的生物威胁监测、预警与预报等。保护动物、植物、微生物以及特种细胞系与基因、遗传资源，保护生物多样性，保障并改善生态环境，都迫切需要大批先进、适用的技术，但缺乏技术、创新能力弱是我国保障生态安全面临的主要难题。5亿亩盐碱地缺乏适宜种植的农作物或高价值的经济植物，10亿亩没有灌溉条件的旱地缺乏高产、稳产、优质的农作物新品种，恢复森林植被、防止草原退化等都需要大批抗旱、耐盐碱、抗寒的生物新品种。总之，自然生态系统、农业生态系统、森林生态系统、草原生态系统的恢复与改善都需要大量先进、适用的技术与技术体系。

一、濒临灭绝生物保护难

2020年9月10日，世界自然基金会（WWF）和伦敦动物学会（ZSL）

发布了两年一度的《地球生命力报告2020》。《地球生命力报告2020》再次清晰地印证了人类过度的活动会对野生动植物，以及森林、海洋、河流和气候造成影响。该报告指出，1970—2016年，全球监测到的哺乳类、鸟类、两栖类、爬行类和鱼类的物种种群规模平均下降了68%，在淡水野生动物中，这个比例达到了惊人的84%，地球生命力指数在不到50年的时间里平均下降超过一半。地球已经历过5次自然大灭绝，第6次大灭绝似乎已无法避免，而这是现在人类真正经历的第一次物种大灭绝。

数据显示，目前中国已有近200个特有物种消失，有些物种已经濒临灭绝。例如，海南黑冠长臂猿和海南黑熊等物种的数量大大减少，稀有植物如望天树、龙脑香等濒临灭绝；大象、孔雀雉等野生动物大量减少，麋鹿、野马、新疆虎等20余种珍稀动物已经或基本灭绝。当前，中国有300多种陆栖脊椎动物以及约410种、13类野生植物处于濒危状态。在《濒危野生动植物物种国际贸易公约》列出的640个世界性濒危物种中，中国占了156个，约占总数的24%。

二、已灭绝生物恢复极难

国际自然保护联盟预测，在未来100年内，99.9%的极度濒危物种和67%的濒危物种将会完全灭绝。进化是地球防御生物多样性丧失的自然防御机制。随着栖息地和气候的变化，难以适应环境的物种逐渐死亡，新物种也会慢慢出现。但是新物种填补前者空白需要相当长的时间，而且这个过程远远慢于人类导致哺乳动物灭绝的速度。研究人员使用包含现有哺乳动物物种和已经灭绝的哺乳动物物种的数据库，将这些数据与预计在未来50年内灭绝物种的信息相结合，利用进化的先进模拟模型来预测物种多样性的恢复需要多长时间。基于一种乐观的假设，即人们最终会停止破坏地球，可预测物种灭绝率将会下降。在此基础上，研究结果显示，地球需要300万～500万年才能恢复到今天的生物多样性水平，需要500万～700万年才能恢复到现代人类进化之前的生物多样性水平。

虽然现代生物技术的不断突破可以让一些已灭绝物种复活，如通过基因改造、反育种和克隆能够人工再造已灭绝生物，但被复活的灭绝物种不一定能融入现有的生态系统。

第5节

保障国门生物安全面临两难

海关是保障国门生物安全的第一道防线和屏障。2021年4月15日，即第6个全民国家安全教育日，海关总署发布的数据显示，仅一季度海关就在邮件、快件、旅客携带物等渠道截获外来物种710种、共1749批次，截获检疫性有害生物204种、共14196批次，截获次数同比增长27.8%，并首次截获钟角蛙、非洲斑腹蝗、西班牙鼠尾草、白鼠尾草等外来物种。[3]2020年全年，海关截获的6.95万次检疫性有害生物达384种，并从进境旅客携带物、寄递物中截获外来物种1258种、共4270批次，退回或销毁来自38个国家或地区的进口农产品579批次。2020年，境外预检41.89万头大中型动物，检疫淘汰9.93万头不合格动物，淘汰数量同比增长27.01%。[4]

一、输入病例监测难

输入性病例是造成疫情在全球传播的主要原因，如何防范它是一个全球性难题。短期关闭国门会影响经济社会发展，长期关闭国门更不可能。所以，输入性病例引发的疾病传播、蔓延仍然是各国保障人民生命安全所面临的重大问题，也是我国防控疫情、保障国门安全所面临的重要任务。

目前，我国对入境旅客、物资进行检疫检验，对违禁物品进行无害化处理的能力较弱，部分口岸一线传染病监测手段落后，测量体温已无法防止不发烧病毒携带者入境，对于一些食品进口"冷链"系统，甚至常温下物资的病原物监测更是缺乏先进、适用、简捷的监测手段与仪器，这导致传染病输入病例不断出现。为此，我国需要从两方面入手：一是需要建立广泛的国际合作机制，建立人类生命安全共同体，以最大限度地防止疫情跨国、跨境传播；二是要实现防控疫情的技术、装备的重大突破，开发能够监测运输工具，如监测飞机舱内空气中病原物的仪器与设备，研制确保个人安全的防护服装与设备。

二、进口物品检测难

2021年以来，海关已经在邮件、快件、旅客携带物等渠道截获外来物种710多种。例如，海关关员在对一批来自南美圭亚那的原木进行查验时，在货物集装箱中检出活体蜚蠊，经海关总署国境口岸病媒生物监测与控制专家组确认，拱北海关所属中山港海关截获的国内未见分布的多恩拉丁蠊，为全国口岸首次截获。[5]

从现状来看，我国国门生物防治存在三大问题。

一是入境人员、进口物资数量巨大，很难对其逐一检测。2019年，我国出入境人员高达6.7亿人次，对进入国境的人员、物资逐一进行生物安全检查是不可能的，而采取抽查、分批检测的方式，又难免有所遗漏。

二是现有检测技术与设备很难检测到一些特殊生物或病原物。有些有害生物、病原物用现有的技术条件还很难被检测出来，这是导致检测难的又一个重要原因。

三是现有的进口食品物品检验检测的标准较低，其适用性和技术手段远不能保障进口物品的安全。我国进口食品物品监管的法律法规不完善，还未形成完善的检测体系，这导致监管工作存在漏洞。

第6节
防御生物恐怖、生物武器最难

从应对重大、特大生物安全事件来看，我国防御生物恐怖的战略储备还不够。从当前来看，在防控新冠肺炎疫情时缺乏足够的传染病医院、医疗物资，甚至缺乏足够的口罩、防护服、护目镜等基本医疗用品。从长远来看，防御生物恐怖的形势会更加严峻。假如生物恐怖袭击导致感染病例超过500万例，那么我国会出现什么情况？可见，防御生物恐怖、生物武器威胁的任务十分艰巨。

一、防御生物武器难

虽然《禁止生物武器公约》已实施46年，但是实验室核查机制还没有真正形成，而且核查工作量巨大，所以不可能没有遗漏。因此，我们绝对不能排除一些国家、机构以防御生物武器、生物威胁为名，研制生物武器的情况。加之，生物武器具有传染性大、致病力强、危害时间长、隐蔽性好、递送简便、不易拦截等特点，被人们誉为"死神的使者"或神秘的"潘多拉魔匣"。[6]

目前，世界上有150多种危险病毒可能被恐怖分子用作"生物武器"，同时合成生物技术、基因编辑技术的成熟，使人们创造一个病原物更加容易，而针对每种有害生物，研制诊断试剂、药物、疫苗、防护装备等则需要大量的时间与财力。因此，防御生物武器的任务十分艰巨。

二、消除生物恐怖难

自然界已经发现的150多种危险生物可能会被恐怖分子利用，并被用来开发新的生物战剂。随着生物技术的不断进步，基因工程技术有可能被恐怖分子用来改造病原物，合成生物技术则可能创造出传染力更强、致死率更高的危险生物。随着合成生物技术日趋成熟，恐怖分子一旦掌握合成生物技术，就能够合成自然界没有的危险生物，其破坏力可能超过核武器，这会给人类带来更大的灾难。

新型生物恐怖的特点发生明显变化：生物恐怖的主要表现形式可能是突发的人或动植物疫情，与自然发生的传染病疫情或突发公共卫生事件很难分清；病原体可能趋于低致死、高致病、易传播、难追溯的特性；实施手段可能是通过合成和释放新病原体来制造可疑疫情等。[7]

由于病原物等生物恐怖材料具有投放方便、隐蔽性强、扩散性高、破坏力大、生产成本低等特点，生物恐怖已成为新冠肺炎疫情暴发后许多国家政府与民众关心的首要问题，其实际上已经成为战后人类面临的最大威胁。由于生物安全相关技术、疫苗与药品、装备与设施等相对滞后于防疫的需求，许多国家政府及民众缺乏安全感，担心未来的传染性疾病变成生物恐怖袭击，更担心有的国家或机构不遵守《禁止生物武器公约》而研制进攻性生物武器。当前，新冠肺炎疫情正在引发新一轮的国际生物技术竞争，这能够推动生物技术与产业的巨大进步，但也可能使生产、使用危险生物材料、生物战剂更容易、更便宜，以及生物恐怖更频繁，从而大大增加了防御生物恐怖的难度。

三、实验室互查难

《禁止生物武器公约》中的建立信任与安全措施（CSBM）是联合国生物军控领域重要的履约机制，其主要目的是促进各缔约方之间建立信任、增信释疑，为促进生物和平活动领域的国际合作而努力，但目前该公约的实施面临着难以建立核查机制的困境，履约监控难度不断增加。[8]

美国一直阻挡重启核查机制谈判，其理由是生物领域不可核查，国际核查"可能威胁美国国家利益和商业机密"，有利于"工业间谍活动"。因此，《禁止生物武器公约》核查机制的建立是一项非常艰难而又迫切的工作。新冠肺炎疫情已经给世界人民造成了巨大的心理压力与恐慌，期望美国能够顺应历史潮流、满足世界人民的心愿，同意签署生物武器核查协议。

第7节

生物安全科技创新差距明显

我们与天津大学图书馆合作，运用Web of Science（全球学术信息数据库）平台下的科学引文索引数据库（SCIE）、社会科学引文索引数据库（SSCI），采用文献计量分析法、比较分析法、信息计量法等研究方法，对全球传染病、病原物、微生物耐药性、转基因安全、生物入侵、生物多样性六个领域的科技文献进行了国际比较，并对主要研究机构、研究人员、研究经费等进行了深入分析。结果表明，我国生物安全相关研究与美国等发达国家相比还存在明显差距，虽然论文数量差距较小，但论文质量、研发投入差距相当明显。在传染病、病原物、微生物耐药性、转基因安全、生物入侵、生物多样性六个领域，我国的国际论文数量分别居世界第四位、第二位、第三位、第二位、第六位、第六位。

一、传染病论文数量居世界第四位

　　传染病是危害人民生命安全的最大因素之一，传染病防控是保障人民生命安全的重点，这事关国家安全和发展，事关社会大局稳定。

　　在Web of Science数据库中，我们对传染病进行检索，发现全球科学界对传染病的关注度居高不下，相关论文数量逐年增多（见图11-1）。从1998年到2021年7月，在传染病领域，全球一共发表了550457篇论文，其中美国排名第一，发表论文131789篇，约占全球该领域发文量的23.94%，中国排名第四，发表论文19891篇，约占全球的3.61%。

论文数（篇）

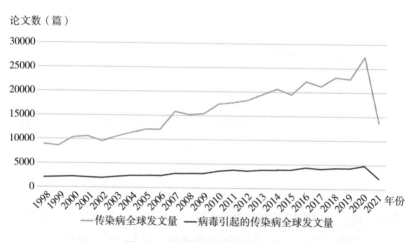

图11-1　传染病领域全球发文趋势

二、病原物论文数量居世界第二位

目前，人类对致病病原物的生物学特征、致病机理等的认识不够，从而导致很多感染性疾病还没有有效的应对手段。田德桥在《病原生物文献计量》一书中选取了威胁人类健康的100种重要病原物，对其SCI文献的年度分布、国家分布、机构分布、期刊分布情况进行了统计分析，判断了相关研究趋势、不同国家研究实力等，明确了我国病原物研究现状、优势领域和主要差距。[9]

从各种病原物的相关文献数量来看，一些病原物的文献数量持续增长，如葡萄球菌、结核分歧杆菌、登革热病毒、寨卡病毒、乙型肝炎病毒、诺如病毒、疟原虫等；也有一些病原物的文献数量在快速增长后逐渐减少，通常是具有时效性的传染性病原物，如炭疽芽孢杆菌、埃博拉病毒、H1N1流感病毒、H7N9流感病毒、SARS冠状病毒等。

从各国的病原物发文数量来看，1995—2018年，发文数量在前10名的国家依次是美国、中国、日本、英国、德国、法国、加拿大、西班牙、印度和澳大利亚。就这100种病原物的发文数量而言，美国为111170篇，中国为24645篇（约占美国的22.17%），美国大部分病原物相关文献数量排名全球第一（见表11-1）。

从发表病原物论文较多的机构来看，美国具有绝对的优势。在发文数量排名前20的机构中，美国11家，中国4家，法国3家，英国、日本各1家（见表11-2）。

表11-1　1995—2018年病原物发文量前10的国家及主要病原物文献数量

排名	国家	总数（篇）	炭疽芽孢杆菌文献数量（篇）	沙门菌文献数量（篇）	葡萄球菌文献数量（篇）	埃博拉病毒文献数量（篇）	流感病毒文献数量（篇）	SARS冠状病毒文献数量（篇）	人类免疫缺陷病毒文献数量（篇）	疟原虫文献数量（篇）
1	美国	111170	1104	7306	8383	996	2642	481	10019	5451
2	中国	24645	59	1282	1847	123	1199	551	450	482
3	日本	23758	26	1072	1733	115	870	95	893	856
4	英国	22331	98	1804	1709	174	409	43	1070	2575
5	德国	20710	80	1317	2247	205	434	98	677	1290
6	法国	19925	128	825	1574	153	235	42	1409	1758
7	加拿大	12389	47	1020	953	184	271	82	777	344
8	西班牙	10379	6	874	987	35	147	37	775	431
9	印度	10322	89	899	817	17	75	18	266	1474
10	澳大利亚	9992	18	464	783	38	293	26	378	1503

数据来源：《病原生物文献计量》。

表11-2　病原物发文量排名前20的机构

排名	机构	论文总数（篇）
1	美国得克萨斯大学	4895
2	法国巴斯德研究所	4688
3	美国哈佛大学	4332
4	美国过敏与传染病研究所	3815
5	美国约翰霍普金斯大学	3384
6	美国华盛顿大学	3140

排名	机构	论文总数（篇）
7	英国牛津大学	2764
8	美国加州大学旧金山分校	2660
9	美国马里兰大学	2374
10	美国埃默里大学	2372
11	日本东京大学	2184
12	中国科学院	2092
13	法国国家健康与医学研究院	2004
14	美国威斯康星大学	1986
15	法国国家科学研究院	1838
16	美国农业研究所	1600
17	美国科罗拉多州立大学	1234
18	香港大学	1176
19	复旦大学	1137
20	中国医学科学院	967

数据来源：《病原生物文献计量》。

三、微生物耐药性论文数量居全球第三位

在疾病的预防和治疗方面，人类取得了长足的发展，但是微生物感染还是不断发生。大量广谱抗生素的滥用造成了强大的选择压力，这使许多菌株发生变异，从而导致耐药性的产生，人类健康受到新的威胁。微生物耐药性又称微生物抗药性，是指微生物对于药物作用的耐受性，例如当长期应用某种药物时，敏感菌株不断被杀灭，耐药菌株大量繁殖并代替敏感菌株，从而使细菌对该种药物的耐药率不断升高。一旦微生物的耐药性产生，该药物作用就明显下降。微生物耐药

性全球发文量整体呈上升趋势，近年增长较快（见图11-2）。

论文数（篇）

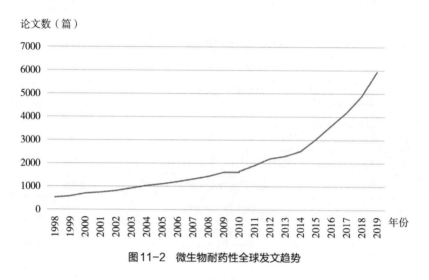

图11-2　微生物耐药性全球发文趋势

　　针对微生物耐药性的研究，发表论文数量最多的是美国，其论文数量高达11493篇，其次是英国、中国。其中，中国发表的论文数量为3547篇，是美国的30.86%左右（见表11-3）。从学术影响力来看，美国、英国、德国、加拿大四国处于第一梯队，竞争激烈；中国、印度增长明显，与第一梯队国家的差距逐年减小。虽然中国的论文数量排名为第三，但是其论文被引频次低于美国、英国、德国、法国、加拿大，仅为美国的13.22%左右。

表11-3　微生物耐药性论文数前10的国家或地区

排名	国家	Web of Science论文数（篇）	被引频次（次）	全球发文量贡献比（%）
1	美国	11493	417319	25.56
2	英国	3945	123554	8.77

排名	国家	Web of Science论文数（篇）	被引频次（次）	全球发文量贡献比（%）
3	中国	3547	55157	7.89
4	英格兰	3404	106732	7.57
5	德国	2316	68716	5.15
6	法国	2214	64049	4.92
7	西班牙	2149	53453	4.78
8	加拿大	2127	74617	4.73
9	印度	1893	29267	4.21
10	巴西	1858	24365	4.13

四、转基因安全论文数量居世界第二位

全球转基因安全论文超过6000篇。1981—2020年，全球共发表转基因安全研究相关SCIE/SSCI论文5920篇，加上2021年上半年发表的论文，全球转基因安全研究的相关论文已经超过了6000篇。1990年之前，关于转基因安全研究的论文较少，1990—1997年，该领域论文数量呈现稳步增长的态势，1998—2005年则快速增长，2006至今呈现波动中稳定增长的趋势（见图11-3）。

中国转基因安全论文数量居世界第二位。从发表转基因安全论文的国家或地区分布来看，1981—2020年，论文数量居于前20位的国家或地区的发文量之和占全球论文总量的86.45%。其中，美国发文量最多，达2001篇，占全球论文总数的33.80%；排名第二的是中国，发文691篇，占全球论文总数的11.67%。发文量超过500篇的还有排名第三的德国和排名第四的英国，分别为558篇和513篇，分别占全球论文总数的9.43%和8.67%。位居前四位的国家或地区的发文量之和占全球论文总数的57.47%，可见美国、中国、德国和英国为全球

贡献了半数以上的转基因安全研究论文。

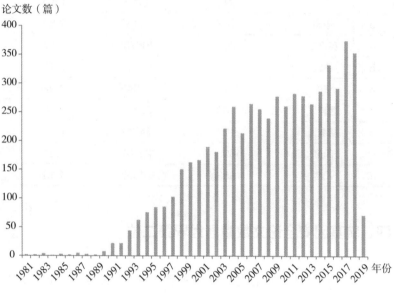

论文数（篇）

图11-3　1981—2020年全球转基因安全研究论文数量变化情况

五、生物入侵论文数量居世界第六位

外来有害生物入侵的危险性日益增加，引起了世界范围内的国际组织、国家政府部门、科学界的广泛关注，各个国家和地区纷纷加大对生物入侵领域的研究和投入。

全球生物入侵研究持续升温。从全球生物入侵研究的论文数量来分析，我们发现全球生物入侵研究工作持续升温。从 Web of Science平台获得的关于生物入侵的28181篇论文，共涉及93个研究方向。1998年关于生物入侵的论文仅有102篇，随后逐年增加（22年间仅2012年的论文数量略有下降）。到2019年，全球关于生物入侵的研究论文达到了2766篇。与1998年相比，2019年全球生物入侵相关论文的数量增长了约26倍。而同时间段内，全球SCIE论文的数量仅增长了2.5倍，生物入侵领域的论文增速明显高于全球平均水平。在全球范围内，生物入侵领域的科学研究论文保持高速增长，这说明当前人类越来越迫切地希望找到生物入侵的应对办法。

我国的生物入侵论文数量居世界第六位。我们对生物入侵领域论文数量排名前15的国家或地区进行了重点分析，结果显示，生物入侵领域论文数量排名前15的国家依次是美国、澳大利亚、加拿大、英国、法国、中国、德国、西班牙、意大利、南非、新西兰、巴西、瑞士、阿根廷、捷克（见图11-4）。美国优势明显：论文总数、总被引数、高被引论文数、国际合作论文数均为全球第一，且历年论文数保持高速增长。美国总共发表了12103篇生物入侵研究论文，占全球生物入侵研究论文总数的43.5%，位居全球第一，且远远高于其他国家或地区，其论文数量是排名第二的澳大利亚的4.6倍。瑞士则更注重论文的质量，其发表的论文的平均影响力较高，篇均被引频次高达55.2。高被引论文数排名前10的国家或地区均为发达国家或地区，这说明在生物入侵领域，发达国家或地区相对而言处于研究的最前沿，引领着该学科的发展方向。中国的生物入侵研究论文总数排名全球第六，论文数量增长较快，2019年发表的论文总量为当年全球第二，但是在论文质量上还有所欠缺，高水平、高影响力的学术研究论文较少，论文平均影响力较低，当前正处于从量变到质变的阶段。

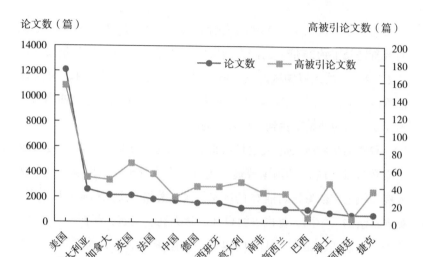

论文数（篇）　　　　　　　　　　　　　　　高被引论文数（篇）

图11-4　论文数量前15国家的论文数及其高被引论文数

六、生物多样性论文数量居世界第六位

全球生物多样性研究论文的发文量整体呈上升趋势，近年增长较快，发文量排名前10的国家分别为：美国、英国、澳大利亚、加拿大、德国、中国、巴西、法国、西班牙、意大利（见表11-4）。

表11-4　全球生物多样性研究发文量排名前10的国家

排名	国家	Web of Science论文数（篇）	被引频次（次）	全球发文量贡献比（%）
1	美国	43683	1190888	39.24
2	英国	14416	537541	12.95
3	澳大利亚	9465	343746	8.50
4	加拿大	8562	239241	7.69

排名	国家	Web of Science论文数（篇）	被引频次（次）	全球发文量贡献比（%）
5	德国	6712	216347	6.03
6	中国	6449	101994	5.79
7	巴西	538	116839	5.06
8	法国	5234	179735	4.70
9	西班牙	5213	149580	4.68
10	意大利	3748	103787	3.37

1980—1999年，全球生物多样性保护研究处于缓慢增长期，年产出文献量从1980年的400余篇增加到1999年的1700余篇，年均增长60余篇；2000—2019年，全球生物多样性保护研究处于快速增长期，年产出文献量从2000年的近2000篇增加到2019年的8000余篇，年均增长300余篇。

1980—2019年，美国生物多样性研究论文的发文量排名全球第一，占全球发文总量的38.35%，几乎等同于英国、澳大利亚、加拿大、德国、中国的贡献总和。近五年来，在全球关于生物多样性保护的研究中，美国发表论文12248篇，占全球总量的1/3左右，位居世界第一，英国次之，中国排名第三，中美英三国发文量共计18573篇，约占近五年全球发文总量的1/2。

中国生物多样性研究论文数逐年上升，特别是近五年。1995年之前，中国生物多样性研究论文数一直徘徊在个位数，1996年开始缓慢增长，至2006年超过了100篇，2009年达到300余篇，2015年达到400余篇（位居世界第四），2019年达到600余篇（位居世界第二）。

但中国高影响力机构的数量太少，除中国科学院外，其他研究机构在生物多样性保护领域的国际排名偏低；高校整体论文产出和影响力偏低，仅一所大学——中国科学院大学在论文产出方面排名第30，在影响力方面排名第141。

　　研究证明，国际合作能够提升论文的学术影响力，低发文量国家与高发文量国家间的国际合作，具有提升低发文量国家论文影响力的作用。我国应该继续加强国际合作，促进国际合作论文的产出，特别是中美、中英合作论文的产出。

第8节
保障实验室生物安全有四难

　　高等级生物安全实验室是指生物安全防护级别为三级和四级的实验室，是国家生物安全体系的基础平台。我们保障实验室生物安全主要从三个方面着手：一是保障高等级生物安全实验室的安全，保障不出现病原物泄漏问题；二是要有足够数量的生物安全实验室，以保障研究工作能够有序、安全地进行；三是要防止生物技术滥用、误用。但目前，我国生物安全实验室的数量严重不足。

一、数量严重不足

　　2003年SARS之后，经过多年的发展，我国生物安全实验室的数量显著增加。中国合格评定国家认可委员会（CNAS）的数据显示，截至2020年8月31日，我国认可的生物安全实验室共92个，主要分布在疾控中心、科研院所、高校、海关、医院等单位，但我国生物安全实验室特别是高等级生物安全实验室的数量与发达国家相比还有一定差距。

　　据不完全统计，目前全球共有60个P4实验室，美国最多，拥有

13个（也有资料显示是15个），其次为英国，有8个，澳大利亚、瑞士分别有4个，德国、中国、加拿大、法国、意大利、日本等国均达到2个以上。[10] 目前，我国的P3实验室仅有87个，P4实验室只有武汉国家生物安全实验室、哈尔滨国家农业生物安全实验室2个。我国的P3实验室主要用于生物安全基础研究、人类传染性疾病病原物研究，P4实验室主要从事高致病病原物、农业生物相关的研究工作。

我国高等级生物安全实验室不但绝对数量不足，而且相对数量差距更大。根据美国科学家联合会2020年2月的统计，美国几乎所有医疗机构或医学院都有P3实验室。而我国实验室相对数量不足，严重制约了我国在生物安全技术与装备方面的竞争力。

二、技术差距明显

严格来讲，我国在P4实验室建设方面，不仅有卡脖子技术，而且有卡脖子工程。我国P4实验室在整体设计、人员防护、仪器设备、病原物收集与保持，以及通风、消毒、废物处理等方面的关键技术与主要设备，都依赖国外引进。

虽然我国武汉国家生物安全实验室的装备与管理水平都已达到国际一流水平，能够绝对保障生物安全，也能够经受住国际一流生物安全专家的检查甚至挑刺。但也应当承认，我国P4实验室从设计、仪器、人员培训到管理，都需要法国的支持。另外，我国生物技术创新能力不强，对生物安全研究工作的支持不系统、力度小，这远不能满足社会发展和生物技术发展的需求。

三、专门人才偏少

我国在2005年新增生物安全本科专业，人才培养起步时间晚、专业研究人才少、专门人才缺乏，特别是国际顶尖生物安全人才，这是我国保障实验室生物安全的又一短板。

严格的生物安全管理制度，需要我们在职能部门巡查、实验室安全管理、实验操作和实验室维护等各个层面都拥有数量充足、安全意识强、经验丰富的生物安全人才。新冠肺炎疫情暴发后，全国各地纷纷大规模建设生物安全实验室，但在短时间内，培训人员和从业人员无法满足需求。加之我国生物安全实验室的研究人员工资偏低、工作环境安全风险大，留住人才也面临困难。

我国病毒学人才也严重不足。数据显示，我国涉及人类病毒研究的一级学科有29个，分布在207所高校，近十年培养的与人类病毒研究相关的硕士、博士的导师有2720人，其中博导759人，涉及人类病毒研究的博士学位论文有1237篇。[11]而2019年我国博士生导师人数已超过11.5万人，2020年我国博士生招生规模已经达到10万人，由此看来，我国病毒学研究队伍还需要扩大。同时，保障生物安全还需要生物信息学、组学、结构生物学、材料科学以及心理学等学科的广泛交叉融合。

四、仪器依赖进口

工欲善其事，必先利其器。我国不但高等级生物安全实验室的仪器设备依赖进口，而且普通生物实验室的仪器、试剂，甚至实验用的小老鼠都需要进口。据统计，截至2017年，诺贝尔奖中因发明科学仪器而直接获奖的项目占11%，72%的物理学奖、81%的化学奖、95%的生理学或医学奖都是借助尖端科学仪器来完成的。

科研仪器开发一直是我国的薄弱环节，高端科学仪器基本被国外厂商垄断，高端显微镜、质谱仪、高效液相色谱仪等几乎全部依赖进口，连老鼠、猴子等实验动物、实验试剂耗材也大量依赖进口。据海关统计，我国仪器仪表的进口额仅次于石油和电子器件的，仪器仪表是我国第三大进口产品。随着科技实力的增强和科研投入的增加，我国科学仪器的进口需求也越来越大，其2019年的进口总额高达519.93亿美元，逆差高达181.55亿美元。[12]

以冷冻电镜为例，我国目前有各种型号的冷冻电镜50多台，每台价格超过4000万元，但国内没有一家企业有能力生产它。中国仪器仪表行业的统计显示，2015—2017年，我国显微镜出口量为220万～300万台，年均进口5万台，出口数量远远高于进口数量，但出口金额却远远低于进口金额，这说明我国出口的均为低端显微镜。我国生产的原材料在质量方面与进口的相比存在明显差距，关键耗材试剂基本被国外垄断。以细胞培养基为例，2019年，中国80%以上的生产用无血清培养基由Gibco（吉比克，美国）、Hyclone（海克隆，美国）、Merck（默克，德国）等企业提供。

第9节
生物安全防御设施存在缺陷

一、数量明显不足

我国生物安全防御设施与人员数量明显不足。根据《2020中国卫生健康统计年鉴》，2019年我国有传染病医院171家，仅占医院总数34354家的0.50%左右，其中有150家传染病医院位于城市，位于农村的仅有21家（见表11-5）。中国有4个直辖市、283个地级市和374个县级市，共有150家传染病医院，可见有77.30%左右的城市没有传染病医院。另有3403家疾病预防控制中心，其中城市有1350

家，农村有2053家，还有9家传染病防治医院。现有传染病医院的规模较小，其中500张床位以上的传染病医院仅45家。

表11-5　我国医院及传染病医院基本情况

项目	医院数量（家）	卫生机构人员数（万人）	传染科床位数（万张）	万元以上设备台数（万台）	房屋建筑面积（万平方米）	总资产（亿元）	总收入（亿元）	诊疗人次（万）
医院合计	34354	778.22	880.70	641	51763.63	42467.37	34967.60	384240.48
传染病医院	171	6.19	14.62	5.69	504.13	347.93	331.94	2114.98
占比（%）	0.50	0.80	1.66	0.89	0.97	0.82	0.95	0.55

数据来源：《2020中国卫生健康统计年鉴》。

二、布局不够科学

根据《2020中国卫生健康统计年鉴》公布的数据，我们可以看出：一是传染科的医疗资源占比很低，床位数明显不足；二是传染病医院少且城乡布局不均衡，全国传染病医院只有171家，其中城市地区有150家，农村地区仅有21家，只占全国的12.3%左右；三是传染病发病率与死亡率的差距很大，经济较为发达、医疗资源丰富的地区的发病率、死亡率低于其他地区的。从各地区甲乙类法定报告中的传染病发病率、死亡率数据分析：发病率最低的5个省份分别为江苏、吉林、北京、天津、黑龙江，发病率最高的5个省份分别为新疆、青海、西藏、海南、广东；死亡率最低的5个省份分别为河北、山东、天津、上海、江苏，死亡率最高的5个省份分别为广西、新疆、四川、云南、贵州。

我国生物安全实验室资源分配不均也存在三方面问题。一是实验室所处地域较为集中，全国仅15个省市拥有高等级生物安全实验室，其中北京拥有18个P3实验室，数量位居全国首位。二是高校、医疗机构和企业拥有的生物安全实验室严重不足。在法国，P3实验室是大学、大型医疗机构和科研院所的标配，而我国近一半的P3实验室集中在疾控中心，仅有4所高校和4家医院建有P3实验室，企业生物安全实验室更是完全空白。北京的18个P3实验室中有16个为疾控中心所属，没有一家高校拥有P3实验室。三是现有P3实验室的规模大多较小，很多科研团队甚至将实验资源据为己有、各自为战，这严重阻碍了相关研究进度、浪费了研究资源。

第10节
生物安全管理体系亟待完善

一、对生物安全重视不够

部分管理人员没有真正了解生物安全问题，缺乏生物安全意识。但是，经过此次疫情，很多管理人员充分认识到我国生物安全面临着新形势、新问题和新任务，认识到制定一部具有基础性、系统性、综合性和统领性的生物安全法十分必要。

习近平总书记强调："确保人民群众生命安全和身体健康，是我们党治国理政的一项重大任务。"[13] 在《中华人民共和国生物安全法》颁布后，我国各级部门和相关领导、管理人员等，要从保护人民健康、保障国家安全、维护国家长治久安的高度出发，时刻把握将生物安全纳入国家安全体系的理念，牢牢把控底线，系统规划和部署国家生物安全风险防控和治理体系建设，全面提高国家生物安全治理能力。

二、法规体系需不断完善

由于生物技术发展快、生物安全形势复杂，已经出台的相关法规存在不合时宜的地方，许多法律空白需要进一步完善。例如，新冠肺炎疫情发生后，有的机构执法不严格，对疫情上报不及时、处理不得力，从而错过了宝贵的防控时间。一些机构对防控传染病预案利用不够，防控措施不够科学、及时、恰当。

2020年出台的《中华人民共和国生物安全法》与生物安全领域的其他法律、行政法规、部门规章、技术标准体系等组成了层次分明的生物安全防控体系，明确建立了国家生物安全风险防控体制以及防范和应对生物安全风险的一系列法律制度，强化了相应执法检查和法律责任，这是防范和应对生物安全风险的根本保障。

三、管理机构职能重叠多

管理机构职能重叠多具体体现在以下两个方面。

一是管理部门多，而管理依据不充分，从而管理部门职责存在重叠、交叉、缺失等问题。生物安全问题涉及工农业生产、医药食品、进出口贸易、生物资源保护、劳动保护、环境保护等诸多方面，相关法律法规多，管理部门多，管理职能重复、交叉、缺失问题不少。

二是生物安全研究的技术支撑极为薄弱，目前我国对生物安全研究工作的支持不系统、力度小，这远远不能适应社会发展和生物技术本身发展的需要。当然，各国都处于探索阶段，全球针对生物安全还没有形成一套公认的技术标准和研究体系。这既是各国普遍存在的问题，也是我国应该认真调研和解决的问题。

三是生物技术及生物安全知识的普及不足。公众参与既是生物安全管理的重要组成部分，又是生物技术产业健康发展的重要保证。一方面，公众在掌握必要的生物安全知识后可以成为安全管理的重要监督力量，另一方面，公众了解现代生物技术知识可以避免其对新生事物产生盲目恐惧，从而为生物技术产业的发展创造一个良好的社会环境。

第12章

防患未然，构建生物安全十大体系

为确保人民生命安全，中国需要构建生物安全十大体系。一是构建生命安全保障体系，大幅度提高防控传染病、防御生物威胁的能力；二是构建农业生物安全体系，绝对保障农业转基因生物安全，大幅度提升防御农业生物灾害的能力；三是构建生物多样性保护体系，切实保护濒危生物，探讨恢复已灭绝生物的技术与途径；四是构建人类遗传资源保护体系，做好人类遗传资源的收集、保存、保护、利用工作，保障生命安全；五是构建国门生物安全体系，构建新时代的"生物新长城"，大幅度提升防御有害生物入侵的能力，确保国门安全；六是构建国防生物安全体系，确保能够防御生物战；七是构建生物技术创新体系，支撑引领生物安全事业与产业的发展；八是构建实验室生物安全体系，增加高等级生物实验室数量，严格进行安全管理、培育顶尖人才，杜绝生物技术滥用、实验室泄漏事件的发生；九是构建生物安全法规体系，依法保障生物安全；十是构建生物安全国际共同体，促进生物安全国际合作与交流。

第1节
生命安全保障体系：有效防控传染病

当前，新冠病毒使全球瘫痪，这可能引发世界格局由战后格局转向疫后格局，我国必然要构建"全能防御体系"。像战后的核技术一样，生物技术将成为疫后国际经济、科技、军事竞争的焦点。我们要从防御重大、特大疫情的角度出发，构建生命安全保障体系。

一、生命安全是人类基本需求

生命至上，生命安全是一切安全的基础，是生物安全的核心、国家安全的基石。保障生命安全、构建生命安全保障体系不仅是完全必要的，而且是十分迫切的。

第一，防控传染病以提升人民生命安全指数需要构筑生命安全保障体系。2020年，我国共报告法定传染病580672例，死亡26374人，这给人民生命安全造成巨大危害。我们要想防控传染病，特别是甲乙类传染病，就亟须启动生命安全保障体系。

第二，防控新传染病迫切需要大幅度提升新发传染病的发现、诊断、救治与控制扩散的能力。全球每2～3年就会发现一种新的传染性疾病，而在高度全球化的今天，在一个国家或地区发现的传染病传到其他国家或地区往往只需要1个月甚至几周的时间。新冠病毒的变异株在全球高度防控的情况下，3个月扩散到100多个国家或地区。

新冠肺炎疫情仅2020年就造成我国4万亿元以上的直接经济损失，可见防控新发传染病的任务十分艰巨。

第三，防御生物恐怖、生物战迫切需要构建生命安全保障体系。疫情将诱发新一轮国际经济、科技、军事竞争，科技竞争的焦点将逐渐由以信息、人工智能为主，转向以生物技术、脑机融合为主，非接触战争可能成为新的战争形态，生物武器可能成为主导性、决定性武器。另外，世界生物安全形势日趋严峻。由此可见，中国构建生命安全保障体系的需求已经十分迫切。

二、生命安全保障体系的目标

根据国内外生物安全、生命安全面临的形势，我们预测了未来保障生命安全面临的任务，制定了切实可行的生命安全目标与路径，预案全面，任务到机构、责任到个人，统一部署、分工负责。

（一）生命安全保障体系的总体目标

构建最高效的生命安全保障体系，大幅度降低已发传染病的发病率、病死率，有序、高效、科学、快速地控制超万人感染的公共卫生事件，力争做到"旧病（已发传染病）不反弹、新发（传染病）不暴发"。

（二）生命安全保障体系的具体目标

第一，构建最高效的生命安全治理体系。按照问题导向、需求导向的原则，构建最高效的生命安全治理体系，主要包括法律法规、组织管理、应急处置、临床救治、物资保障、技术创新、新闻宣传、社会保障、国际协作、监督与评估10个子体系。

第二，提高对已发传染病的防控能力。我国已甩掉"肝病大国"

的帽子，预计在2030年消除肝炎，力争消除或基本消除疟疾、血吸虫等传染性疾病，提高艾滋病治愈率，降低其发病率、病死率，大幅度降低甲乙类传染病的发病率、病死率。

第三，提高对新发传染病的发现、防控能力。新发传染病是指我国新发现，以及国外已发、第一次传入我国的传染病。我国要打造能够抵御超2000万人感染的特大公共卫生事件的生命安全保障体系，以绝对保障人民生命安全；同时要打造现代化、标准化、程序化、科学化、国际化的高效重大疫情防控体系，力争到2025年把新发传染病的病例数控制在2000例以内，到2030年控制在1000例以内，力争做到新发传染病不扩散、不蔓延、不大流行。

第四，防御生物恐怖与生物战，形成打赢各类生物战的综合能力。军民联合，建立包括国家生物安全综合预警与预报体系、监测与检验体系、处治与救治体系、技术保障体系、物资保障体系、隔离与预防体系、新闻宣传体系、国际协作体系、指挥体系等体系在内的最高效的生物恐怖与生物战防控体系，把生物恐怖与生物战的危害降到最低。

第五，保障农业生物安全，确保不引发重大人畜共患传染病。

第六，保障生物技术研发与实验室安全，确保生物实验室"零泄漏"。

第七，保障进出口生物安全，构筑"生物新长城"，防止病原物通过人、物品进入境内，从而引发传染病。

（三）保障生命安全的"六不"路径

为了最大限度地防控传染病造成的危害，保障人民生命安全，我们在2006年提出的用"六不"路径力争在2020年甩掉"肝病大国"帽子的思路，仍然可以作为未来构建生命安全体系的基本路径。

遏制肝炎的"六不法"，就是在六个关键环节组织"六路大军"

对肝炎病毒进行围追堵截，在肝炎流行的各个关键环节开展科技攻关，力争做到不侵染、不复制、不发病、不硬化、不癌变、不死亡。[1]这个思路在防控新冠肺炎以及其他传染疾病中都可以应用与借鉴。

- 不侵染。通过疫苗、公共卫生、个人防护等综合措施，防止健康人群感染肝炎病毒。
- 不复制。通过药物、治疗性疫苗、血清抗体等多种途径，清除感染到体内的病毒，或者防止病毒在体内复制。
- 不发病。通过提高自身免疫能力等多种途径，控制难以完全清除体内病毒的传染者的发病率，使其不发展为肝炎。
- 不硬化。对于前面三个环节失灵的肝炎患者，通过药物降低其肝炎发展为肝纤维化、肝硬化的可能性。
- 不癌变。通过药物、科学的生活方式等综合手段，防止肝纤维化或肝硬化患者转变成肝癌患者。
- 不死亡。提高肝癌的治愈水平，延长患者存活时间，降低肝癌死亡率，提高治愈率。

三、支撑生命安全的十大体系

（1）预报预防体系。建立健全疫情通报、预报机制，在当前疫情新闻发布会的基础上，加强对主要病原物流行规律与机理的研究与通报，不断提高对病原物的监测、预测和预警能力。

第一，力争像气象预报一样预报和预警重大、特大疫情。研究、把握病毒流行规律，完善流行病学模型，监测、跟踪病毒流行与疫情进展，力争像气象预报一样，预报和预警重大、特大疫情可能出现的时间、规模、地区，为政府与公众预防传染病提供信息和技术支撑。

第二，力争开发出可实时监测空气中多种病原物的仪器与设备。

在全球化背景下，境外输入病例是传染病跨国传染的主要途径，我们迫切需要一些能够实时在宾馆、商场、飞机、轮船、汽车等公共场所、运载工具上监测多种病原物的仪器与设备，要开发出能利用呼出气体检测病原物的检测仪器，像机场检查辐射、化学品一样，实时监测、检验空气中是否存在病毒或其他病原物。我们建议运用实时PCR（聚合酶链式反应）、逆转录PCR、DNA芯片、酶联免疫、多肽扩增，特别是分子诊断、气溶胶诊断技术，研制出能够快速检测水、空气、建筑物表面、服装表面的病原物的设备与试剂，大幅度提高我国的诊断、监测技术水平，力争实现实时监测建筑物、运输工具上的病原物。

第三，针对不同传染病制订专门预防方案。研制针对公众、医生等不同人群使用的防护口罩、防护服、手套、面具等防护用品。

（2）紧急处治体系。建立健全紧急处理疫情的相关法规与预案，完善重大疫情快速处治机制，建设处治基础设施与队伍。

第一，修建、改建能够容纳1000万人的防疫基础设施。利用卫生机构、人防设施、体育场馆、办公楼、学生宿舍、宾馆等设施进行专项改建，或者专门修建隔离备用场所，防止重大、特大疫情暴发时再造"雷神山"。大型机关、工厂、学校、社区等人口高度聚集的场所，原则上要修建、改建疫情快速处治的隔离室、隔离楼、隔离区等，以保障在发现病毒感染者后，第一时间进行隔离和防护处理。例如，对人员密集的办公楼等场所进行通风系统改造，对进风口、出风口进行高温处理，灭杀空气中各种微生物，保障建筑物无菌进出。

第二，开发负压车、船、飞机等运载工具与移动负压医院。根据长远防疫工作、防御生物威胁的需要，开发一批负压车、负压船、负压飞机、移动负压实验室，以及移动负压病房（床）、移动负压医疗车等运载工具或装置，为运送病毒感染者、治疗边远地区患者、实施紧急抢救等救治工作提供支撑，同时避免患者在转移途中将病毒释放到公共场所。

第三，组建"生命安全快速反应部队或警队"。这些队伍要像消防员一样，在接到生命安全警报时，第一时间进入疫情现场依法进行处治，把疫情扼杀在萌芽状态。完善生物安全、生命安全相关法规，对新发动物疫情可直接进行消毒、灭杀，甚至烧毁。对于新发传染病的社区与机构，联合卫生部门、基础组织，第一时间将其封闭或封锁。

（3）医疗救治体系。根据卫生统计年鉴，我国拥有100多万家医疗机构，卫生人员总数接近1300万人，但我国专门的传染病医院只有171家，传染病医院的卫生人员总数仅为6.19万人，这远远不能满足防控重大、特大疫情的需要。根据2020年年初防控新冠肺炎疫情缺乏传染病医护人员、传染病病房、呼吸机等情况，结合印度乃至美国纽约等地在出现新冠肺炎疫情后救治系统告急的状况，我们急需按照防大疫、防生物恐怖的重大需要，壮大我国医疗救治体系。

第一，改造、新建一批传染病医院。对现有传染病医院的基础设施、医护人员、物资储备、应急预案等进行一次全面普查，在普查的基础上进行提升、扩建、改建。同时，新建设的民营医院、国际医院等，原则上都要配备一定比例（如5%）的传染病病房、传染病医生、重症救护室等。基层医疗机构原则上要设置专门的传染病病房。

第二，打造一支有100万名传染病专业人才的队伍。通过培养一批、兼职一批、后备一批等多种途径，迅速扩大传染病医护人才、研发人才队伍，力争形成有100万名专职、兼职的传染病医护队伍、研究队伍。

第三，建立健全传染病临床路径形成与优化机制。建立医、学、研、政等高效结合、融合的传染病临床路径形成与优化机制，形成以临床医生为主，由流行病学、病理、毒理、药理、生理、心理以及科技、产业等领域人才共同组成的专家团队，不断优化传染性疾病治疗的临床路径，必要时可实行"主治医生负责制"，以促进团队积极研究和探索不同的临床救治方案。

第四，完善临床救治技术与信息共享机制。加强临床救治技术共享与信息交流，特别是加强政府创办的医疗机构与民营医疗机构的信息与技术共享，从而使民营医疗机构也进入传染病救治体系，迅速提升传染病救治的规模与效率，不断提高临床救治能力与水平。

（4）技术创新体系。紧紧围绕人民生命安全需求，在疫情监测、病原物快速检测、广谱性疫苗与药品研发、防护与救治设备生产、免疫增强与抗体研究、移动式生物安全医院建设、病原快速消杀等方面，攻克一批技术难关，开发一批国之重器。

第一，研制疫情监测、预报、预警技术与装备，形成重大疫情1周前预报、2小时通报的技术与能力；围绕重点地区、场所、病原以及重点生物技术等，开展生物安全监测、预报与预警，做到早知道、早防备。

第二，研制疫情应急处理技术与装备，确保6小时内对重大传染病源头进行封锁，对动植物重大疫情源头进行灭杀处置；建立疫情快速灭杀处理机制，研发快速处理装备，力争在第一时间灭杀或控制疫情源头。

第三，研制病原物溯源技术与装备，形成3天内完成病原物测序、识别，10天内发现并控制疑似宿主的能力；构建病原物信息库，保障准确、快速地识别病原物并找到病原宿主或源头。

第四，研制流行病学调研技术与装备，形成3天内初步确定疾病流行模式、提出防控策略的能力，构建各类传染流行病模型。

第五，研制检测、检验技术与装备，形成5分钟内达到95%的准确率并同时检测30种以上病原物的检测能力；开发监测封闭条件下空气中病原物的仪器与设备，以及针对海关、边防防御外来生物入侵的快速、准确、海量的检测设备与设施，保障进出口安全。

第六，研制并建设高标准隔离设施，形成可同时接纳1000万人隔离观察的防御能力；制定隔离设施标准，建设质量高、数量足的隔离设施，包括传染病医院、医住两用宾馆与校舍、社区医文体多用隔离房、负压隔离室，以及高端防疫办公楼、防疫车间等。

第七，完善重大传染病临床救治路径，形成可同时接纳10万重症、50万轻症患者的救治能力；建设以呼吸科、重症监护、中西医结合为主的由20万名医生、30万名护士组成的高素质生命安全应急队伍，完善一类、二类传染病临床救治路径。

第八，研制防护产品、设备，形成日产1亿只口罩、100万套防护服、1万台呼吸机的产能，以及同时防护、转移10万名人员的综合能力；开发移动负压医疗车、医疗火车、医疗船、医疗飞机、病床等防疫设备，研制高等级口罩、防护服、防护面罩、防护手套等。

第九，创制特效、广谱性疫苗或药物，形成10天完成药物推荐、60天完成疫苗（预防、治疗、广谱）开发、100天完成特效应急药物创制的产业体系；创制阻止病毒在宿主体内复制的广谱性疫苗以及与病毒变异协同进化的广谱性药物。

第十，完善重大、特大疫情防控预案，形成4小时内各司其职、全面到位的紧急应对机制与能力。根据《中华人民共和国生物安全法》《中华人民共和国传染病防治法》等法规，进一步完善重大、特大传染病以及动植物疫情的防控预案。

（5）法律法规体系。按照《中华人民共和国生物安全法》，我们要对生命安全、传染病防治、农业生物安全、国门生物安全、生物多样性保护、人类遗传资源保护、生物实验室安全、防御生物威胁与生物恐怖等相关条例、规章、办法进行全面梳理与修订，切实解决相关法规重叠、交叉、空白、冲突等问题。

（6）物资保障体系。统筹规划、防患未然，按照技术储备、产能储备、物资储备三个层次建立健全物资保障体系：一是加强物资保障方面的技术创新，围绕防护装备、救治药品与疫苗、隔离设施、医疗设施等开展研究，做好技术储备；二是做好医疗设施、医护人员、药品与疫苗、医疗器械、防护用品等的产能储备；三是保障应对5万人同时感染所需的物资、设备储备。

（7）新闻宣传体系。新闻宣传在保障生命安全方面具有十分重要的作用：一是及时传达政府防疫政策、方案与措施；二是及时、准确、科学地公布疫情信息，为各级政府、民众保障生命安全提供科学依据，消除虚假信息的危害；三是宣传、普及防疫知识与最新技术，不断提高民众保障生命安全的意识与能力。

（8）社会保障体系。研究制定"危机时期的社会保障机制与救济标准"，对受疫情影响严重的人群提供医疗、食品、就业、心理乃至资金等方面的基本社会保障与支持，积极动员社会慈善组织参与社会互助、救助活动。

（9）国际协作体系。探索应对重大公共卫生事件的国际合作机制，包括医疗互助、技术共享、物资调配、人员交流等，建立防止人为制造次生灾害的机制与规则；探索建立"人类生命安全共同体"，促进不同国家、地区之间进行防疫信息共享、技术交流、物资支持、人员支援，共同应对人类的敌人。

（10）组织指挥体系。建立健全军民联合、平战融合的生物安全联防联控指挥体系，统一部署、分头实施、高效协调，形成由国家有关部门、地方政府与军队等共同组成的管理与指挥体系；加强对生命安全、生物安全工作的评估与监督，通过对国内外防疫工作进行比较研究，总结经验、吸取教训，不断提高保障生物安全的能力与水平。

第2节

农业生物安全体系：支撑粮食安全

农业生物安全是生物安全的重要内容，直接关系到粮食安全、食品安全等与人民健康直接相关的重大问题。保障农业生物安全就是确保农业转基因动植物安全、保护农作物种质资源，以及防止农业生物灾害，保障农业不受疫病灾害的侵袭。

一、农业生物安全是粮食安全的基础

我国是人口大国、农业大国，也是粮食及食物进口大国，保障粮食安全，把饭碗牢牢端在自己手中是我国的粮食安全目标。保障粮食安全需要新战略、新政策、新技术，需要绝对保障农业生物安全。从近几年的草地贪夜蛾、非洲蝗虫、非洲猪瘟等疫情来看，生物安全在很大程度上体现为粮食安全（包括谷物、奶类、肉类），因此农业生物安全是生物安全的一大重心。

我国是世界上生物多样性最丰富的国家之一，也是生物多样性受到威胁最严重的国家之一。我国还是世界上农作物种质资源最丰富的国家之一，截至2018年，国家作物种质库（长期库）保存的种质资源总量达到435550份。然而，我国常年发生农作物有害生物灾害，草地贪夜蛾、麦瘟病、梨一号病、赤霉病等植物疫情严重威胁着粮食安全。2020年，我国农作物重大病虫害累计发生面积高达30000万公顷，因病虫害损失的水稻、小麦、玉米、马铃薯等约2000万吨，占全国粮食总产量的4%左右；口蹄疫、高致病性禽流感、非洲猪瘟等动物烈性传染病的频发给畜牧业生产造成了很大威胁，各类疫病造成的年直接经济损失超过1000亿元。

二、农业生物安全体系的总体目标

农业生物安全体系的总体目标为：一是不断减少农业生物灾害，不断提高农牧业产量与质量，把农业生物灾害的面积由2020年的30000万公顷，降低到2025年的28000万公顷和2035年的25000万公顷；二是保障农业转基因生物的安全，严格执行国家转基因生物管理的各项政策，进一步加强转基因安全管理，在发展转基因产品的同时，绝对保障转基因安全，使转基因作物的种植面积到2025年、2035年分别达到400万公顷和600万公顷；三是保障种子安全，将我国主要农作物种子的90%以上掌握在自己手中，其他作物种子的70%以上掌握在自己手中；四是加强农作物种质资源保护，使我国农作物种质资源保存量到2025年、2035年分别达到51.5万份和53万份。

三、保障农业生物安全的主要措施

第一，大幅度减少农业生物灾害，促进粮食增产、环境增效。随着全球气候变暖、生态环境变化、农产品贸易量增加，农业生物灾害的发生次数和危害程度均呈上升趋势。因此，我们要研究新型生产模式及气候变化下的生物灾害发生规律和适应现代科技发展的植物保护新理论、新方法；研究和开发全球化趋势下的有害生物检测和预警技术，推进农业有害生物智能化监测网络建设，推动农业有害生物监测预警向标准化、网络化、可视化、智能化发展，从而形成绿色可持续的有害生物综合治理新模式，促进粮食增产和环境增效。

第二，绝对保障转基因生物安全。一是进一步加强对转基因研究的管理，政府要支持可支持的转基因研究，坚持不支持有可能对人类与环境造成风险的转基因研究，重点支持抗盐碱、抗旱、抗寒、高光合效率等经济性状明确的转基因研究工作。二是严格管理转基因生物的环境释放试验，对有风险的转基因生物，一律不批准进入环境释放试验。三是严格审批转基因植物商业化项目，对试验资料不合格、不完整的转基因植物，一律不批准商业化种植。四是对通过杂交育种、基因编辑等技术就能够保障种子供应的作物，可暂时不开展转基因研究。五是在确保生物安全的情况下，推广、种植转基因植物，加强转基因的科普宣传，建设一支懂技术、会科普、接地气的宣传队伍，充分利用各种宣传途径，在学校、社区拓展宣传覆盖面，从而形成科普宣传合力。

第三，通过政策、技术、投入等多种措施保障种子安全。一是确保杂交育种技术的国际领先地位，力争使杂交水稻、杂交玉米、杂交油菜、杂交大豆、杂交小麦的技术水平达到国际领先，提高粮食单产20%左右。二是加速开发基因编辑、分子育种等新一代育种技术，使农作物、畜禽品种上一个新台阶。三是加大对畜禽、水产、蔬菜品种培育的支持，逐步提高种子国产化率，保障种子安全。四是对进口种子制定严格的管理标准，把好种子进口的国门关。

第四，加强农作物种质资源的收集、保存与开发工作。我国农作物种质资源保存量仅次于美国、俄罗斯，居世界第三。我们要在继续增加种质资源保存量的同时，把利用优质资源培育高产、优质、高效农作物品种作为出发点、落脚点，大力开发抗旱、抗盐碱、抗病的种质资源，力争为种植1亿亩耐盐碱水稻、1亿亩旱地与盐碱地藜麦以及5亿亩旱地的增产提供新的种子。

第五，做好新一代食物危机技术的储备。开发动物生长激素、生长调节剂、转基因动物、人造蛋白等技术，确保一旦出现粮食危机，我们能够从容应对；同时做好国家粮食储备工作创新，未雨绸缪，更好地防范化解重大风险挑战，确保中国人平时能吃好、危机发生时也能吃好。

第3节

生物多样性保护体系：丰富生物大家族

当前，保护生物多样性是一个世界性难题。全球保护生物多样性面临的形势是：人类活动大量侵占了生物的活动空间，生物多样性在积极保护中不断下降，许多国家承诺的保护生物多样性目标都已落空。我国虽然在保护生物多样性方面取得了巨大成就，但仍是生物多样性丧失最严重的国家之一，亟待启动生物多样性保护工程，进一步加大生物多样性保护力度。

一、我国保护生物多样性任务繁重

据统计，我国有约占世界总数10%的高等植物，共计3.5万种，居全球第三。我国有2914种陆生脊椎动物，约占世界总种数的22%。我国境内的哺乳动物物种数为673种，哺乳动物丰富度居世界第一位。我国也是鸟类最丰富的国家之一，共有鸟类1445种。此外，我国的菌类估计也超过30万种。我国采取了一系列重大措施来保护生物多样性：设立了自然保护区、森林保护区、草原保护区等保护区，保护大熊猫、金丝猴、白鳍豚等珍稀动物和鱼类，建立了拥有30多万份种质资源的国家种质库。

但是，由于气候变化、生态环境变化，特别是城市化、工业化大量占用土地、砍伐森林、排放废气及废水等因素，生物栖息地变得碎片化，少数生物遭到过度猎杀，一些珍贵生物被捕捉、饲养甚至食用等，中国也成为生物多样性丧失最严重的国家之一，保护生物多样性的任务十分繁重。

二、生物多样性保护体系的主要目标

根据国内外生物多样性保护工作的发展趋势，我国保护生物多样性要突出三个主要目标。

第一，保护生物种类的多样性，坚决遏制生物种类多样性的下降势头。努力保障我国生物种类（包括动物、植物、微生物）的数量不减少、规模不下降，珍贵生物少灭绝或不灭绝。针对《濒危野生动植物种国际贸易公约》中列出的我国的156种濒危物种，制定保护条例与措施，严防、杜绝濒危和珍贵生物的灭绝，同时运用合成生物、基因编辑等现代生物技术，探索恢复已灭绝生物的途径与办法。

第二，保护生物基因的多样性。通过对农作物种质资源、微生物资源、动物资源、中药材资源、林木资源等基因资源的收集、储存、创造与利用，不断提升基因资源的多样性、安全性与社会价值。通过各类生物种群、生物标本，建立自然基因库，使我国农业生物、微生物基因库的生物基因保存量进入世界前三位，并加速对基因资源的开发与利用，使基因资源转化为生物经济，使我国成为自然基因储备大国。

第三，保护生态系统的多样性。加大对森林生态系统、海洋生态系统、湿地生态系统、草原生态系统、农业生态系统等生态系统的保护与修复，建立健全各类生态系统的标准与样板，不断丰富生态系统的多样性，提高我国保护生态系统的水平。

三、生物多样性保护体系的关键措施

我国保护生物多样性，既要借鉴国外先进经验与做法，也要制定符合我国实际的切实可行的重大措施。

第一，进一步加强对濒临灭绝物种的保护与恢复工作。针对濒临灭绝物种逐一制订保护方案，政府在开展保护工作的同时，要动员全社会参与濒临灭绝物种的保护与恢复工作。探索生物多样性保护的体制与机制，调动社会力量参与保护工作，把生物多样性保护与旅游、休闲、新农村建设等工作结合起来，边保护、边利用，从而形成良性循环。鼓励社会力量参与建设遗传资源种质库、植物基因库，以及野生动物园、植物园、水族馆等。

第二，加强对各种基因、种质资源的保护与利用。支持农作物种质资源库、微生物资源库、动物资源库、中药材资源库、林木资源库等种质资源库、基因资源库的建设，建好各类资源库的备份库。在收集、储存基因的同时，做好利用、改造、丰富基因资源的工作，利用现代生物技术，特别是转基因技术、基因编辑技术、生物合成技术，不断改造、丰富基因资源的多样性。

第三，加大对生态系统的保护力度。一是坚决遏制因资源过度开发而造成的生态系统破坏。二是开展全国生态系统普查与评估，制定不同类型生态系统的标准，对生态系统的安全性、多样性、稳定性进行全面评估，制订保护不同生态系统的规划与实施方案。三是加快对已经遭到破坏的生态系统的修复，特别要加大对自然生态系统的保护力度，保护生物的栖息地不受干扰或破坏，加强对森林生态系统、草原生态系统、湿地生态系统、农业生态系统多样性的保护与恢复，探索一系列人工生态系统建立与恢复的技术体系、样板区、示范区等，从而带动全国生态系统保护与修复工作的科学、高效进行。

第四，坚决打击对濒危珍贵动物、植物的非法捕捉、利用和走私活动。我国许多种质资源、药用植物被非法收集并运出国境，一些野生动物也被偷猎，这种走私行为对生物多样性造成了严重威胁。我们要与所有《生物多样性公约》缔约方广泛合作，进一步制定、修订相关法规，坚决遏制对生物多样性造成重大威胁的非法收集、储藏和出口等活动。

第五，加强对环境污染的治理，保护生物多样性。加强对水体污染、土壤污染、空气污染的治理是保持生物生存环境稳定、保护生物多样性的基础，特别是要减少土壤有害金属、空气臭氧空洞、水体污染、酸雨等对生物多样性的危害。

第六，加强生物多样性领域的技术创新。不断开发出可以保护、利用、丰富生物多样性的新技术，发展新业态，特别是要积极探索濒危生物的人工繁殖、养殖技术，利用合成生物、基因编辑等技术探索已灭绝生物的再造和已破坏生态系统的修复工作。

第4节

人类遗传资源保护体系：支撑生命安全

人类遗传资源对许多公众来说可能是一个十分陌生的词汇，但随着对新冠肺炎疫情的防控，人们对生物安全、生命安全的认识不断提高，人类遗传资源也逐渐成为公众关心的话题。国务院于2019年5月28日发布了《中华人民共和国人类遗传资源管理条例》，该条例自2019年7月1日起施行。本节以贯彻落实该条例为目标，研究提出人类遗传资源保护体系的目标与措施。

一、保护人类遗传资源事关生命安全

人类遗传资源包括人类遗传资源材料和人类遗传资源信息：人类遗传资源材料是指含有人体基因组、基因等遗传物质的器官、组织、细胞等；人类遗传资源信息是指利用人类遗传资源材料而产生的数据等信息资料。[2] 保护人类遗传资源对保护人民生命安全、生物安全乃至国家安全都具有十分重要的意义。

二、人类遗传资源保护体系的主要目标

国务院于2019年5月28日发布的《中华人民共和国人类遗传资源管理条例》，为我国人类遗传资源保护提供了法律依据。人类遗传资源的采集、保藏、利用与对外合作都需要严格依法进行。

第一，重点采集。我国人口多、民族多、病谱多，我们要在人类遗传资源普查的基础上，做好相关规划，科学采集人类遗传资源。一是针对不同民族、重要遗传家系、特定地区的人群，采集人类遗传资源。二是针对不同疾病，特别是遗传性疾病，采集人类遗传资源，为科学研究奠定基础。我们要不断提高技术水平，做好血样、组织、器官等人类遗传资源的采集、加工与处理工作，同时杜绝对人类遗传资源的过度采集与浪费。

第二，科学保藏。针对不同民族、重要遗传家系、特定地区，以及不同疾病人群的人类遗传资源，我们要进行全面收集、高效保藏。我们要建立全球最大的人类遗传资源保藏库，使我国的人类遗传资源保藏量到2025年达到100万份，到2035年达到300万份，为人民生命安全研究奠定基础。

第三，高效利用。人类遗传资源是医学研究的宝库，我们要运用基因学、蛋白组学、精准医学、基因编辑、干细胞、合成生物等现代生物技术，针对不同疾病，特别是遗传性疾病开展发病机理研究，开发新的药品与保健用品，研究临床治疗方案，从而大幅度提高人类遗传资源的利用效率，使我国从人类遗传资源大国转变为人类遗传资源效益大国。

第四，依法合作。严格依照法律法规开展人类遗传资源利用的国际合作，在对外提供我国人类遗传资源时，既不能危害人民健康、国

家安全，也要维护好经济利益、社会公共利益。

三、人类遗传资源保护体系的主要措施

针对当前人类遗传资源保护工作的现状，我国人类遗传资源保护要重点采取如下措施。

第一，开展人类遗传资源普查，摸清家底。针对不同民族、重要遗传家系、特定地区，以及不同疾病人群，开展一次人类遗传资源普查，摸清人类遗传资源的家底，为对其进行采集、收集、利用奠定基础。

第二，建立中华人类遗传资源保藏库。结合我国人口多、民族多、病谱多的特点，充分利用现代技术，开发新的保藏技术与设备，在科学规划的基础上，做好人类遗传资源的采集与保藏工作，建立全球最大的人类遗传资源保藏库。

第三，启动人类遗传资源高效利用科技专项。利用我国丰富的人类遗传资源，启动一批有针对性的研究项目，改变一些机构"只保藏、不利用，把人类遗传资源变成冻肉"的现状。一是开发新一代采集、收集技术与设备，提高采集效率与便捷程度；二是研制新的保藏技术与设备，开发新的人类遗传资源标本制备技术和高端保藏设备；三是针对不同疾病开展药物、临床医学研究，开发新的药品与保健用品，研究新的临床治疗方案。

第四，依法做好人类遗传资源国际合作。一是严格依照法律、法规管理涉外人类遗传资源合作项目，不为人民生命安全、国家安全留下任何隐患；二是保护知识产权与经济效益、社会公共利益。

第五，提高人类遗传资源管理水平。提高目标、改进方法，人类遗传资源管理不能"守株待兔"，而要"主动出击"。我们不仅要依法审批研究机构、企业申报的相关研究项目，而且要主动做好人类遗传

资源的普查、收集、保藏以及开发利用、国际合作等工作。例如，在新冠肺炎疫情流行期间，我们不仅要收集、储藏一批不同疾病阶段的血样、细胞等遗传材料，还要收集大量的临床治疗信息，建立新冠病毒不同变异毒株对人类健康影响的信息库。

第5节
国门生物安全体系：抵御外来生物入侵

在全球化水平不断提高的情况下，保障国门生物安全是一个国际性难题，中国防御新冠肺炎输入病例、防止外来生物入侵、防止珍贵物种流失的任务还十分繁重。

一、国门是保障生物安全的前线

在保障生物安全领域，国门是前线，而且是最重要的前线。随着全球化的不断深入，国门生物安全是国家安全的第一道防线，管控危险生物、防止外来生物入侵，以及防止本国人类遗传资源和自然物种资源的流失，都是国门生物安全的重要内容。在当前不断有新冠肺炎输入病例的情况下，只有保障国门生物安全，才能真正保护人民生命安全、国家安全。

二、保障国门生物安全的主要任务

我们研究认为，国门生物安全的总体目标是：加强国门生物安全法规、基础监测能力建设，提高国门生物安全技术创新能力，构筑保障国门生物安全的"新长城",防止、杜绝外来有害生物入侵,防止、杜绝珍贵物种流出;建立国际一流的国门生物安全体系及有害生物预警防控体系,重点开发可对有害生物进行快速、准确检疫检验的技术与产品,不断提升边境、口岸管控有害生物的能力,防御外来生物入侵和生物资源流失。

按照《"十四五"海关发展规划》,到2025年,我国动植物检疫标准化率要达到100%,外来物种监测点要达到20000个以上,国际卫生口岸要达到35个以上;到2030年,我国动植物检疫标准化率要达到更高水平,外来物种监测点要达到30000个以上,国际卫生口岸要达到100个以上。

三、构筑保障国门生物安全的"新长城"

第一,研究制订"国门生物安全发展规划与行动方案"。针对国内外生物安全形势,按照建设国门生物安全体系的总体目标与任务,研究制订未来5~15年的"国门生物安全发展规划与行动方案",为国门生物安全绘制蓝图。

第二,把国门生物安全技术创新作为保障国门生物安全的突破口。根据"国门生物安全发展规划与行动方案"对科技的需求,研究制订"国门生物安全技术规划",启动一批技术创新重大项目,建设国门生物安全国家实验室,力争将国门生物安全技术提升到国际一流水平,从而为保障国门生物安全提供技术保障。

第三,努力做到"三个零输入",即传染病零输入、动植物疫病零输入、外来有害生物零输入。

传染病零输入。建立重点国家、重点人群、重点疾病的动态数据库,根据数据库建立常态化的"出发地、运载工具和入境口"全程监控系统;完善国际国内关注的传染病防控体系,对国际国内关注的传染病进行实时动态评估、预警、检测和监测；监测新发、突发传染病，及时将其纳入动态关注目录，建立突发传染病疫情应急预案，健全口岸现场快速反应处置机制；积极参与全球公共卫生治理，利用现代信息手段加强境外疫情监测，建立全球传染病疫情监测系统。

动植物疫病零输入。严格监管进出境动植物检疫，强化动植物疫情监测和预警，构建病媒生物实时监测、远程智能鉴定系统，建立病媒生物标本库和生物信息库；建立健全动植物检疫技术标准体系，创新动植物检疫监管制度；完善风险评估、检疫准入、境外预检、现场检疫、实验室检测、检疫处理等管理制度，动态调整进境动物检疫疫病名录、进境植物检疫性有害生物名录、动植物产品检疫准入清单；积极推动跨境动植物疫情全球共治，建立主要贸易国家和地区的动植物检疫要求数据库，构建全球动植物疫情信息平台，开展国际动植物疫情联合监测。

外来有害生物零输入。严格防控外来物种入侵，建立特殊物品国家准入评估制度，加强风险研判力度；构建外来物种入侵监测体系，建立监测数据库，加强信息搜集与整理，完善风险监测预警制度；加强对旅客携带物、寄递物等非贸易渠道的监管，防范外来物种入侵；严防严控外来有害生物入侵，开展外来入侵物种普查、监测与生态影响评价，及时更新外来入侵物种名录，对造成重大生态危害的外来入侵物种进行治理和清除。

第四，努力做到"三个零输出"，即重要人类遗传资源零输出（防止、杜绝非法输出）、濒危珍稀动植物零输出（防止非法转移）、人与动植物病原物零输出。

防止、杜绝人类遗传资源非法输出。进一步加强人类遗传资源管理，特别是加强海关、边境对人类遗传资源的检查和监测，防止、杜绝人类遗传资源非法输出。我们不仅要检查出境人员携带人类遗传资源的数量，还要检查其质量与来源，防止出境人员偷换样品，转移重要人类遗传资源。

防止濒危珍稀动植物非法转移。加强对生物物种及其遗传资源的保护、搜集和保存；建立动植物、微生物遗传资源及相关知识的获取与分享制度，规范对生物遗传资源的采集、保存、交换、合作研究和开发利用活动，加强对与遗传资源相关的传统知识的保护；加强对野生动植物及其制品的进出口管理，建立部门信息共享、联防联控的工作机制，完善进出口电子信息网络系统；严厉打击象牙等野生动植物制品非法交易，构建打击非法交易犯罪的合作机制，严控特有、珍稀、濒危野生动植物的流失。

确保人与动植物病原物零输出。针对人、畜传染性病原物，特别是新发传染病病原物，制定更严格的对策与措施，防止病原物传染、扩散。我们不仅要防御病原物在国内扩散、蔓延，而且要保障病原物零输出。

第6节
国防生物安全体系：让人类告别生物战

加强国防生物安全体系建设，防御生物恐怖、应对生物战，是保障生物安全的核心任务，也是未来保障生物安全、国家安全的重中之重。

一、国防生物安全是当代"两弹一星"

新冠肺炎疫情暴发后，世界安全格局、军事格局发生了根本性的变化，生物恐怖威胁风险陡然上升。要想保障生物安全，我国就必须发展生物安全技术。

我们对14个国家或地区保障生物安全的技术、政策与措施做了比较研究，发现美国近20年的生物安全研发投入高达1855亿美元。我国要根据防御生物恐怖威胁的特殊需求，尽快建立健全军民联合、平战融合的国防生物安全体系，防御生物恐怖、应对生物战。我国是世界第二大经济体，面临着更加复杂、严峻的安全形势，国防建设要把国防生物安全放在突出地位，把国防生物安全作为当代"两弹一星"。

二、切实研发、储备一批国之重器

我国要加强国防生物安全体系建设，建成能够防御任何生物恐怖、生物战的国际一流国防生物安全体系，包括技术体系、防控体系、物资保障体系、国际合作体系等。我们建议重点做好以下几点。

一是构建重大生物安全事件监测预警系统。加强对重点危险生物、重点机构的监测、预警与预报，根据生物活动规律和气候变化，对生物技术、人为生物安全相关活动等进行动态监测，准确预警、预报可能发生的重大疫情、生物安全事件，做到防患于未然。

二是开发新一代诊断与检测技术。大力发展生物监测、生物传感、病原物快速检测技术，开发能够检测多种病原物、多种环境（物体表面、水体、空气等）、多人（机场、车站的流动人群）的准确、快速、便捷的检测与诊断设备。

三是创制针对绝大多数有害生物的特效、广谱性药物与疫苗。针对有可能成为生物战剂的危险生物，比如炭疽杆菌、鼠疫杆菌、天花病毒、出血热病毒及肉毒杆菌毒素等，开发一批国之重器。随着生命科学基础研究的发展，特别是基因编辑、合成生物等技术的不断突破，恐怖分子完全能够改造、创造新的病原物，为此我们要根据可能的病原物类型，开发广谱性药物与疫苗。

四是开发一批防护设备与移动装备。开发高效、便捷的防护与救治设备、移动式生物安全医院以及病原物快速消杀设备等，以应对突发性生物安全事件，必要时还要对感染疫病的生物进行快速灭杀。

三、像修"防空洞"一样修防疫站

由于20世纪我国大量建设"防空洞"，所以目前大型建筑都有各种人防设施，其为保障人民生命安全发挥了重要的作用。随着世界安全格局、我国生命安全格局发生重大变化，我国迫切需要像当年修建"防空洞"一样，有规划、有步骤地建设一系列防疫基础设施，以奠定新时期保障人民生命安全的基础，不宜等疫情暴发后再去突击建造防疫设施。

军民共建一批应对生物恐怖、生物战，以及重大、特大公共卫生事件的防疫基础设施，在机关、学校、工厂等人口密集区，按照防疫隔离的基本要求，改建一批体育、娱乐、会议室等公共设施，使其具有临时隔离与观察的功能。与此同时，在远离城市的地区修建专门的隔离楼、隔离区、传染病医院等，在一些重要部门、机构修建能够进行空气消毒、全封闭的办公楼与工作区。

四、推动实验室互查是在关闭地狱之门

世界上有180多个国家或地区已经签署了《禁止生物武器公约》核查协议，但由于美国的反对，这个协议成了一个不完整、不充分且约束力十分有限的协议。

新冠肺炎疫情已经敲响了世界生物安全的警钟，各国应当联合起来，共同要求美国尽快加入《禁止生物武器公约》核查协议，让美

国以自己所标榜的负责任大国的行为方式参与国际事务、维持世界和平。全世界人民应当共同努力，关上通向地狱的生物之门。

五、严格管控好生物两用技术

许多现代生物技术是两用技术，犹如一把双刃剑，为人类带来的福祉呈几何倍数增长，但带来的潜在威胁也在迅速发展。生物武器的研发和运用是最值得我们关注的风险，特别是在当前恐怖主义威胁日益增加的背景下，我们要特别关注重点技术、重点机构，严格管控好生物两用技术，防止生物技术被有害化应用。

一方面，国家要制定"两用技术清单"，对从事两用技术的机构、人员进行培训、登记，不断提高其生物安全意识与能力。另一方面，我们要通过科技仪器、实验试剂、实验室安全管理等多种途径，防止恐怖分子利用合成生物、基因编辑等技术制造现代生物恐怖事件。

第7节
生物技术创新体系：支撑引领生物安全

科技是人类进步的动力，是民族强大、国家繁荣昌盛的根本出路，也是保障生物安全、生命安全的根本出路。

对于防控传染病，特别是新发、重大疫情，人类还面临着预报难、预防难、检测难、救治难、康复难等许多问题。人类要想最终控制、战胜传染病，把生命安全的钥匙掌握在自己手中，最根本的出路就在于科技创新，即向科技要对策、要方案、要疫苗、要药物。

一、生物技术创新体系的总体目标

生物技术创新体系的总体目标是：像抓"两弹一星"一样抓生物安全，启动一批重大工程，开发一批国之重器；围绕人民生命安全、农业生物安全、国门生物安全、国防生物安全、生物实验室安全等重大需求，攻克一批关键技术；力争在疫情预测与预警、病原物溯源、检测与监测、临床救治、疫苗与药物开发、防护装备、防疫建筑等八个方面，率先进入国际领先行列。

根据我国生命安全、生物安全面临的任务，结合国内外防疫技术的进展，我国生命安全、生物安全的科技创新必须突出重点，这样才能取得重大突破。

（1）力争病原物溯源技术取得重大突破，粉碎用病毒溯源问题遏制中国的阴谋。在病原物测序、比较基因组学等方法的基础上，我们要进一步加强对病毒变异规律、基因进化、基因编辑、合成生物的研究，大幅度提高病原物溯源的技术水平，粉碎病毒溯源问题政治化阴谋。开发能对10多种病原体和宿主生物标志物进行快速的、一次性诊断的检测试剂盒和设备，开发能用于1000个或更多个目标的、可大规模重复利用的检测设备，开发能在24小时内快速鉴定评估未知病原物的鉴定方法，以用于检测空气、建筑、人群中与生物威胁有关的各种物质的微小痕迹。

（2）开发特效、广谱性疫苗与药物，特别是针对冠状病毒的广谱性疫苗与药物。我们在优化和改进灭活疫苗、减毒疫苗、载体疫苗的研发技术与生产工艺的同时，对于疫苗、药物的研发要突出几个方向。

一是构建可在60天内开发一代疫苗的创制体系。以安全、高效、快速为原则，构建可在60天内开发一代疫苗的技术路线图，对疫苗研发、审批、生产、流通、使用、安全等不同环节的质量标准，以及所需时间、经费、物资、政策等进行科学优化，形成完善、高效的技术链、人才链、产品链、产业链、政策链、供应链，力争针对任何新发传染病都能在60天内拿出疫苗。

二是对中国疫苗产业进行一次全面的技术升级。我国新冠疫苗的研究、生产与应用取得了举世瞩目的成就，其也成为人民防御新冠病毒的"防弹衣"。截至2021年7月底，我国共向100多个国家出口5.7亿剂新冠疫苗，新冠疫苗不仅经受住了国际市场的检验与比拼，而且为全球防疫做出了中国贡献。但是我们应当承认，我国的疫苗开发、生产、审批等环节都有进一步优化、改进的余地，与国外先进技术相比也有一定差距。我们建议加强三聚体疫苗、RNA疫苗、DNA疫苗、基因工程疫苗等新型疫苗的研发，大幅度提高我国疫苗的经济效益与产业规模。

三是力争广谱性疫苗研制取得重大突破，有效应对病毒变异。当今世界，疫苗研发最快也需要6个月，而新冠病毒通常半小时繁殖一代，这比研发疫苗所需时间快了至少8640倍，人类研发疫苗的速度远远赶不上病毒变异的速度。当前，90%以上感染新冠病毒德尔塔变异株的病例都打过疫苗，这说明新冠疫苗的保护作用已经被德尔塔变异株击穿。换句话讲，新冠疫苗对德尔塔变异株已不具备80%或60%以上的保护力，不能保证人类不被感染，只能减轻感染者的病情。可见，研制广谱性疫苗是一个十分紧迫的任务。我们要结合病毒的结构，比如新冠病毒特异基因或片段，研制防止病毒在体内复制的技术与药物，研究病毒与受体的关系，寻找阻击病毒与受体接触和结合的途径，力争尽快开发出针对冠状病毒结构、ACE2（血管紧张素转化酶）受体的广谱性疫苗。我们还要开发可在24小时内快速生产、配制和包装数百种核酸治疗剂的移动平台，将其用于突发、新发传染病防控。

四是力争治疗性疫苗研制取得重大突破。治疗性疫苗、抗体的研制是国际上的重点研究方向。利用免疫学、蛋白组学、合成生物学等知识与技术，从康复病人的血液中分离出抗体，搞清楚抗体的分子结构，通过合成生物技术生产抗体，从而加快治疗性疫苗与药物的开发。

五是加强特效药物的创制，力争开发出新一代青霉素。药物研发周期长和病毒变异快是一对尖锐的矛盾。新发传染病的特效药开发是一个世界性难题，亟待人类开发出新一代青霉素。我们要以药理毒理、药靶发现、药物设计、生物合成、制药设备研制为突破口，综合运用基因组、蛋白组、基因编辑等现代生物技术，构建安全、高效、快捷的新型药物开发体系，根据不同病原物的分子结构、受体、特异基因与片段，寻找药物靶点，进行药物设计和合成。同时，我们要根据病原物的分子结构，通过药物分子计算、预测的方法，从现有药物中筛选出可能对病原物有疗效的潜在药物，并在临床中进一步验证，从而提高药物创制效率。基于利用人工智能等先进技术开发的自动小分子发现和合成工具，我们要加快化合物发现和合成的速度，以保障新发病原物所必需的材料和药品。

（3）加强生命科学与基础医学研究。我们要重点加强对生长发育、代谢与衰老规律、基因编辑与遗传性疾病控制、病理、毒理、药理、免疫学等基础理论与方法的研究，缩小与发达国家的差距，同时加强预防医学理论与技术研究，提高疾病预防技术与能力。了解癌症、心脑血管疾病、高血压、糖尿病等疾病的发病机理、病理规律对于疾病的预防十分重要，因此我们迫切需要加强对预防医学的基础理论与技术的研究。

（4）启动医疗器械创制重大科技专项。我们要促进基础医学与制造业、材料科学的交叉融合，加速医疗器械国产化，特别是要针对重大、特大疫情开发一批有自主知识产权的诊断器械、穿戴设备、移动负压医疗车、移动医院、医疗船、医用飞机、负压病床等；同时开发高效、便捷的个性化保护设备，确保威胁剂不进入人体，并开发特殊药品，在易受攻击的入境点（皮肤、气道、眼睛）中和病原物。

（5）启动中西医结合科技专项。我们要提高中药药材的国际市场占有率，开发基于中医原理的医疗器械。为了加速成为中医药技术强国、产业强国，我们需推进现代生命科学、医学与中医药的融合发展，用现代技术、中医理念发展未来医学。

（6）发展健康建筑业，设计符合人民健康需求的建筑体系。针对平战融合的健康建筑业技术需求，特别是防疫设施技术需要，我们建议突出两个重点：一是加强对健康建筑业及相关设施的标准制定与完善，进一步完善不同等级医院、传染病医院、中西医结合医院、社区医院等健康建筑业的标准与规范，包括建筑标准、卫生防疫标准、安全便利标准等；二是制定完善的防疫建筑业标准，特别是要做好超100万人感染的防御体系总体设计，包括预防、检测、治疗、物资等方面的技术标准、产品标准、设施标准等，切实补上防疫设施的短板，力争县、乡、社区以及机关、工厂、学校、企业等都有多功能防疫设施或场所，保障平时、战时防疫的需要。

二、构建国际一流的生物技术创新体系

为保障人民生命安全、生物安全，我们亟待设计并构建国际一流的生物技术创新体系。

（1）做好生物技术创新体系顶层设计。我们建议结合新时期国家中长期科技发展规划的研究与制订工作，做好生命科学、生物技术的顶层设计，研究保障人民生命安全、农业生物安全、国门生物安全、国防生物安全、生物实验室安全等安全问题的重大技术需求，搞清楚要什么、缺什么、做什么，绝不能会什么做什么。我国要研究制定"生命与生物安全科学技术发展蓝图"，分门别类，按照不同安全问题

的需求，逐一遴选重点领域和关键技术，搭建研究平台，然后组织最优秀人才共同攻关。

（2）实施新型举国体制与运行机制。我们要围绕国家生物技术创新体系的总体目标，深化科技体制机制改革，探索市场经济条件下的"新型举国体制"，平战融合、军民联合，统一规划、分头实施，揭榜招标、责任到人。

第一，实行分类改革。对生命科学基础研究采用"长期稳定支持"的机制，高标准、严要求、多支持、少干预，营造自由探索的创新环境。对生物技术等应用技术研究采用"任务带科学"的竞争机制，以解决技术问题为目标，以专利或新产品开发为主要考核指标，鼓励产学研用结合。对国际联合开发的课题，坚持共商、共建、共研、共享。

第二，优化科研布局，杜绝重复研究。科技创新只有第一，没有第二，因为重复就是浪费。我们要优化科研布局，杜绝重复性研究，宁可失败也要做原始创新。与此同时，我们要防止盲目追求热点、搞高水平重复的行为。

（3）把仪器和方法创新作为突破口。我国生物技术领域的顶尖人才少、研究方法模仿国外多、科技投入少，且由于《瓦森纳协定》的限制，高端科研仪器少，在这种条件下，要想取得国际一流的成果，我们必须创新研究方法、研制科研仪器、鼓励学科交叉。

第一，创新研究方法，提高仪器、试剂的自主研发能力。用别国卖给我们的"二流"科研仪器，我们很难做出超越别人的成果。"工欲善其事，必先利其器"，我们建议把创制高端科研仪器、创新研究方法列入国家科技规划，组织交叉学科力量联合攻关，切实改变研究方法模仿、科研仪器引进的被动局面。从短期考虑，为防止技术脱钩，我们可先储备一些先进仪器、试剂等。

第二，进一步加强对交叉学科的支持。我们建议从科技规划制订、项目申请、人才培养等方面采取综合性措施，促进学科交叉、人员交流、机构合作。同时，我们建议国家有关规划、项目专门设立"交叉学科领域"，建立开放型创新平台，培养多学科交叉人才。

（4）优化科研服务业与创新环境。生命科学、生物技术的研究工作大多需要专业化、规模化且高效的科研服务。我国生物医药园区与欧美生物医药基地的最大区别是科研服务业不发达，科学家不能集中精力做自己最擅长的创新工作，而要花大量精力做实验基础工作。北京生命科学研究所成立了几个研究中心，让其专门为研究人员做辅助性工作，实践证明这是成功的。但是，我国在临床试验设计、CRO（医药研发合同外包服务机构）设计、药物开发咨询、试验动物模型、标准试剂、仪器开发、金融服务、知识产权保护与转让等科研服务方面，与国外相比还有很大差距。我国亟待加速培育科研服务型企业与集团，以对基础科研提供有效支撑，营造一流的生物医药行业创新环境。

（5）优化评价体系，弘扬科学精神。当年钱学森等老一辈科学家能在艰苦的条件下取得"两弹一星"的巨大成就，根本原因在于"举国体制"和科学精神。当前，我国需要探索市场经济条件下的"举国体制"，弘扬新的科学精神。我们建议对基础研究、应用研究采用不同的评价体系、奖励体系：基础研究参照国际标准，评价内容是原始创新，评价方式是同行评议，不单纯看论文数量；评价应用性研究的核心标准是解决技术难题，评价方式是市场评价，以专利转让为重要的考核指标。科学家的天职是探索真理，引导科技界弘扬新的科学精神，即实事求是、潜心创新、团结协作、淡泊名利。我们要鼓励科学家追求内心的目标，淡化功利性、目的性，培养科学精神，积淀科研传统。

（6）探索国际科技合作的新途径。新冠肺炎疫情已经引起世界格局的重大变化，我们必须及早谋划国际科技合作、人员交流的新途径，从以政府合作为主，转向政府引导和注重市场机制，让研究机构与企业成为国际科技合作的执行主体。政府可委托一些知名院校、企业牵头发起国际性的科技合作项目，比如针对当前防疫需要，在诊断试剂、疫苗与药物研发、临床救治路径、病毒流行模型等方面，紧急启动一批国际合作项目，构建人类健康共同体的技术支撑体系。我国应利用此次机会建立国际合作实验室，以便可快速得到之前积累的当地数据和样本，对建立快速响应机制提供重要支持。

（7）建立生命科学国家实验室。建立生命科学国家实验室，有利于集中全国最优秀人才解决国家发展面临的重大技术问题。引进科研方法、购买科学仪器、跟踪式创新的现状已经不能满足我国科技发展、经济发展的需求。在美国对我国科技遏制日趋激烈的大环境下，成立生命科学领域的国家实验室，集成国内优秀人才、海外华人科学家以及外籍优秀人才共同攻关，已成为我国当前十分紧迫的任务。

第8节

实验室生物安全体系：防止技术滥用、误用

实验室生物安全是生物安全的核心内容，国际上最早提出生物安全就是为了保障生物实验室安全，以防止因生物技术的滥用、误用而对人类及环境造成危害。

世界上许多国家都十分重视实验室生物安全，并制定了一系列法规与管理办法。尽管如此，许多国家都出现过实验室生物安全事故，有的还引发了传染病流行。虽然我国高等级生物安全实验室的数量不断增加、质量不断提高，生物安全实验室的管理能力与水平显著提升，但保障实验室生物安全的警钟仍需要长鸣。

保障实验室生物安全要抓住关键环节。

第一，高质量建设。严格按照《生物安全实验室建筑技术规范》《国家高级别生物安全实验室建设规划》的要求，对高等级生物安全实验室进行设计、建设，特别是对P4实验室的设计、施工、通风、消毒、病原物保存等严格把关，进一步提高其质量。

第二，高标准管理。实行实验室主任负责制，严格按照《病原微生物实验室生物安全管理条例》《实验室生物安全通用要求》等文件，制定实验室管理规范，针对每个实验环节制定严格的要求，对所有员工进行严格培训，对违反规定的行为进行明确的处罚，从而做到警钟长鸣。

第三，实现生物安全技术独立。加速高等级生物安全实验室的仪器、设备的国产化，降低其对外依赖程度，防止高等级生物安全实验室被"卡脖子"。在实验室空气净化系统、正压防护服、实验室生命支持系统、病原物保藏与灭杀、实验室废物处理，以及病原物监测、预警、检测、消杀、防控、治疗等方面实现技术独立、设备国产化。

第四，对研究项目严格审批。对生物安全实验室的研发项目实行严格审批制度，杜绝技术滥用，杜绝违反伦理、有安全风险的研究活动。加强对新技术、新产品潜在安全危险的评估、监测、预警与防控，坚决杜绝生物技术滥用、误用。

第五，加强人员安全培训。对从事生物安全、两用生物技术研发的人员进行定期培训，使研究人员始终保持高度的安全意识。

第六，统筹实验室布局。对不同地区、不同部门（卫生、农业、科研）、不同企业（疫苗、药物、器械）的高等级生物安全实验室进行统筹布局，不断提高实验室的利用效率，保障生物安全。

第9节

生物安全法规体系：依法保障生物安全

我国已经建成了比较完善的生物安全法规体系，但仍然存在重复、遗漏、界定不明确等问题，迫切需要不断完善生物安全法规体系，从而为依法保障生物安全提供法规、政策依据。

一、依法治国、精英治国是中国成功经验

中国经济总量目前处于世界第二位，其成功的根本经验就是依法治国、精英治国。宋、明、清等许多朝代都通过科举制度来遴选全国最优秀的人才，按照规章制度进行治国，以伦理道德约束个人行为、家庭行为，从而保障社会的长期和谐与稳定。

保障生命安全、生物安全同样需要依法、依规，这样才能提高生物安全治理水平。我国已经出台了许多与生物安全相关的法规，比如《中华人民共和国生物安全法》《中华人民共和国传染病防治法》等，还出台了许多实施条例，比如《中华人民共和国自然保护条例》《中华人民共和国野生植物保护条例》等。由于涉及领域多、部门多，这些法规和条例难免存在重复、遗漏等问题，我们需要根据生物安全面临的新形势不断完善法规体系，加强对生物安全的管理，不断提高生物安全治理水平。

二、下决心解决生物安全管理的突出问题

我国一直十分重视生物安全立法与管理工作，也取得了突出的成就，但我国的法规体系、管理体系仍然需要与时俱进，以不断提高治

理水平、管理水平。当前，我国需要解决以下几个突出问题。

一是法规不细。现行法规已涉及生物安全的方方面面，但由于法规条文比较宏观，有关细则没有出台，或部门规章中存在矛盾，或规定不明确，实际工作中往往会出现无法可依的问题。例如，在我国生物资源保护工作中，微生物资源、农作物种质资源都有机构对其进行大量收集、保存与利用，而对更为重要的人类遗传资源，相关法规、条例只有宏观要求，没有具体要求。

二是执法不力。虽然许多法规有明确要求，但由于人力、物力、财力等方面的限制，有些重要的工作并没有开展。例如，对于人类遗传资源保护，国家有关条例也规定了保护与利用结合，但在实际工作中，很少有机构开展人类遗传资源的采集、保存、利用等工作，以致一些珍贵的人类遗传资源被浪费了。

三是职能重叠。对于一些社会关注度高的热点问题，我国存在部门职能重叠、多头管理的问题。例如，关于新冠疫苗、药品的研发进展与成果，我们经常看到有两个或多个政府部门同时发布新闻，公众往往不清楚这些事情究竟是由哪个部门负责。

四是执法不协调。生物安全相关研究、生产、应用、管理机构在保障生物安全、生命安全方面的配合力度不够、效率不高，甚至出现大量浪费的问题。例如，国家花了大量经费、时间建立的高等级生物安全实验室，往往因为得不到病原物而无法开展高质量工作，而一些从事疫苗、药物开发的企业却没有高等级生物安全实验室可用。又如，面对新冠肺炎疫情，许多重要的研究项目找不到临床病例，而一些拥有临床病例的医院却开展一些不太急用甚至没有结果的研究，如研究喝豆浆、练气功对治疗新冠肺炎的作用，这造成了大量宝贵临床资源的浪费。

第10节

生物安全国际共同体建设

病毒是人类共同的敌人，只有人类共同努力，才能保障生命安全。各国应加强合作，共同保障生物安全。

一、保障生物安全是人类共同任务

人类受病毒折磨由来已久，未来还会有更多类型、更大杀伤力的病毒出现。尽管人类对病毒的认识不断加深，但很多时候我们仍然束手无策。生物技术一流的美国在面对新冠肺炎疫情时都捉襟见肘，其他国家则更需要加强国际合作。

防控新冠肺炎疫情的实践，让人们认识到人类需要像应对气候变化一样，共同应对生物安全危机。各国需要抛弃偏见、求同存异、凝聚共识、包容发展，需要建立相互配合、相互依存的国际协作体制与机制，共建生物安全国际共同体。

二、像应对气候变化一样共同抗疫

在防控新冠肺炎疫情的过程中，我们看到了各国合作保障生命安全的希望。当美国千方百计地遏制中国崛起，通过技术封锁、市场准入等手段打击华为等中国企业的时候，中国却在口罩、呼吸机等紧缺的情况下，向美国提供大量口罩、呼吸机、抗生素等抗疫物资，帮助美国政府挽救生命，这体现了高度的人道主义精神，展示了中国的大国形象。中国科学家将新冠病毒基因组排序第一时间与世界其他国家分享，这为全球研制药物和疫苗提供了技术支持。我们同时看到，许多国家放弃了意识形态之争、经济利益之争，以国际人道主义精神派遣专家、捐赠物资、提供技术，为人类共同抗疫开辟了历史新篇章。为此，我们要在以下几方面加强合作。

第一，制订"生物安全国际共同体行动方案"。世界卫生组织、联合国科教文组织、世界银行等国际组织应共同组织专家，做好人类生命、生物安全保障体系的顶层设计，共同研究绘制保障人类生命与生物安全的蓝图，从而形成一个可操作的行动方案。

第二，探索组建"生物安全国际研究磋商组"或"国际生物安全技术联合研究院"。遴选重点领域、关键技术，搭建国际化研究平台，组织全球最优秀的人才共同应对人类共同的敌人；力争在新冠病毒等重大传染病的广谱性疫苗、药物开发，快速准确的监测试剂与设备研制，病毒感染机理研究等方面取得重大突破，并实行成果全球共享。

第三，研究建立生物安全国际共同体。探索应对重大公共卫生事件的国际合作新机制，包括医疗互助、技术共享、物资调配、人员交流等，同时探索建立生物安全国际共同体，一起应对人类共同的敌人。

第13章

生物经济时代，有望引领新科技革命

习近平总书记在2017年中央经济工作会讲话中明确指出："要培育共享经济、数字经济、生物经济、现代供应链等新业态、新模式。"[1]美国经济学家杰里米·里夫金（Jeremy Rifkin）提出的"第三次工业革命"引起国内外学术界、产业界及政府的广泛关注。第三次工业革命会不会动摇中国刚刚取得的制造业大国地位？会不会影响中国未来经济增长？我们认为第三次工业革命不会动摇中国制造业大国的地位，但生物技术将引领信息技术之后的新科技革命，生物经济将成为数字经济之后的又一个经济增长点。

第1节

生物技术科技革命提前来临

国内外学术界对科技革命、产业革命的认识，概括起来有两个共同点和两个不同点。

两个共同点：一是信息技术引领的产业革命正在进行中，方兴未艾；二是新科技革命正在孕育中。

两个不同点：一是什么技术将引领新科技革命、产业革命——一些学者认为是生物技术，一些学者认为是新能源技术，还有一些学者认为是新材料技术，更多学者则认为是生物技术主导、多项技术共同推动新科技革命；二是何时会产生新科技革命——乐观估计是20年，多数学者认为是30年左右，还有一些学者认为很难预测。

我们经过20年的跟踪研究认为，以物理学为主导、多学科共同推动的工业技术、信息技术革命正在深入发展，而以生物技术为主导、多项技术共同推动的新科技革命正在加速形成。如果说机械化、电气化推动的前两次工业革命增强了人类的体力，信息化、智能化推动的第三次工业革命增强了人类的智力，那么生物技术主导的新科技革命将大幅度延长人类的生命，特别是延长人类健康生活的时间，其对人类健康、生态改善、社会伦理的影响都将远远超过前几次科技革命（见表13-1）。

表13-1 科技革命及其主要作用

时期	科技革命	核心技术	主要作用
16~17世纪	农业科技	种植、养殖	增产粮食
18世纪60年代至19世纪60年代	机械化、电气化	蒸汽机、发电机	增强体力
20世纪60年代	信息化、智能化	芯片、软件	增强智力
21世纪50年代前后	生物化	基因、延缓衰老	延长寿命

以生物技术为主导的新科技革命正在加速形成的基本依据是：学界有共识、科技有积累、产业有基础、市场有需求、政府有行动。

一是生物经济将推动继农业经济、工业经济、数字经济之后的第四次产业浪潮。工业革命200多年来，人类研究"死的"东西多了、研究"活的"东西少了，研究身体之外的东西多了、研究身体内在的规律少了，忽视了人类的健康，破坏了人类赖以生存的环境。展望未来，生物技术引领的新科技革命，可能会使人类活动的目标产生新的变化，人类对工业产品质量、经济增长的无休止追求可能会减弱，而对健康、幸福、生态的追求将与日俱增。显然，传统的工业技术已经很难满足人类的新需求。医药生物技术将推动第四次科技革命，疾病预防能力与治愈率将大幅度提高，干细胞技术将使人类像修理汽车零件一样更换人体劳损的器官，人类寿命将进一步延长。推动第二次农业绿色革命的转基因植物、生物肥料、生物农药、生长激素等，将在大幅度增加农产品产量的同时，提高农产品质量。生物能源将大大缓解能源短缺的压力，生物资源将被开发为食品、药品、保健品、观赏品等新产品。生物技术将在防御生物恐怖中发挥不可替代的作用，克隆技术、基因测序、器官移植等技术也会冲击人类传统的伦理观念。

二是现代生物技术已经有近70年的积累。自1953年沃森发现生物双螺旋结构，近70年来生物技术不断取得重大突破。全球26个国家或地区的生物与医学论文占本国或本地区自然科学论文50.0%以上，荷兰、丹麦、土耳其、美国、澳大利亚5个国家的这一比例超过了60.0%，我国仅为39.2%，排在第37位。2016年，全球生物与医学论文占所有自然科学论文的50.8%，这一比例仍处于持续上升态势。国际著名咨询公司兰德公司2006年就预测，生物技术将取代信息技术引领新科技革命。

三是许多国家都在加速发展生物产业。10多年来，美国的医药研发经费一直占联邦政府民用科技经费的近50%。2012年，美国政府已投入超过320亿美元，大约支持了近5万个研究课题，有近32万人参加相关研究工作，此外企业还投入500多亿美元支持生物与医药相关研究。2012年4月，美国又出台了《国家生物经济蓝图》，加速生物技术向产业转化。欧盟2008年出台"生物经济Horizon2020"（地平线2020），2012年再次出台"生物经济2030"。英国2010年发布《生物科学时代：2010—2015战略计划》，且政府科技投入的30%也用于生物与医药领域。德国2012年推出了"国家生物经济研发战略2030"。日本提出"生物产业立国"，其前首相小泉纯一郎曾兼任生物产业战略研究会主任。印度成立了世界上第一个"生物技术部"，新加坡、泰国、马来西亚、古巴等国家的领导人兼任本国生物技术与产业相关机构的负责人。

第2节

我国要防止再次与科技革命无缘

我国在20年前就提出生物经济的概念，在17年前开展生物安全法立法研究，在15年前组织召开"首届国际生物经济大会"，近年来生物技术与产业也取得巨大的成就。但与美国、日本等发达国家比，与参与引领新科技革命的目标比，我国的差距仍十分明显，突出表现在四个"90%以上"：我国90%以上的化学药品是仿制药，90%以上的高端医疗器械靠进口，90%以上的高端研发仪器靠进口，90%以上的自然科学基金申请项目缺乏原始创新。

第一、从技术源头来看，我国生物技术的根技术、硬技术有90%都来自国外。我国的基因测序、基因编辑、蛋白结构、干细胞、抗体、脑科学等核心技术的根技术都来自国外。自然科学基金会的数据显示，在全国自然科学基金项目中，属于真正原始创新的课题申请仅占10%，这一比例在生物领域更低。我国许多研究课题都在重复别人的研究，也就是说，用我们的钱、别人的仪器重复别人的研究，过去多是低水平重复，现在多是高水平重复。

第二，从科技仪器来看，我国生物领域的高端仪器设备有95%依赖进口。高倍显微镜、质谱仪、高效液相色谱仪几乎全部依赖进口，有时连鼠、猴等实验动物也不得不进口。国外一流的仪器设备是其实验室自制的，我们根本买不到，国外二流的仪器设备被《瓦森纳协定》限制向我国出口，我国只能买到三流的仪器设备。我国如果没有研究方法与仪器设备上的重大突破，就不可能从根本上改变生物技术受制于人的局面，一旦技术"脱钩"，许多实验室3个月后就无法正常开展工作。

第三，从科学论文来看，美国的高被引科学论文数量是我国的8倍。我们通过对中美两国在基因编辑、肿瘤免疫、DNA损伤修复、细胞免疫治疗CAR-T、基因疗法、干细胞治疗6个前沿领域的科学论文进行比较研究发现，中国、美国的论文数分别为21331篇和84196篇，其中高被引论文分别为241篇和1933篇，美国的论文数、高被引论文数分别是我国的3.9倍和8.0倍。另外，我们通过对生物安全领域论文数量进行分析发现，中国、美国分别发表论文13073篇和48675篇，美国发表论文数是中国的3.7倍。

第四，从发明专利来看，美国的专利申请量、专利被引次数分别是我国的3.4倍和25.7倍。我们对中美两国在基因编辑、肿瘤免疫、DNA损伤修复、细胞免疫治疗CAR-T、基因疗法、干细胞治疗6个前沿领域的专利申请量进行了比较，截至2018年年底，中国、美国的专利申请量分别为6677件和22560件，专利被引次数分别为10571次和271500次。

第五，从高端人才来看，美国的生物技术高端人才数量是我国的

21倍。汤森路透公布的数据显示，2019年全球高被引科学家共6216名，其中美国2737名、占44.0%，我国701名、占11.3%；全球生物领域高端人才为1963名，其中美国974名、占50.0%，我国47名，占2.4%。

我国生物领域高被引科学家不仅绝对数量少于美国，而且相对比例也远低于美国和全球平均数。美国生物领域高被引科学家占全球高被引科学家的15.7%，而我国只占0.8%。从不同学科来看，在临床医学、免疫学、神经病科学与心理学等人民健康急需的领域，美国高被引科学家数量分别是我国的227倍、79倍和75倍，在药物毒理学方面，我国高被引科学家数量为0。

能否引进高水平人才成为我国能否引领新科技革命的分水岭。基因编辑、蛋白结构、器官再生、表观遗传、脑科学等领域的领军人物几乎都是华人，当前世界上最热门的癌症药物PD-1、PD-L1的发明者也是华人。2003年，美国科学院院士王晓东回国之后带动一批高水平人才回国，但部分回国人才转向行政或企业，学术水平明显下滑，这点亟待引起国家高度重视。

第六，从企业投入来看，美国医药企业研发经费约为我国医药企业研发经费的10倍。美国医药研究协会的数据显示，美国2017年在医药领域的研发投入是970亿美元，折合人民币6547.5亿元。同年，我国规模以上医药工业企业研发内外部支出为606.0亿元，仅为美国的9.26%。此外，2018年我国A股、港股、新三板、中概股中的1004家医药上市公司总研发投入为661亿元，同年强生公司研发投入为712.2亿元，我国1000多家医药企业的研发经费总额还不如美国一家公司的多。

第七，从研发基地来看，美国的高等级生物安全实验室数量是我国的15倍以上。美国拥有P4实验室15个、P3实验室1496个，分别是我国的7.5倍和17.2倍。

第八，从法规体系来看，我国生物技术和生物安全法规建设与美国也有一定差距，存在法规数量少、完善速度慢的问题。美国十分重视生物领域法规体系建设，出台有关生物经济、生物安全的法规、战略达20多部，其中在2015年以后出台的法规、战略多达9部。虽然我国目前围绕生物技术、生物安全制定了一系列法规，但相对数量少、完善速度慢。2002年，我国开始研究生物安全法立法，历时18年《中华人民共和国生物安全法》才正式出台。

新冠肺炎疫情结束之后，各国可能进一步加强生物技术研发，生物技术引领的新科技革命可能提前到来，而美国可能进一步加大对我国生物技术与产业发展的遏制力度。我国在错失机械化、电气化、信息化机遇后，要防止再次与新科技革命失之交臂。

第3节

生物经济发展的十个重点

生物经济是以现代生物技术与生物资源为基础，以生物产品与服务的研发、生产、流通、消费、贸易为主的经济，是继农业经济、工业经济、数字经济之后的第四种经济形态，也称第四次产业浪潮。生物经济不仅能够改变自然世界，而且能够改造人类自身，其市场规模将是数字经济的10倍左右。生物经济的主要内容与作用有以下10个方面。

第一，发展大健康产业，打造20万亿元朝阳产业，把生命健康的钥匙握在自己手中。新冠肺炎疫情蔓延，暴露了我国医疗资源不足的矛盾。2012年，我们曾预测到2020年健康产业拥有8万亿元潜力。《健康中国2030》提出，到2030年健康产业将达到16万亿元规模。

疫后经济应该重点发展健康产业，我们测算，大健康产业规模可能达到20万亿元。

发展健康建筑业，重点补上健康建筑业，特别是防疫设施的短板。首先，我们建议中央政府立足防御重大、特大疫情，做好顶层设计与部署。根据防御生物恐怖、生物战的重大需求，建立健全能应对500万~1000万人感染的防御体系，包括预防体系、检测体系、医疗体系、物资保障体系、指挥应急体系、国际协作体系和能快速反应的标准化技术体系等。其次，我们建议地方政府像当年修建"防空洞"一样，切实补上防疫设施的短板，避免临时、战时再造"小汤山、雷神山"，力争实现每个县有传染病定点医院，乡镇卫生院有传染病科，社区与村有"医体文"多功能室且具备传染病隔离区的功能，机关、学校有临时医务室、观察室。最后，我们建议广大民众把锻炼自身、提高免疫力作为日常活动。在重大疫情发生时，有钱没用，抗体有用。有条件的家庭应像设书房一样，逐步增设保健房、购置健康器械，提高身体素质与免疫能力。

发展健康制造业，打造高端制造业。一要提高新药创制能力，使我国由原料药大国向生物医药强国、中医药强国转变，形成10万亿元规模的生物与医药产业。二要启动"医疗器械创制"重大科技专项，加速我国由医疗器械弱国向医疗器械技术强国、产业大国的根本性转变，重点开发医疗器械、穿戴设备、移动负压医疗车、滴滴医院、医疗船、医用飞机、负压病床，以及医、体（育）两用体检与健康器具，尽快扭转我国高端医疗器械90%以上依赖进口的被动局面，打造2万亿元医疗器械新产业。三要启动"中医药振兴计划"，夺回我国中药与药材被国外企业抢占的国际市场，严防中医器械市场被国外企业抢占，打造万亿元中医药制造业，加速我国成为中医药科技强国、产业强国的进程。四要加强保健食品创制与管理，力争形成万亿元保健食品、用品产业及特殊医学用途配方食品产业，目前我国保健食品的市场潜力远远没有被挖掘出来。

发展健康服务业，打造中西医结合、能够保障14亿人口生命安全的健康服务业体系。一要完善传染病预防、治疗体系，增加医院、配齐设备、培训医生、普及知识，建立全民参与的传染病防控体系。二要促进医疗资源合理布局，尽快解决农村7亿人口医疗资源严重短缺的问题，真正建立健全覆盖14亿人口的集疾病预防、治疗、康复为一体的疾病防治体系。三要建立覆盖全民的健康管理体系，提高全民身体素质，将农民体检纳入医保，形成集健康体检和慢病控制为一体的健康管理体系。四要完善国际化高端医疗服务体系，为高收入人群提供高质量健康服务，同时防止大量医疗费用流向国外。五要发展医疗旅游，把旅游、休闲、医疗、养老有机结合起来，培育医疗旅游新业态。六要大力发展老年医疗服务，着力培养一批全科医生、家庭医生，建立养老、护理、家政有机结合的老年养护体系，切实解决老人养老难、年轻人就业难的问题。

从以上三个方面保守估算，我国健康产业规模将在20万亿元以上，是我国潜力最大的产业之一。疫后经济的重中之重是发展健康产业，我们迫切需要建立健全能防御100万人口感染的特大疫情防控体系，把生命安全的钥匙牢牢握在自己手中。

第二，发展生物农业，把中国人的饭碗端在自己手中。我国小麦、水稻等口粮完全能够自给，但在食物消费中，口粮只是一部分。2020年，我国进口大豆10033万吨，按当年我国大豆每公顷产量为1980千克测算，相当于海外有7.6亿亩耕地是在为我国生产大豆。新冠肺炎疫情已使国际粮食供应链发生异常，我国拥有14亿人口，必须防患于未然。当前，我们建议重点抓好六件实事。一要推动第二次绿色革命，力争杂交水稻、杂交玉米、杂交油菜、杂交大豆、杂交小麦的技术水平达到国际领先，提高粮食单产20%左右。二要推动农产品品质革命，大力发展无污染、无公害的高端农产品，形成2万亿元高端农产品产业。三要提升农业资源利用率,开发抗干旱、抗盐碱作物品种,大幅度提高10亿亩旱地、5亿亩盐碱地的生产力。四要发展生物肥料、生物农药,减少化肥、农药用量。五要做好土地整治,结合新农村建设,做好进城农民宅基地等土地的整理工作,力争增加1亿亩左右的耕地面积。六要做好粮食危机应对技术储备,研发动物生长激素、生长调节剂、人造肉、大厦农业等,做到即使出现粮食危机,我们仍然能够从容应对。

第三,发展工业生物,将细胞变为"新工厂"。一要大幅度提高酒类、酱油、醋、味精、乙烯等大宗发酵产品的技术水平与产业规模。二要大力发展高端发酵产品,力争在抗生素、维生素、生长素、氨基酸、人造肉等高端发酵产品开发上取得重大突破,将细胞变成"新工厂",打造2万亿元的发酵工业体系。

第四,发展生物能源,力争创造7个"绿色大庆",保障能源安全。我国每千人汽车拥有量为173辆,仅为美国的1/5、日本的1/3、巴西的1/2。我国石油对外依存度已高达70%,保障能源安全,需要多管齐下。如果利用荒山、荒坡、荒地种植能源植物,利用农作物秸秆,开发燃料乙醇、生物柴油、生物燃气,按2020年大庆油田产出油气当量4302万吨测算,我国有望形成相当于开发7个大庆油田的绿色能源。

第五,在资源领域,能使生物资源变为金山银山。我国是世界上生物资源最丰富的国家之一,现代生物技术将利用生物资源开发药品、食品、能源、化妆品等产品,培育生物资源产业。我国有12000多种中药材资源,按国际上人均GDP达1万美元国家的保健品消费量测算,我国仅保健食品、功能食品就有望形成万亿元规模的产业。

第六,在环境领域,能够保护生物多样性,再造秀美山川。合成生物技术可能使部分灭绝的生物获得再生,恢复生物多样性,修复生态环境。耐盐碱、抗旱生物能够使荒山、沙漠变绿洲,使部分盐碱地变良田。仅依赖袁隆平教授的海水稻技术，我国就有望多产出半个湖南省的水稻产量。

第七，在安全领域，能够防御生物威胁，保障生物安全、国家安全。根据防御生物恐怖、生物战的特殊需求，建立健全军民联合、平战融合的生物安全法规体系、技术体系、防控体系、物资保障体系、指挥体系等，修建新时代生物安全的"万里长城"。

第八，在基础研究领域，能够探索生命规律，催生新的科技革命。自1953年DNA双螺旋结构被发现以来，生物技术已经从以认识生物为主，转向改造、创造生命。基因测序成本已降至最初的1/3000000，科学家已经能够使动物寿命延长2倍以上，基因编辑、器官再生、合成生命等新技术不断涌现，生命起源、生长、发育、衰老、死亡的奥秘不断被揭示。

第九，在生物产业领域，生物服务业正在形成新业态。药品与医疗器械安全性评价、临床有效性评估、生物与食品检测、食品与药品安全检测、知识产权评估与交易等，都将成为新业态。CRO、CMO（全球生物制药合同生产）、CDMO（合同研发生产组织）等服务将为医药产业发展注入新动力。

第十，在伦理方面，生物伦理将成为人类面临的新难题。像核技术、信息技术一样，生物技术很可能被误用，要防止克隆技术、干细胞、基因编辑等技术的不正当应用。

第4节

发展生物经济的十大对策

生物技术将引领新的科技革命已经成为国际共识。新冠肺炎疫情必将激发全球生物技术及生物产业的发展，生物经济时代可能提前到来。我国是世界第二大经济体，要实现民族伟大复兴的中国梦，必须引领或至少参与引领新科技革命。然而，我国生物技术与发达国家相比还有巨大差距，极有可能再次与科技革命失之交臂，而生物技术革命之后的科技革命，至少需要几十年甚至上百年才会到来。因此，我们必须采取一系列特别的政策与措施，迎接生物技术革命，开创生物经济时代，绝对不能再次错过新科技革命的机遇。

第一，把生物经济作为疫后经济的发展重点。当前，关于疫后经济发展的政策建议不少，新基建、新信息、新金融（注册制）、新农村（乡村振兴）、新就业（补贴就业）等纷纷而至。我们研究认为至少要加上"新生物"，生命比网速重要，要吃一堑长一智，补上生命安全的短板，把生物经济作为疫后经济的发展重点，调动全社会力量，共同推动生物经济的发展。

针对生命安全、生物安全、经济安全、国家安全，以及粮食安全、食品安全、能源安全、生态安全的急迫需要与短板，我国在经济发展、科技创新、民生改善等有关政策、规划、基础工程、投资、金融、证券方面，要全面向生物技术与产业倾斜，同时充分调动社会力量，共同推动生物技术与生物经济的发展，尽快补上我国生命安全、生物安全、经济安全乃至国家安全的短板。

第二，像抓"两弹一星"一样抓生物技术，尽快打造一批国之重器。我国生物技术水平与发达国家的差距巨大，在短期内不可能缩小，一旦发生技术"脱钩"，我国很有可能错失生物技术引领的新科技革命。为此，我们建议把生物技术作为新科技革命的重中之重，把生物技术强国作为科技强国的主要内容，尽快制定"国家生物技术与经济中长期发展规划（2020—2035）"，在传染病防控、重大疾病防治、新药创制、医疗器械、生物安全、转基因生物等方面，尽快打造一批国之重器。

第三，采取新型举国体制，组建"国家生物技术联合研究院"。根据生命安全、生物安全、粮食安全、食品安全、能源安全、生态安全，以及防御生物恐怖与生物武器等重大需求，集成全国最优秀的科技力量，组建"中国生物技术联合研究院"，下设10个左右的国家实验室，统一规划、明确目标、集成重点、分别实施，每个实验室解决一个重大的安全问题，例如：

- 国家生命安全实验室，重点开展重大传染病防控、药品安全、人类遗传资源保护、微生物耐药性等方面的研发与应用，建立健全重大疫情预警体系、救治体系，力争延长人民健康工作时间与预期寿命3~5年。
- 国家生物安全实验室，重点开展公共卫生安全、农业生物安全、生物多样性与环境安全、生物技术研发与实验室安全、进出口生物安全、防御生物恐怖与生物武器等方面的研发与应用，提升我国应对重大、特大疫情与生物恐怖的能力。
- 国家粮食安全实验室，推进第二次绿色革命，保障粮食安全、食品安全，力争使我国10亿亩旱地、5亿亩盐碱地成为农用地，形成新增9亿亩农田的生产力，从根本上解决我国大豆等农产品大量进口的问题。
- 国家工业生物实验室，推进第三次化学工业革命，力争形成3万亿元的发酵工业与生物材料产业，加速我国由发酵工业大国向发酵工业强国转变。
- 国家生物能源实验室，加强生物能源技术研发，力争形成7个大庆的能源当量，保障能源安全。
- 国家生物资源开发实验室，促进生物资源优势转变为生物经济优势，形成2万亿元的生物资源产业，修复生态环境，保护生物多样性。

第13章 生物经济时代，有望引领新科技革命

■ 国家生命科学实验室，使我国成为世界生命科学的创新中心、顶尖人才聚集地以及生物新技术、新产品的发源地，不断提高人们认识生物、改造生物、创造生物的能力，迎接新的科技革命。

第四，实施人才强国战略，培养300名国际顶尖人才。2019年，我国生物领域国际顶尖人才仅47人，我们要力争用10年左右的时间，通过引进、培养、合作等方式，使我国生物领域国际顶尖人才达到300人，按需求定机构、给机构找人才，切实培养一批国家急需、技术精湛、贡献突出的顶尖科技人才。

第五，改革科技体制，推行"任务带科技、科技促发展"的科研模式。改革应用研究的科研模式，逐步取消"科学家出题、科学家解题、科学家评奖"的传统模式，创造"产品为导向、企业家出题、科学家解题、论贡献评奖"的新模式，推行"任务带科技、科技促发展"。应用研究应坚决革除"唯论文"的老标准，树立"讲效益"的新标杆，把经济效益、社会效益、生态效益作为主要评价指标。

第六，弘扬科学精神，优化创新生态。热爱祖国、无私奉献，自力更生、艰苦奋斗，大力协同、勇于登攀，听取祖国召唤，讲奉献精神、讲协作能力、讲创新贡献，反对名利思想，反对只讲条件、不讲效益，反对只讲待遇、不讲贡献，营造求真务实、激励创新、保护产权、宽容失败的创新文化，杜绝造假、打击剽窃，净化创新环境。

第七，建立健全生物安全法规体系。在《中华人民共和国生物安全法》的基础上，不断完善生物安全相关法规体系。我们建议出台"生物技术与产业促进法"，力求从管理体制机制、政府采购、监管政策、科技创新、资金投入、人才培养、基地建设等方面，促进我国生物技术与生物产业的发展。

第八，加强对生物技术与生物经济的领导。参照我国推进信息科技与产业发展的做法与经验，针对新科技革命发展的需要，恢复"国家生物技术研究开发与产业化领导小组",加强部门协调,形成协同创新与产业化的新机制,成立"国家生物经济局",统筹管理与服务生物经济的发展。

第九,组建"中国生物经济行业协会"。我们要充分发挥市场机制的作用,加强行业自律,成立"中国生物经济行业协会",为生物技术园区、企业、研发机构提供全方位的服务与支持,为政府管理生物经济提供支撑与协助。

第十,组建"国际生物经济联盟"。我国在2005年举办"首届国际生物经济大会",并在国际上产生一定影响力。我们建议邀请与生物医药相关的官、产、学、研、医、金融等方面的著名机构、人员,组建由我国牵头的"国际生物经济联盟",促进技术合作与人员交流,开展相关标准与政策研究,举办国际论坛与技术交易大会等。

第5节
生物经济将决定国家命运

新冠肺炎疫情必将引发新一轮生物技术、生物经济的国际竞赛,生物技术引领的新科技革命、生物经济引领的第四次产业浪潮可能提前到来。中国曾经错失了机械化、电气化的发展机遇,没有任何理由再次错失新科技革命,要把生物经济作为疫后经济的发展重点和未来经济的增长点。

一、第一经济大国都曾引领科技革命

人类经历了三个经济时代。第一个是农业经济时代,英国著名经济史学家麦迪森的研究资料显示，从公元元年到1820年，依靠先进的农业技术，中国GDP排名世界第一，约占世界总GDP的1/4。第二个是工业经济时代，工业革命之后英国引领了工业经济，欧洲成为工业经济时代的引领者。第三个是信息技术时代，依靠对信息化硬件和软件的高度垄断，美国成为世界上唯一的超级大国。

康德拉季耶夫经济长波周期理论表明：人类社会近300年来，大致每60年会出现一个经济周期。按这个规律，计算机自1946年开始，在2010年左右结束红利，所以美国国际商业机器公司把个人电脑业务出售给了联想集团。信息网络是自20世纪80年代美国副总统戈尔提出建设国家信息高速公路时开始的，预计到2040年会结束高速增长期。人工智能预计到2050年会结束。所以，全球都在关注2050年前后的经济增长点是什么。

未来的科技革命是什么？2000年，我们提出生物技术将引领信息技术之后的科技革命，生物经济是下一个经济增长点；2002年，我们建议像抓"两弹一星"一样抓生物经济；2003年，我们提出"生物经济十大趋势"；2005年，我们组织"首届国际生物经济大会"。目前，越来越多的国家和科学家认同我们的观点。新冠肺炎疫情更让世界各国清楚地认识到生物经济将是下一个经济增长点，是人类经济的第四次产业浪潮。我们在2006年预测，生物经济的市场规模将是数字经济的10倍左右，现在看来是正确的。生物技术引领的新科技革命将延长人类寿命，未来人活90岁成常态，大多数人的健康生活或工作时间可能延长10年以上。按照2019年中国GDP测算，全国劳动者多工作一年创造的GDP有近100万亿元。可见，延长健康生活或工作时间，不仅能够大大提高人民生活质量、幸福指数，而且能够缓解我国目前养老费不足、医疗费不足等现实问题，更能创造巨大的财富。

二、我国保持经济大国地位需引领科技革命

即将到来的第四次科技革命将由谁引领？从目前的生物技术创新实力来看，美国仍然是下一次科技革命的引领者，其论文、专利、人才、投入、产业等全面领先。中国是第二经济大国，也已经成为有影响力的创新大国，经过未来30年的努力，中国将成为世界科技强国，有望引领或共同引领全球新科技革命。

从国际生物技术、生物经济竞争的趋势来看，美国、欧洲等国家或地区都高度重视发展生物技术，全世界有14个国家的领导兼任有关生物技术机构的负责人，亲自推动生物经济的发展。从世界科技和经济发展规律来看，谁占据了科技中心的位置，谁就逐渐拥有了新的经济实力、军事实力和政治影响力、文化影响力。全世界目前约有26个国家的生物和医学论文加起来超过了总体学科（670个二、三级学科）论文数的一半，但遗憾的是，这26个国家中没有中国。我国因缺乏重大、原始创新，错过了机械化、电气化两次科技革命，正在追赶信息化的后半程。中国GDP占世界GDP的比重最低时为2%，2020年回升到16%，是之前最高时的一半，所以我们必须下决心把生物技术搞上去，抢占未来产业的制高点。

从GDP增长趋势来看，我国1949年的GDP是466亿元，2020年的GDP为101.5万亿元，71年的时间GDP涨了2177倍，创造了中国经济奇迹。改革开放之后，中国经济更是出现奇迹，GDP从1978年到2020年涨了276倍。这就是我国可以引领第四次科技革命的信心所在。

中国近10年来对世界经济增长的贡献率在30%左右，而对世界科技论文、专利、投入的贡献率接近50%，坚持下去，我国必然会成为世界科技强国。自2006年国家实施重大科技专项以来，我国科技迎来又一个快速发展的新阶段，当前我国已成为世界上有影响力的创

新大国。在13个科技创新指标中，中国有7个指标处于世界领先水平，创新数量不多的问题已基本解决，创新质量不高则成为主要矛盾。我国科技原始创新能力与美国等科技发达国家仍然有巨大差距，特别是在创新质量方面，有些差距短期内难以缩小，我国还不是创新强国。但是，只要中国坚持实施创新驱动战略、人才强国战略，重视人才、支持创新，我相信，拥有千年重视人才、重用人才历史的文明古国，必将成为新科技革命时期的科技强国、经济强国，完全有可能引领或共同引领科技革命，即使这是一个十分艰巨、充满激烈竞争的过程。我始终相信，我国今天的创新条件与生态，远远好于"两弹一星"的特殊时期，我们没有任何理由再次与新科技革命失之交臂。这是历史赋予我们这一代人的机遇，也是我们在世界大变局中能抓住的最大的机遇。

三、有人预测我国经济大国地位只保持30年

当前，信息技术革命方兴未艾，智能化正在把数字经济推向更高发展阶段，越来越多国家的政府与科学家认为生物技术将引领新科技革命。我国生物技术与产业发展迅速，但目前绝对达不到引领或共同引领新科技革命的水平。美国已经采取措施遏制我国生物技术的发展，我国再次与科技革命失之交臂的风险陡然增加，这必须引起我们的重视。国内外绝大多数机构与学者都认为，当前国际秩序不会发生颠覆性变化，中国GDP将在2030年前后超过美国。但日本学者预测美国GDP将在2060年再次超过中国，英国学者则预测美国GDP超过中国的时间是2050年，其主要理由是中国引领不了生物技术科技革命，新科技革命的红利仍将在美国，这从侧面印证了生物经济决定国家命运。

生物经济决定国家命运，我们不可等闲视之。

后　记

　　我曾经担任中国生物技术发展中心主任10年，担任由科技部同14个部委共同组成的《中华人民共和国生物安全法》起草专家组的总召集人5年，有幸完成了《中华人民共和国生物安全法》送审稿，于2005年上报有关部门。

　　新冠肺炎疫情暴发以来，全球超3亿人感染，571万人丧失生命，仅2020年造成的世界经济直接损失就超过5万亿美元，相当于日本一年的GDP。2020年1月，武汉"封城"之后，我深深地感到：当今世界并不太平，未来可能更不安全，没有生物安全就没有人民生命安全、国家安全。我开始着手撰写《中国生物安全——战略与对策》一书，纵观历史、横看世界、预测未来，探索保障中国生物安全的战略与对策。

　　第十一届全国人大常委会副委员长、中国工程院院士桑国卫对研究工作给予悉心指导，并为本书作序。中央政策研究室原副主任方立专门听取了研究组汇报，提出了十分宝贵的修改意见。中国人民解放军原总后勤部卫生部副部长王玉民少将从生物安全专业角度对本书进行了把关。人民英雄、中国工程院院士张伯礼对研究工作给予指导，并为本书作序。

清华大学生物医学交叉研究院院长、北京生命科学研究所所长、美国科学院院士王晓东为我们的研究提供了良好的工作条件和时间保障。四川大学华西医院院长李为民十分支持生物安全、生命安全的研究，并专门成立了"中国人民生命安全研究院"，为本书的完成提供了大量人力、物力支持。北京大学中国战略研究中心主任叶自成教授、副主任刘德喜教授、张伟男先生也提出了很多建设性的修改意见。

我的助手朱姝副研究员、张俊祥研究员、尹志欣副研究员、由雷博士等为本书的完成做了大量的研究工作，主笔或参与了有关章节的撰写工作。

王宏广，负责全书章节设计，确定各章主要观点，参与撰写第1章、第4章、第8章、第9章、第10章、第11章、第12章、第13章，审定全书。

朱姝（中国科学技术发展战略研究院副研究员），参与撰写第2章、第3章、第5章、第7章、第9章、第10章、第11章。

张俊祥（北大未名生物工程集团战略总监、研究员），参与撰写第1章、第6章、第7章、第10章。

由雷（辽宁大学经济学院讲师），参与撰写第2章、第3章、第7章、第10章。

尹志欣（中国科学技术发展战略研究院副研究员），参与撰写第1章、第7章。

赵清华（中国驻苏黎世兼驻列支敦士登公国总领事），参与撰写第7章。

褚庆全（中国农业大学农学院教授），参与撰写第12章。

张永恩（中国农业科学院研究员），参与撰写第12章。

此外，天津大学图书馆李文兰研究馆员及田爱苹、马倩、翟通、王婧、杜津萍，电子科技大学武德安副教授及其团队为本次研究查阅了大量的资料，在此一并表示感谢。

自2018年以来，我们研究团队陆续完成了三本拙作，这本《中国生物安全——战略与对策》继续敬请各位领导、老师、朋友及广大读者提出宝贵的指导意见，使我们不断地完善相关研究工作。

2022年2月

参考文献

序一　把生命安全的钥匙牢牢地握在中国人手中

［1］习近平. 在科学家座谈会上的讲话[M]. 北京：人民出版社，2020.

［2］光明网，https://m.gmw.cn/baijia/2021-12/30/35418730.html。

前　言

［1］央视网，https://baijiahao.baidu.com/s?id=1712247780340542423&wfr=spider&for=pc。

［2］同上。

第1章　生物安全与世界格局变化

［1］林利尼. 全球战役对世界格局有何影响[J]. 人民论坛，2020（14）：40-43.

［2］联合国粮农组织，http://www.fao.org/publications/sofi/zh/。

［3］王宏广等. 中国粮食安全：战略与对策[M]. 北京：中信出版社，2020.

［4］王蕾，裴庆水. 能源技术视角下能源安全问题探讨[J]. 中国能源，2019，41（10）：38-43.

［5］王宏广等. 差距经济学：中美经济与省区经济的差距及走势[M]. 北京：科学技术文献出版社，2020：13-14.

［6］孙健全. 矿井综采工作面安全隐患评价方法研究[D]. 山东科技大学，2004.

［7］刘跃进. 国家安全学[M]. 北京：中国政法大学出版社，2004.

［8］刘跃进. 为国家安全立学——国家安全学科的探索历程及若干问题研究[M]. 长春：吉林大学出版社，2014.

［9］中央政府门户网站，http://www.gov.cn/xinwen/2014-04/15/content_2659641.htm。

［10］央广网，https://baijiahao.baidu.com/s?id=1658526346022221666&wfr=spider&for=pc。

［11］世界卫生组织，https://www.who.int/data/global-health-estimates。

［12］中国经济网，https://www.sohu.com/a/421273739_100059676。

［13］央广网，http://www.cnr.cn/china/news/20210331/t20210331_525450153.shtml。

［14］环球网，https://world.huanqiu.com/article/43ZPZkFWI3G。

［15］京报网，https://baijiahao.baidu.com/s?id=1689211820859875616&wfr=spider&for=pc。

［16］同上。

［17］联合国公约与宣言检查系统，https://www.un.org/zh/documents/treaty/files/cbd.shtml。

［18］蒋增辉. 新型冠状病毒疫情下饮用水生物安全的分析与对策[J]. 净水技术，2020，39（5）：1-6.

［19］宋琪，丁陈君，陈方，张志强．国际生物安全四级实验室建设和实验室安全管理现状[J].世界科技研究与发展，2021，43（02）：169-181.

［20］戴东甫．生物危险源扩散网络及应急物流网络的协同性研究[D].东南大学，2007.

［21］刘水文，姬军生．我国生物安全形势及对策思考[J].传染病信息，2017（3）：179-181.

［22］曹务春，赵月峨，史套兴．应对突发生物事件应急保障能力建设的对策研究[J].中国应急管理，2009（10）：8-14.

［23］马义栋，遇洪涛，吴瑜凡．生物恐怖——和平社会的潜在危机[J].佳木斯大学社会科学学报，2012，030（002）：27-29.

［24］同上。

第2章　回顾过去，生物灾难曾夺去亿万人生命

［1］陈坤．公共卫生安全[M].杭州：浙江大学出版社，2007：152.

［2］陈坤．公共卫生安全[M].杭州：浙江大学出版社，2007：156.

［3］经济形势报告网，http://www.china-cer.com.cn/news/ 202004023279. html。

［4］夏威柱．关口前移，联防联控，严防人兽共患病[J].疾病监测，2019，34（10）：877-884.

［5］郑涛．生物安全学[M].北京：科学出版社，2014.

［6］Flaccus G. Oregon town never recovered from scare[EB/OL]. （2017-09-28）[2021-5-25]. http://www.rickross.com/reference/ rajneesh/rajneesh8.html.

［7］孙琳，杨春华．美国近年生物恐怖袭击和生物实验室事故及其政策影响[J].军事医学，2017（11）.

〔8〕中国新闻网，http://news.sina.com.cn/w/2014-07-16/154930529921. shtml。

〔9〕孙琳，杨春华. 美国近年生物恐怖袭击和生物实验室事故及其政策影响[J]. 军事医学，2017（11）.

〔10〕中国新闻网，https://www.chinanews.com/n/2004-05-06/26/433137. html。

〔11〕新华网，http://www.xinhuanet.com/2019-12/30/c_1125403802. htm。

〔12〕新华网，http://www.xinhuanet.com/politics/2015-06/25/c_127946804. htm。

〔13〕大河报网，https://www.dahebao.cn/news/1383591?cid=1383591。

〔14〕泰州新闻网，https://www.sohu.com/a/76324595_157769。

〔15〕新湖南，https://hunan.voc.com.cn/xhn/article/201708/2017080 71006208357.html。

〔16〕詹国辉，孙伟，吴新华，高东平. 外来有害生物传入对苏州市的影响及防控对策分析[J]. 西南林学院学报. 2010.30（s1）：58-63.

〔17〕谭承建，董强，王银朝等. 水葫芦的危害、利用与防除[J]. 动物医学进展，2005，26（3）：4.

第3章　展望未来，生物安全形势可能更为严峻

〔1〕观察者网，https://baijiahao.baidu.com/s?id=160261807949522 8765&wfr=spider&for=pc。

〔2〕Dennis Carroll, Peter Daszak, Nathan D. Wolfe, et al. The Global Virome Project, *Science*, 23 Feb 2018: Vol. 359, Issue 6378, pp. 872-874.

〔3〕Zhong Z P, Solonenko N E, Li Y F, et al. Glacier ice archives fifteen-thousand-year-old viruses，BioRxiv，2020.

[4] 齐鲁壹点，https://baijiahao.baidu.com/s?id=166393869496429
4496&wfr=spider&for=pc。

[5] 王小理. 美国国家生物安全战略走向 [N]. 学习时报，2017–
11–22（007）.

第4章　世界生物安全的现状与趋势

[1] BioRxiv，https://www.biorxiv.org/content/10.1101/2020.01.30.
927871v2.

[2] Kristian G. Andersen，Andrew Rambaut，W. Ian Lipkin, et al.
The proximal origin of SARS-CoV-2. *Nat Med* 26，（2020）450–452，
17 March 2020.

[3] CDC，https://www.cdc.gov/media/releases/2019/s0926-cdc-
number-lung-injury-vaping.html.

[4] U.S. Virologic Surveillance，https://www.cdc.gov/flu/weekly/
weeklyarchives2019-2020/Week07.htm.

[5] Dennis Carroll，Peter Daszak，Nathan D. Wolfe，et al. The
Global Virome Project，*Science*，23 Feb 2018:Vol. 359，Issue 6378，
pp. 872–874.

[6] Juliet Bedford，Jeremy Farrar，Chikwe Ihekweazu，et al.
A new twenty-first century science for effective epidemic response[J].
Nature，2019，575：130–136.

[7] 同上。

[8] H. Holden Thorp. Time to pull together. *Science*，20 Mar 2020：
Vol. 367，Issue 6484，pp. 1282.

[9] Seth Berkley. COVID-19 needs a Manhattan Project，*Science*

367（6485），1407，March 25，2020.

［10］李艳洁.基因编辑并非转基因 院士呼吁监管适度放开[N].中国经营报，2021-01-02.

［11］郑戈.法律如何回应基因编辑技术应用中的风险[J].法商研究，2019（2）：6.

［12］生物多样性与人类健康[N].光明日报，2019-05-22（08）.

［13］崔胜辉，黄云风.人类健康和生物多样性[J].生物学通报，2003（07）：14-15.

［14］世界卫生组织，https://www.who.int/globalchange/ecosystems/biodiversity/zh/。

［15］世界资源研究所.生态系统与人类福祉：生物多样性综合报告[M].国家环境保护总局履行《生物多样性公约》办公室，译.北京：中国环境科学出版社，2005.

［16］刘会玉，林振山，张明阳.人类周期性活动对物种多样性的影响及其预测[J].生态学报，2005（07）：107-113.

［17］马克平，钱迎倩.全球生物多样性保护与持续利用的纲领性文件——《生物多样性公约》介绍[J].科学对社会的影响，1995（1）：56-60.

［18］Ipbes，https://www.ipbes.net/sites/default/files/downloads/pdf/20170307_media_release_ipbes5_final.pdf.

［19］Christopher H. Trisos，Cory Merow & Alex L. Pigot. The projected timing of abrupt ecological disruption from climate change，*Nature*，volume 580，pages496–501（2020）.

［20］Gregory S. Cooper，Simon P Willcock，John A. Dearing. Regime shifts occur disproportionately faster in larger ecosystems，*Nature Communications*，11（1）：1175，10 March 2020.

［21］新华网，http://www.xinhuanet.com/science/2019-09/06/c_138377445.

htm。

［22］赵婉君. 我国生物入侵防治的法律制度研究[D]. 石家庄：河北地质大学，2019.

［23］中国网，http://www.china.com.cn/zhuanti2005/txt/2003-09/19/content_5407490.htm。

［24］蒋明森、赵琴平. 生物武器的历史与现状[J]. 武汉：武汉大学学报（医学版），2003，24（1）.

［25］徐丰果. 国际法对生物武器的管制[M]. 北京：中国法制出版社，2007.

［26］刘建飞. 生物武器扩散威胁综论[J]. 世界经济与政治，2007（08）：49-55.

［27］朱晓行，李铁虎. 非传统生物安全威胁形势与特点分析[EB/OL].（2020-05-12）[2021-7-8]. https://www.163.com/dy/article/FCD7GLJD0511DV4H.html.

［28］刘磊，黄卉. 尼克松政府对生化武器的政策与《禁止生物武器公约》[J]. 史学月刊，2014（4）：62.

［29］孙琳，杨春华.《禁止生物武器公约》的历史沿革与现实意义[J]. 解放军预防医学杂志，2019（03）.

［30］朱联辉，田德桥，郑涛. 从2013年《禁止生物武器公约》专家组会看当前生物军控的形势[J]. 军事医学，2014，000（002）：109-111.

第5章　美国认为生物威胁是本国的最大威胁

［1］陈方，张志强，丁陈君，吴晓燕. 国际生物安全战略态势分析及对我国的建议[J]. 中国科学院院刊，2020，35（02）：204-211.

［2］Bush G W. Biodefense for the 21st Century[J]. *Biodefense for*

Century，2004.

［3］苗崇刚，黄宏生，谢霄峰，等. 美国国家应急反应框架 [M].
北京：地震出版社，2011.

［4］The White House. National Bioeconomy Blueprint，April
2012[J]. *Industrial Biotechnology*，2012，8（3）：97–102.

［5］张华，穆振娟. 解读美国《捍卫生物经济》报告 [J]. 科技中
国，2020（7）：7–10.

［6］田德桥，朱联辉，王玉民，等. 美国生物防御能力建设的特
点与启示 [J]. 军事医学，2011（11）：824–827.

［7］刘晓，王小理，阮梅花，等. 新兴技术对未来生物安全的影
响 [J]. 中国科学院院刊，2016，031（004）：439–444.

［8］张秋菊. 美国国家过敏症与传染病研究所的研究布局分析
[J]. 世界科技研究与发展，2020（4）：466–471.

［9］吉荣荣，雷二庆，徐天昊. 美国生物盾牌计划的完善进程及
实施效果 [J]. 军事医学，2013（03）：20–23.

［10］朱联辉，田德桥，沈倍奋，等. 美国生物防御产业政策和
管理分析及启示 [J]. 军事医学，2012（10）：56–59+64.

［11］田德桥，朱联辉，黄培堂，等. 美国生物防御战略计划分
析 [J]. 军事医学，2012，36（010）：772–776.

［12］孙琳，杨春华. 美国近年生物恐怖袭击和生物实验室事故
及其政策影响 [J]. 军事医学，2017（1）.

［13］田德桥，朱联辉，黄培堂，等. 美国生物防御战略计划分
析 [J]. 军事医学，2012，36（010）：772–776.

［14］The White House，https://www.whitehouse.gov/briefing-
room/statements-releases/2021/09/03/fact-sheet-biden-administration-to-
transform-capabilities-for-pandemic-preparedness/.

［15］Cryatal Watson，Matthew Watson，Tara Kirk Sell. Federal

Funding for Health Security in FY2019. Biosecurity and Bioterrorism：Biodefense Strategy，Practice，and Science. Volume 16，Issue 5，2018.

［16］Tara Kirk Sell，Matthew Watson. Federal Agency Biodefense Funding，FY2013－2014. Biosecurity and Bioterrorism：Biodefense Strategy，Practice，and Science. Volume 11，Issue 3，2013.

［17］中国经济网，https://baijiahao.baidu.com/s?id=1665089945696508509&wfr=spider&for=pc。

［18］光明网，https://m.gmw.cn/baijia/2021-01/21/1302058479.html。

［19］胡甄卿，王煜，武文佳，等. 德堡"病毒暗史"：起底美国德特里克堡生物实验室[EB/OL].（2020－07－07）[2021－01－21].https://m.thepaper.cn/newsDetail_forward_ 8051122.

［20］中国新闻网，https://www.chinanews.com.cn/gn/2021/12-20/9634006.shtml。

［21］刘波. 疫情暴露美国公共卫生体系的结构性缺陷[J]. 人民论坛，2020（17）：32－34.

第6章　一些国家曾研制或使用生物武器

［1］殷重华. 古今战争中的化学和生物武器[J]. 国际展望，1989（19）：33.

［2］汪开治. 战争和恐怖行动时使用的微生物、生物和化学武器（上）[J]. 生物技术通报，2004.

［3］Manchee R.，Broster M.，Melling J.，et al. Bacillus anthracis on Gruinard Island[J]. *Nature*，1981（294）：254－255.

［4］保罗·S·凯姆，戴维·H·沃克. 苏联炭疽惨案：尘封38年的真相[J]. 环球科学，2017，000（005）：60－65.

［5］Takahashi H，Keim P，Kaufmann AF，Keys C，Smith KL，

Taniguchi K，et al. Bacillus anthracis Bioterrorism Incident，Kameido，Tokyo，1993. Emerg Infect Dis. 2004；10（1）：117-120.

［6］Nehorayoff, Andrea A.; Ash, Benjamin; and Smith, Daniel S.. "Aum Shinrikyo's Nuclear and Chemical Weapons Development Efforts." Journal of Strategic Security 9, no. 1（2016）：35-48.

［7］陈致远. 日本侵华细菌战[M]. 北京：中国社科出版社，2014.

［8］陈宏. 侵华战争期间日本研制使用生化武器概况[J]. 东北史地，2012（03）：83-87.

［9］中国军视网，https://mp.weixin.qq.com/s/NlTiu-GpDYkjCq9da-h6c4Q。

［10］John R. Wate（华璋）. 悬壶济乱世：医疗改革者如何于战乱与疫情中建立中国现代医疗卫生体系[M]. 叶南，译. 上海：复旦大学出版社，2015.

［11］陈家曾，俞如旺. 生物武器及其发展态势[J]. 生物学教学，2020，45（06）：5-7.

［12］Martin Fransman，Shoko Tanaka. Government，globalization，and universities in Japanese biotechnology[J]. *Research Policy*，1995(24)：13-49.

［13］王小理. 日本《生物战略2019》潜在指向值得关注[N]. 中国国防报，2019-7-23（4）.

［14］Tomohiko Makino. Japanese Regulatory Space on Biosecurity and Dual Use Research of Concern，Journal of Disaster Research，Vol.8，No. 4，2013.

［15］李冰，张纪海. 面向重大科技攻关的科技动员模式[J]. 科技导报，2021，39（7）：9-19.

［16］Hope J. Why japan banned MMR vaccine，2001.

［17］（德）埃里希·鲁登道夫. 总体战[M]. 魏止戈译. 武汉：华

中科技大学出版社，2016.

［18］李金标. 世界"末日"武器——基因武器[J]. 现代兵器，1993（6）：2.

［19］陈家曾，俞如旺. 生物武器及其发展态势[J]. 生物学教学，2020，45（06）：5-7.

［20］Germany is carrying out long term biosecurity projects in its German Biosecurity Programme，https://www.auswaertiges-amt.de/en/aussenpolitik/themen/abruestung/uebersicht-bcwaffen-node/-/239362.

［21］李超. 德国新冠疫情防控举措[J]. 国际研究参考，2020（5）：6.

［22］朱苗苗. 新冠病毒考验德国的联邦制[EB/OL].（2020-03-18）[2020-12-05]. http://big5.china.com.cn/opinion/think/2020/03/18/content_75828539.htm.

［23］陈宁庆. 生物武器的演化及其发展前景[J]. 解放军医学杂志，1987（1）.

［24］Manchee, R., Broster, M., Anderson, I. et al. Decontamination of Bacillus anthracis on Gruinard Island?. *Nature* 303, 239-240（1983）.

［25］于文轩，王灿发. 国外生物安全立法及对中国立法的思考[J]，科技与法律，2005（1）.

［26］董时军. 生命科学两用性研究风险监管政策分析与启示[D]. 北京：中国人民解放军军事医学科学院，2014.

［27］章欣. 生物安全4级实验室建设关键问题及发展策略研究[D]. 北京：中国人民解放军军事医学科学院，2016.

［28］National Security Strategy and Strategic Defence and Security Review 2015. www.gov. uk/government/uploads/system/uploads/attachment_data/file/555607/2015_Strategic_ Defence_and_Security_Review.pdf.

［29］郭晓明. 比例原则在疫情防控中的人权保障作用——"全球疫情防控与人权保障"系列国际研讨会第六场会议学术综述[J]. 人

权，2020（4）：135-148.

［30］Raymond A. Zilinskas.The Soviet Biological Warfare Program and Its Uncertain Legacy：Past Soviet secrecy when linked with a promise by Putin raise nagging questions about Russian BW-related intentions，Microbe，9（5）：191-197，May 2014.

［31］Raymond A. Zilinskas，Philippe Mauger. Biosecurity in Putin's Russia[M]. Brolder Lynne Rienner Publishers，2018.

［32］施忠道. 俄罗斯防御生物恐怖袭击研究新探[J]. 国外医学情报，2002（11）.

［33］吴长宁，黄长梅，等. 俄罗斯的DAPPA——先期研究基金会运行情况简析[J]. 航天科技情报展望，2019（3）.

［34］驻俄罗斯联邦经商参处，http://ru.mofcom.gov.cn/article/jmxw/201903/20190302844324.shtml。

［35］李睿思.《俄罗斯生物安全法》分析及启示[J]. 西伯利亚研究，2020（5）：12.

第7章　许多国家或地区纷纷采取措施保障生物安全

［1］中国科学院武汉文献情报中心，中国科学院科技战略咨询研究院生物安全战略研究中心. 生物安全发展报告[M]. 北京：科学出版社，2014.

［2］金启明. 欧盟的《第七个框架研发计划》[J]. 全球科技经济瞭望，2005（7）：6-8.

［3］薛达元，须黎军. 欧盟转基因生物安全管理现行法规文件汇编[M]. 南京：国家环境保护总局南京环境科学研究所，2005.

［4］冯楚建，王仁武，闫云君. 澳大利亚生物安全研究与法制化管理考察总结[J]，科技与法律，2003（3）：49-51.

［5］澳大利亚集团官网，https://australiagroup.net/ch/controllists.html。

［6］祁潇哲，贺晓云，黄昆仑.中国和巴西转基因生物安全管理比较[J].农业生物技术学报，2013，21（12）：1498-1503.

第8章　回顾历史，生物安全取得七大成就

［1］鲁长安，王宇.1949年以来我国应对重大疫情的制度演进与经验总结[EB/OL].（2020-10-19）[2021-04-06]. http://www.jczkpt.cn/jcyxxnr/8065.jhtml.

［2］高强.发展医疗卫生事业为构建社会主义和谐社会做贡献[J].中国卫生法制，2005（13）：4-11.

［3］李洪河.新中国卫生防疫体系是怎样建立起来的？[EB/OL].（2020-03-02）[2021-04-03]，https://baijiahao.baidu.com/s?id=166227 3746406179646&wfr=spider&for=pc.

［4］朱高林.20世纪50～70年代中国传染性疾病的治理[N].光明日报，2020-03-04（11）.

［5］刘映.中国疫苗走向"国际化"[EB/OL].（2016-04-21）[2021-04-11]. https://m.chinacdc.cn/xwzx/mtbd/201604/t20160421_128931.html.

［6］董德祥.中国消灭脊髓灰质炎——历史回顾及体会[J].国外医学.流行病学传染病学分册，2004（05）：261-264.

［7］郑灵巧，陈清峰，沈洁.中国艾滋病防治政策与策略发展历程回溯[J].中国艾滋病性，2019，25（07）：657-661.

［8］庄莉红.直面非典——中国政府危机管理的思考[J].公关世界，2003（10）.

［9］孙恒杰，刘来福，祝晓光，等.磨砺利锋镝 多难可兴邦——

抗击"非典"引发的理性思考[J]. 探索与求是，2003，000（0Z1）：24-26.

［10］新华社，http://www.gov.cn/ztzl/content_355389.htm。

［11］United Nations，https://developmentnance.un.org/fsdr2021.

［12］曲青山. 我国制度优势在抗击疫情中的力量彰显[J]. 党史文汇，2020（7）：4-7.

［13］吴孔明. 要用科技创新支撑国家农业生物安全治理能力现代化[J].科技导报，2020，38（14）：11-12.

［14］刘涛、魏延迪. 农业生物安全关乎人类生存安危[N]. 光明日报，2020-03-28（05）.

［15］央广网，http://china.cnr.cn/news/20201218/t20201218_525366874_6.shtml。

［16］李玲玉. 生态环境部举行1月例行新闻发布会:聚焦生物多样性保护[N]. 中国环境报. 2021-01-29.

［17］张广明. 浅析森林保护与森林碳汇的影响[J]. 经济发展方式的转变与自主创新第十三届中国科学技术年会（第一卷），2010.

［18］薛达元，武建勇，赵富伟.《中国生物多样性保护战略与行动计划》编制与实施效果[J].中国科技成果，2013（24）：13-15.

［19］张蕾. 我国基本扭转侵占破坏自然保护地生态环境的趋势[N]. 光明日报，2021-04-08（11）.

［20］刘德平. 全球疫情形势对口岸生物安全工作的影响[EB/OL].（2020-05-25）[2021-07-08]. https://www.doc88.com/p-60287029241790.html?r=1.

［21］畅琦. 新海关出入境特殊物品卫生检疫监管探讨[J]. 口岸卫生控制，2018，23（6）：4.

［22］邵柏，赵风源，孙蕾. 坚持底线思维，防范国门生物安全风险[J]. 中国国境卫生检疫杂志，2021（04）：5.

［23］科学技术部社会发展科技司，中国生物技术发展中心.
2020中国生命科学与生物技术发展报告[M].北京：科学出版社.
2020.

［24］梁慧刚，袁志明.实施国家高级别生物安全实验室规划
提高生物安全平台保障能力[J].中国科学院院刊，2020，35（09）：
1116-1122.

［25］陆兵，李京京，程洪亮，黄培堂.我国生物安全实验室建
设和管理现状[J].实验室研究与探索，2012，31（01）：192-196.

［26］陈宗波.我国生物信息安全法律规制[J].社会科学家，2019.

［27］董志峰.生物安全与对策研究[J].中国海洋大学，2001.

［28］胡天龙.转基因食品安全的法律规制[J].中国经济报道，
2014（1）.

［29］古丽萍.备受关注的转基因食品及其发展前景[J].粮食与油
脂，2020（6）：5.

［30］孙佑海.生物安全法：国家生物安全的根本保障[J].环境保
护，2020，693（22）：14-19.

［31］全国人大，https://baijiahao.baidu.com/s?id=16610225798087
16676&wfr=spider&for=pc。

［32］央视新闻，https://baijiahao.baidu.com/s?id=16585115785700
20337&wfr=spider&for=pc。

［33］人民网，https://baijiahao.baidu.com/s?id=1684463917726984
110&wfr=spider&for=pc。

［34］新华网客户端，https://baijiahao.baidu.com/s?id=1660065862
055862359&wfr=spider&for=pc。

第9章　目睹现状，生物安全形势发生剧变

［1］中国侨网，https://baijiahao.baidu.com/s?id=170517337574874
8893&wfr=spider&for=pc。

［2］光明网，https://m.gmw.cn/baijia/2021-03/29/1302196623.html。

［3］中国日报网，https://baijiahao.baidu.com/s?id=1703774000291
073787&wfr=spider&for=pc。

［4］中华人民共和国中央人民政府，http://www.gov.cn/zhengce/
content/201906/10/content_5398829.htm。

［5］中国科学院武汉文献情报中心. 生物安全发展报告2020[M].
北京：科学出版社，2020.

［6］同上。

［7］同上。

第10章　展望未来，生物安全亟待新的战略

［1］新华网，http://www.news.cn/2021-09/29/c-1127918107.htm。

［2］新华网，http://www.xinhuanet.com/politics/2020lh/2020-05/22/
c_1126021292.htm。

［3］薛达元. 论生物安全管理公众参与制度[J]. 2005年转基因生
物环境影响与安全管理南京生物安全国际研讨会，2009.

［4］马克思，恩格斯. 德意志意识形态[M]. 北京：人民出版社，
2019.

［5］新华网，http://www.xinhuanet.com/politics/leaders/2020-05/18/
c_1126001593.htm。

［6］新华网，http://www.xinhuanet.com/politics/leaders/2020-03/26/
c_1125773764.htm。

［7］国际在线，https://baijiahao.baidu.com/s?id=166272017513019
3298&wfr=spider&for=pc。

［8］中国网，http://news.china.com.cn/2021-02/28/content_77255699.
htm.

［9］新华网，http://www.xinhuanet.cm/world/2021-02-27/c_1127148199.
htm。

［10］Seth Berkley. COVID-19 needs a big science approach[J].
Science，367（6485）：1407.

［11］人民论坛网，https://baijiahao.baidu.com/s?id=166889502546
8968226&wfr=spider&for=pc。

第11章 确保安全，生物安全仍有十个短板

［1］陈方、张志强、丁陈君、吴晓燕. 国际生物安全战略态势分
析及对我国的建议[J]. 中国科学院院刊，2020（02）.

［2］侯建斌. 农业农村部：非洲猪瘟疫情没有出现区域性爆发流
行[N]. 法治日报，2020-07-20.

［3］人民网，http://env.people.com.cn/n1/2021/0416/c1010-32079831.
html。

［4］中国经济网，http://www.ce.cn/xwzx/gnsz/gdxw/202102/02/
t20210202_36284653.shtml。

［5］拱北海关，http://gongbei.customs.gov.cn/gongbei_customs/374293/
374295/3621030/index.html。

［6］晓慧. 严密进行科学监管给"潘多拉魔匣"套上樊篱——
关于工业生产中危险源的辨识与管理[J]. 广东安全生产，2004（8）：
32-34.

［7］贺福初，高福锁. 生物安全:国防战略制高点[J]. 求是,2014（1）.

［8］崔妍妍.《禁止生物武器公约》建立信任措施情报研究 [D]. 北京：中国人民解放军军事医学科学院，2011.

［9］田德桥. 病原生物文献计量 [M]. 北京：科学技术文献出版社，2019.

［10］宋琪，丁陈君，陈方，张志强. 国际生物安全四级实验室建设和实验室安全管理现状 [J]. 世界科技研究与发展，2021，43（2）：13.

［11］黎孟枫. 人类病毒学学科发展的回顾，展望与思考 [J]. 大学与学科（1）：10.

［12］第一财经，https://baijiahao.baidu.com/s?id=17059947577676 77758&wfr=spider&for=pc。

［13］人民网，http://cpc.people.com.cn/n1/2020/0219/c431601-31594230. html。

第12章　防患未然，构建生物安全十大体系

［1］央视网，news.cctv.com/science/20061024/100187.shtml。

［2］赵励彦，肖瑜，张秋月，宋艳双，张海洪. 人类遗传资源管理的常见问题分析 [J]. 中华医学科研管理杂志，2019（05）：325-328.

第13章　生物经济时代，有望引领新科技革命

［1］中国政府网，http://gov.cn/xinwen/2018-09/28/content_5326387. htm。